高等教育"十三五"规划教材

新编安全科学与工程专业系列教材

机械安全技术

（第 2 版）

主　编　贾福音　王秋衡

副主编　崔丽琴　崔永刚　王春源

参　编　代素梅

主　审　林柏泉　吴　强

中国矿业大学出版社

内 容 提 要

本书为《新编安全科学与工程专业系列教材》之一,内容包括机械安全技术基础、通用机械安全技术、起重机械安全技术、提升机械安全技术、机动车辆安全技术、索道运输安全技术等。

本书内容为机械装备安全可靠地工作提供了分析方法、评价手段和安全措施,理论与实践并重,可作为安全科学与工程专业教学用书,也可供相关专业工程技术人员参考。

图书在版编目(C I P)数据

机械安全技术/贾福音,王秋衡主编.—2版.
徐州:中国矿业大学出版社,2018.12
ISBN 978 - 7 - 5646 - 3558 - 9

Ⅰ.①机… Ⅱ.①贾… ②王… Ⅲ.①机械设备—安全技术—高等学校—教材 Ⅳ.①TH

中国版本图书馆 CIP 数据核字(2017)第 128579 号

书　　名	机械安全技术(第2版)
主　　编	贾福音　王秋衡
责任编辑	李　敬
出版发行	中国矿业大学出版社有限责任公司
	(江苏省徐州市解放南路　邮编221008)
营销热线	(0516)83884103　83885105
出版服务	(0516)83995789　83884920
网　　址	http://www.cumtp.com　E-mail:cumtpvip@cumtp.com
印　　刷	江苏淮阴新华印务有限公司
开　　本	787 mm×1092 mm　1/16　印张 17.25　字数 464 千字
版次印次	2018 年 12 月第 2 版　2018 年 12 月第 1 次印刷
定　　价	36.00 元

(图书出现印装质量问题,本社负责调换)

前　言

　　本书第 1 版是根据中国矿业大学出版社《新编安全科学与工程专业系列教材》编委会要求编写的,受到了全国相关院校师生的好评。随着高等教育的不断发展,教学内容与方法也在不断更新,为此我们对该书进行了再版工作,以更加完善的内容回馈广大读者。

　　众所周知,机械安全技术作为安全科学的重要组成部分,涉及人们生产、生活的各个方面,它直接关系到人们的身体健康及生命安全。发挥机械装备的能力,让机械安全、可靠、高效地工作,是设计、使用机械的目的。本书为使机械装备安全可靠地工作提供了分析方法、评价手段和安全措施,力求做到易教易学、深浅适度、理论联系实际。在理论上,注重基本理论、基本概念、基本方法。选材上,本书在注重通用机械的基础上选用矿用通风及提升机械安全技术作为一部分,为了解矿山机械安全技术知识提供帮助。同时,考虑到我国家庭车辆普及的现状,选用民用机动车辆安全技术作为实例进行分析。

　　本书运用系统工程原理和方法分析机械工程中的安全技术。以机、电、液、光构成的机械作为系统,寻找系统中存在的危险、危害因素,发现危险因素激发条件和触发因素,对可能导致的事故进行预测,对事故的严重程度进行分析、评估、推断,并研究弥补、改进的方法、措施及对策,通过协调人—机—环境间的关系,力求达到系统的最佳安全状态。

　　在内容安排上,以常用机械设备中危险性大,存在危险、危害因素多的机械作为主线,以具有行业特色、应用面广的机械装备作为重点,以多年教学、科研成果作为教材中的重要内容。

　　在分析方法上,以同一种机械作为系统,通过对机械的分类、构成、工作原理进行分析,识别系统危险、危害因素,分析系统的故障及其危害,利用人—机—环境理论对生产过程进行综合评价,掌握系统中安全保护装置的功能,并采用相应对策控制事故发生。

　　本书第 1 章、第 4 章由中国矿业大学贾福音老师编写,第 2 章由华北科技学院崔丽琴老师和中国药科大学代素梅老师编写,第 3 章由湖南工学院王秋衡老师编写,第 5 章由沈阳工学院崔永刚老师编写,第 6 章由青岛理工大学王春源老师编写。书稿整理由李杰、董孟娟等同学负责,最后由贾福音老师统稿、定稿。

　　本书在编写过程中得到中国矿业大学林柏泉教授、黑龙江科技学院吴强教授等的大力支持,并参阅了相关文献,在此一并表示衷心感谢。

　　由于作者水平有限,书中不足之处在所难免,敬请广大读者和专家批评指正。

编　者

2017 年 6 月

— 1 —

目　录

1　机械安全技术基础 ……………………………………………………………… 1
　1.1　机械安全的基本概念 ………………………………………………………… 1
　1.2　机械安全的重要性 …………………………………………………………… 1
　1.3　机械的危险因素与危害因素 ………………………………………………… 3
　1.4　机械危险的机理和伤害形式 ………………………………………………… 4
　1.5　机械安全的基本要求 ………………………………………………………… 7
　1.6　机械安全防护装置及其分类 ………………………………………………… 11
　1.7　实现机械安全的途径 ………………………………………………………… 13
　1.8　机械安全评价程序与方法 …………………………………………………… 14
　本章小结 …………………………………………………………………………… 19
　复习思考题 ………………………………………………………………………… 20
　本章参考文献 ……………………………………………………………………… 20

2　通用机械安全技术 ……………………………………………………………… 21
　2.1　加工机械安全技术 …………………………………………………………… 21
　2.2　矿井通风机械安全技术 ……………………………………………………… 57
　本章小结 …………………………………………………………………………… 68
　复习思考题 ………………………………………………………………………… 68
　本章参考文献 ……………………………………………………………………… 69

3　起重机械安全技术 ……………………………………………………………… 70
　3.1　起重机械基本知识及其分类 ………………………………………………… 70
　3.2　起重机械安全防护装置 ……………………………………………………… 82
　3.3　起重机械易损零部件安全知识及重要部件报废标准 …………………… 89
　3.4　起重机械作业管理及检验 …………………………………………………… 106
　3.5　起重机械安全操作技术与要求 ……………………………………………… 112
　3.6　起重机械安全技术及检查 …………………………………………………… 118
　3.7　典型事故案例分析及防范 …………………………………………………… 128
　本章小结 …………………………………………………………………………… 137
　复习思考题 ………………………………………………………………………… 137
　本章参考文献 ……………………………………………………………………… 137

4 提升机械安全技术 ·· 138

　4.1 提升机械的分类及其构成 ·································· 138

　4.2 提升机械安全保护装置 ····································· 144

　4.3 提升机械安全作业管理 ····································· 150

　4.4 提升机械常见事故类型及防范 ························· 153

　4.5 矿井摩擦提升机安全技术 ································ 156

　4.6 典型事故案例分析 ··· 194

　本章小结 ··· 195

　复习思考题 ·· 196

　本章参考文献 ··· 196

5 机动车辆安全技术 ·· 197

　5.1 机动车辆基本知识及分类 ································ 197

　5.2 机动车辆安全保护装置 ····································· 201

　5.3 机动车辆常见故障及报废原则 ························· 205

　5.4 机动车辆安全原理及检验 ································ 209

　5.5 机动车辆安全操作要求 ····································· 216

　5.6 机动车辆事故类型及防范 ································ 217

　5.7 轿车安全技术 ·· 219

　5.8 典型事故案例分析 ··· 228

　本章小结 ··· 232

　复习思考题 ·· 232

　本章参考文献 ··· 233

6 索道运输安全技术 ·· 234

　6.1 索道基本知识 ·· 234

　6.2 索道安全防护装置 ··· 242

　6.3 架空客运索道安全技术 ····································· 246

　6.4 架空客运索道安全管理要求 ···························· 255

　6.5 典型事故案例分析 ··· 260

　本章小结 ··· 264

　复习思考题 ·· 264

　本章参考文献 ··· 265

1　机械安全技术基础

本章学习要求：

1. 通过本章学习，掌握机械安全的基本概念，机械在不同状态下的危险、危害因素，以及机械危险的产生机理和伤害形式，能够从机械事故中分析事故产生的原因。

2. 掌握机械安全的基本要求，了解机械安全防护装置及其作用，熟知实现机械安全的途径。

3. 从机械危险、危害因素识别入手，对机械系统进行分析、评价，掌握机械安全评价的程序和方法。

1.1　机械安全的基本概念

1.1.1　机械

机械是由若干个零部件组合而成的能够完成特定功能的设备，是机器、机构的总称。机器是指具有某一功能的机械产品，如采煤机、拖拉机、发电机等。机构是指构成机器的组成部分，此部分具有一定的运动形式，如四连杆机构、曲柄滑块机构等。一般来说，机械是某一行业使用设备的总称，如化工机械、矿山机械、建筑机械等。

1.1.2　安全

安全是一个经过抽象思维确定的概念，目前所见的文献对安全的定义有很多种，可至今没有一个确切的、普遍被认可的定义。在实际环境下没有绝对的安全可言，安全具有相对性，安全一般是指客体受到的冲击在允许范围内。

美国安全工程师学会（ASSE）编写的《安全专业术语词典》认为，安全是"导致损伤的危险度是能够容许的，较为不受伤害的威胁和损害概率低的通用术语"。

从职业安全与安全工程学角度看，安全是指消除能导致人员伤害、疾病、死亡或引起设备破坏、财产损失及环境危害的条件。

1.1.3　机械安全

机械安全是指机械在规定的使用条件下和寿命期间内完成预定功能的能力。即在正确的操作下完成其预定的使用功能，并且在机械的运输、安装、使用、维修、拆卸以及报废处理过程中，对操作者不产生损伤或危害其健康的能力。

1.2　机械安全的重要性

1.2.1　机械安全的发展

机械作为人类生产和生活中不可或缺的助手，不仅提高了人类改造世界的能力，也促进了人类社会的飞速发展。人们在创造简单的工具之初，未能意识到使用工具的安全性问题。在这个阶段，人类没有专门解决工具的安全问题，而是由于生产技术需要，不自觉地附带解决了工具使用的安全问题,具有一定的盲目性。因此,人们对于机械安全的认识,仅仅停留在使操作人员不受伤害的初级认识阶段。

蒸汽机的发明作为第一次工业革命的标志,使人类社会从农业生产模式转变为工业生产模式。蒸汽机给人们的交通提供了新的方式,为生产提供了新的动力。生产效率的提高,生产能力的增加,为社会带来了巨大的发展空间。然而,蒸汽机这项新技术在带来益处的同时,也带来了事故,甚至灾难。例如,锅炉爆炸事故、蒸汽机车相撞事故、蒸汽机车连接脱钩事故,等等。不断增多的机械事故成为机械使用的重大障碍,使得人们提出了改进技术的要求,人们认识到保证机械操作的安全是使用机械的前提,只有保证机械部件、机构的安全可靠才能保障机械安全,进而保障人身安全。

电的发现及应用,使机械技术进入了又一次飞跃发展阶段,工业生产从蒸汽机时代进入电气、电子时代。机械从纯机械向机电一体化方向发展,机械由原来烦琐、复杂、笨重的机构得以简化,相应地机械的加工、生产、使用过程也从单一化走向系统化。机械系统的可靠性、电子元器件的可靠性、液压系统功能保证,都成为机械安全的重要组成部分。机械安全问题也由单个工具的安全问题变为系统的安全问题。

当科学技术进入数字化、信息化、网络化时代,机械也从简单形式发展为集光、机、电、液于一体的智能化装备。机械系统的功能不断完善、强大,智能化程度不断提高,机械的应用领域、适用范围不断扩大。机械要达到安全的目标,仅靠从事故后查找原因、采取相应措施解决安全问题的方式,不仅付出的安全代价太高,也不能适应机械安全的要求。为了保证机械系统的安全,必须从机械全生命周期的角度去考虑,利用安全系统工程的方法,对机械系统进行预先安全分析,使机械从功能设计开始,就把安全放在第一位,以达到机械在设计、生产、加工、组装、调试、运输、安装、使用、维修、保养、拆卸以及报废全生命周期都安全的目标。

物联网的出现为机械安全提出了更高要求,机械也将从现在的智能化状态向"感知机械"方向发展:机械本身不仅具有智能判断能力,还具有对相应设备、环境、使用状态的感知能力,将会在安全范围内发挥更大的工作潜力。

1.2.2 机械安全的分析方法

现代机械作为集光、机、电、液于一体的复杂系统,要实现系统安全,使系统达到最佳安全目标,必须要有可靠的安全保障体系。采用安全系统工程的方法,运用组织、管理、技术等方面的最新科技成果,对机械系统进行分析、评价、决策、优化,以保证系统达到最佳的安全目标。

首先,从系统整体性方面,通过评价和优化,调整好子系统与子系统、子系统与系统之间的关系,寻找出子系统与子系统、子系统与系统之间最优配合方式,确保实现系统整体安全目标;其次,从系统本质安全性方面,把构成系统的人、机、环境作为系统安全三大要素进行分析,实现机械本质安全的核心目标;最后,从系统经济性方面,对系统进行优化,使系统在安全前提下达到最佳经济目标。

总之,机械安全的分析方法就是利用安全系统工程的方法,依据安全学理论,对构成系统的基本要素进行危险源辨识,得出导致事故发生的危险因素。通过对危险因素进行安全评价,确定危险因素的危险程度,查找出系统中的薄弱环节及可能导致的事故,采取相应的对策、措施,控制事故发生,确保机械系统在全生命周期内的安全。

1.3 机械的危险因素与危害因素

1.3.1 机械的危险因素

机械的危险因素是指机械的构件、零件、工具、工件或飞溅的固体的直接作用,对人造成伤亡,对物造成突发性损坏。机械的危险因素主要包括以下几种:

1) 静止的危险

静止的危险是指机械处于静止状态时存在的危险。此时,人与静止机械间可能发生的伤害均属此类。例如,机械外露件、突出的螺栓、切削刀具与刀刃、湿滑的工作面等。

2) 直线运动的危险

机械的直线运动是其主要运动形式。直线运动的危险是指机械做直线运动时引起的危险。例如,冲床、剪板机、滑块、磨床工作台的水平移动,支架的上升、下降,胶带的水平运动,采煤工作面采煤机的进刀与支架的水平前移等均存在挤伤人员的危险。

此外,在工作过程中机械移动范围的危险区域可能造成的伤害也属于机械直线运动的危险。例如,牛头刨床的滑枕在工作时会伸出原位,如果滑枕的后面有物体,人夹在其间将会受到伤害。

3) 旋转运动的危险

旋转运动也是机械的主要运动形式,由机械的零件、工件、机体旋转运动而存在的危险可以分为以下几种:

(1) 直线运动与旋转运动的啮合进入点存在的危险。

直线运动与旋转运动的啮合进入点是发生事故的危险区域。例如,皮带与皮带轮啮合进入点、链条与链轮啮合进入点、齿条与齿轮啮合进入点等。

(2) 旋转机械部件与固定构件间存在的危险。

(3) 旋转机械部件本身存在的危险。

(4) 旋转运动与旋转运动的啮合进入点存在的危险。

4) 运动飞出物件存在的危险

运动飞出物件主要指高速旋转中夹持不牢的刀片、工件飞出,连续排出破碎而飞散的切屑高速飞出,破碎的砂轮碎片高速飞出等,这些飞出物件均能造成伤害事故。

1.3.2 机械的危害因素

机械的危害因素是指机械对人生理的或心理的间接作用,影响人的身心健康,导致产生疾病(含职业病),也包括对物造成的慢性损坏;其强调在一定范围、一定时间内的累积作用效果,并非是一次作用的结果。机械的危害因素分为以下几种:

1) 粉尘危害

机械在工作过程中引起或产生粉尘,会使在该区域的工作人员受到伤害。例如,采煤机在切割煤的过程中,会产生大量的煤尘,这些煤尘会使工作人员产生硅肺病;井下局部通风机工作时,可能使地面已落的粉尘飞起,造成区域内工作人员受到粉尘的侵袭;掘进工作面钻孔、爆破均会在掘进面产生粉尘,对具有爆炸性的粉尘,除对人体产生职业病危害外,还可能发生爆炸事故。

2) 噪声危害

噪声是机械在工作过程中产生的一种污染,当噪声超过人们的承受限度,将会对人的生理、心理造成伤害。例如,机械传动、液压传动、电锯切割、打桩机打桩等产生的噪声。

3) 电辐射危害

电辐射危害指机械设备产生的 X 射线、γ 射线超出国家标准允许的范围,从而对区域内工作人员造成伤害。例如,核子秤、透视仪器等所产生的电辐射危害。

4) 静电危害

静电危害指在机械工作过程中,由于绝缘不良而产生的伤害。

5) 灼伤与冷冻危害

有些机械的工作是通过冷热过程实现的,在工作过程中能够对工作人员造成伤害。灼伤与冷冻危害是指伤害程度超出一定范围或小范围超限的多次影响造成的人员伤害。例如,在热加工作业中,存在被金属体和加工体灼烫的危险;在深冷处理时,存在被冻伤的危险。

6) 振动危害

振动作为机械工作的一种方式,对操作人员身体可能造成局部、全身振动,对操作者生理、心理产生影响,造成损伤或疾病,严重的可使操作者产生生理严重失调。

1.4 机械危险的机理和伤害形式

机械在工作过程中,通过能量形式实现传递做功。机械危险的伤害实质,是机械能(动能和势能)的非正常做功、传递或转化,导致对人员的接触性伤害。

1.4.1 机械具有的能量形式

1) 动能

动能是运动机械具有的能量形式,机械运动的形式分为移动、定轴旋转运动、旋转运动与直线运动的组合等。

① 单一的移动机械零件的动能(N)表达式为:

$$N = \frac{1}{2}mv^2 \tag{1-1}$$

式中　m——移动机械零件的质量,kg;

　　　v——移动机械零件的速度,m/s。

② 绕定轴转动的零件的动能表达式为:

$$N = \frac{1}{2}J\omega^2 \tag{1-2}$$

式中　J——绕定轴转动的机械零件的转动惯量,kg·m^2;

　　　ω——绕定轴转动的机械零件的角速度,rad/s。

③ 机械上既有移动又有转动时的机械零件总动能表达式为:

$$N = \frac{1}{2}m_c v_c^2 + \frac{1}{2}J_c \omega^2 \tag{1-3}$$

式中　v_c——平面移动与转动复合运动的机械零件的质心速度,m/s;

　　　J_c——移动与转动复合运动的机械零件对通过质心且垂直于运动平面的轴的转动惯量,kg·m^2。

2) 势能

势能是指物质系统各物体之间存在的相互作用而具有的能量。物体因相互之间的位置高差而具有的能量,可分为引力势能(重力场中的重力势能)和弹性势能(物体间或物体内部因相互作用而具有的弹性势能)。

① 重力势能。重力势能是由物体间的高差形成的,其表达式为:

$$N = mgh \tag{1-4}$$

式中　m——物体质量,kg;

　　　g——重力加速度,m/s²;

　　　h——物体间相对高度,m。

② 弹性势能。弹性势能是因弹性体变形而具有的能量,以拉伸弹簧为例,其势能表达式为:

$$N = \frac{1}{2}k(x_0 - x)^2 \tag{1-5}$$

式中　k——弹簧的弹性系数,N/m;

　　　x_0,x——弹簧的原长与变形后长度,m。

机械零件本身以上述能量形式存在,但机械运动零件所具有的能量是由动力源通过这些零件传递的,因而各运动零件的能量远高于机械运转的能量。

1.4.2　机械危险的伤害形式

机械把动力源的能量依靠机械本身的传动机构进行能量传递或转换。由于存在旋转、移动或复杂运动形式,对操作者或进入危险区域的人员存在伤害危险。机械危险的伤害形式主要有如下几种:

1) 卷缠伤害

引起这类伤害的是做回转运动的机械部件(如轴类零件),包括联轴节、主轴、丝杠等;回转件上的凸出物和开口,如轴上的凸出键、调整螺栓或销、圆轮形零件(链轮、齿轮、皮带轮)的轮辐、手轮上的手柄等。在运动状态下,这些部件可能将区域内人员的头发、饰物、衣袖或下摆卷缠引起伤害。

2) 咬入、碾压伤害

这类伤害主要是由相互啮合传动副,例如齿轮与齿轮啮合进入点、齿轮与齿条啮合处、皮带与皮带轮传动进入处、链与链轮传动的啮合处、两个做相对回转运动的辊子之间的进入处等引发的咬入伤害及矿车轮与轨道的进入处、车轮与路面进入处引发的碾压伤害。

3) 挤压、剪切与冲击伤害

引起这类伤害的是做往复直线运动的零部件,如运动部件与固定件之间形成的空间变化时产生的压挤,做直线运动部件的冲撞等,对进入危险区域内的人体造成某部位的伤害。例如,牛头刨床的滑枕、冲床的冲头、剪板机的刀与工作台、压力机的滑块、刨煤机机头、液压支架、单体支柱、剪切机的压料装置和刀片等,都可能对人体造成伤害。

4) 飞出物伤害

主要指具有一定能量的机械,由于能量失控,其零部件突然飞出或反弹回去,造成危险区域内人员受伤害。例如,绕轴旋转的零件,由于轴的断裂、零件与轴连接的螺栓松开而引起的零件飞出;旋转件的零件自身破裂造成碎片飞出;具有一定弹性能的零件,在连接、自身紧固失效后引起零件飞出;被拉伸的钢丝绳发生断绳,引起绳或绳上固体飞出伤人;被拉断的胶带飞出引起胶带上的物体飞出;在有一定液压能、气体压缩能的区域,由于局部失效而引起的高压液体、气体喷射;等等。

5) 物体坠落伤害

处于高位置的物体具有势能,当发生坠落时,势能转化为动能,造成人员伤害。例如,在立井井底作业,井口、井筒中物体坠落到井底处将具有很大的能量,会对井底人员造成伤害;巷道顶板冒顶,垮落的岩石会对人员造成伤害;等等。

6) 跌倒、坠落伤害

例如,人在刮板输送机上,刮板输送机突然开启会造成人员跌倒,使人员受到刮板、采煤机或支护的碰触而受伤;在提升中,乘员乘坐的容器失控造成蹾罐,使人员受到坠落伤害。

7) 碰撞与刮割伤害

主要指机械在静止或运动时,进入危险区域的人员,受到机械结构上的外凸部分、刀具、锐边、加工件伸出机床的部分等的碰撞或刮割引起的伤害。

1.4.3 机械伤害的分类

机械导致的伤害在《企业职工伤亡事故分类》(GB 6441—86)中有明确的伤害后果界定及分类。

1) 受伤部位分类

机械伤害按照受伤部位不同可分为面颌部、颅脑、眼部、鼻、耳、口、颈部、胸部、腰部、脊柱、上肢、腕、手、下肢、踝及脚受伤,还可分为内伤、外伤或兼有内外伤。伤害有时涉及多处。

2) 受伤类型分类

机械伤害是指机械设备运动或静止部件直接与人体接触引起的伤害,按照受伤类型不同,可分为刮伤、割伤、刺伤、挫伤、扭伤、骨折、剪切、碾伤、碰撞伤。

1.4.4 机械事故产生的原因

机械的安全隐患可能存在于机械的设计、生产、加工、组装、调试、运输、安装、使用、维修、保养、拆卸以及报废全生命周期过程中。全生命周期中任何一个环节都可能因为各种因素的影响而产生事故。机械事故产生的原因归结为物的不安全状态、人的不安全行为、环境的不安全因素和安全管理缺陷 4 个方面。

1) 物的不安全状态

物的不安全状态是产生事故的直接原因,它包括机械本质安全性差,安全防护不足、安全保护装置不完善,个人防护不足或个人防护用具存在缺陷,不满足安全人机工程要求等。

(1) 机械本质安全性差

机械的设计、加工制造要在实现预功能的基础上,保证机器自身的安全。如果机械在设计时,对安全因素没有考虑周全,在机器使用中,必然会出现安全事故。

如果在机械设计中已经考虑到安全要求,但机器在制造过程中,零部件制造没有满足设计要求,致使所设计的机器达不到安全标准,同样会造成事故。

(2) 安全防护不足、安全保护装置不完善

在机械设计完成后,如果从设计上不能实现本质安全要求,应增设安全保护装置(如过载保护装置、超速保护装置、过热保护装置等),并要求保护装置本身的可靠性达到使用要求,否则,可靠性低的保护装置也可能引发机械伤害事故。

(3) 个人防护不足或个人防护用具存在缺陷

人员进入机械设备的危险区域时,必须按要求佩戴安全防护用具。例如,进入半封闭区域必须佩戴呼吸器;在高空作业时必须佩戴安全带;在可能有刮、碰、坠物作业区域必须佩戴安全帽;等等。人员按要求佩戴个人防护用具时,如果防护用具本身存在缺陷也可能引发机械伤害事故。因此,保证个人防护用具的安全可靠性十分重要。

（4）不符合安全人机工程要求

在人机界面及操作空间设计中，不符合安全人机工程要求，有时会致使操作过程中出现失误而造成事故。

2）人的不安全行为

人作为控制、操纵机械的主体，其行为受到操作者心理、生理原因的影响，或者是操作者对机械的操作规范不清楚、安全意识不强、工作马虎大意、不清楚所操作机械的性能，都可能会出现操作失误而导致机械事故。具体表现为以下几点：

（1）操作失误

操作者自身原因或对设备误操作会引起机械事故。

（2）安全意识薄弱

① 拆除安全装置。安全意识差，认为设置的安全装置影响生产进度，自行拆除安全装置，导致设备在运行过程中发生机械事故。

② 手工作业代替工具操作。在生产中或抢修中，操作人员有时急于完成工作，常常用手代替工具进入危险区域操作，造成机械事故。

（3）违章作业

人与机械的接触，必须在保证安全的前提下。如果不考虑安全问题，人进入机械危险区域时经常造成人员伤亡。例如，着装不符合要求，操作机床时穿高跟鞋，在接触有棱角的工件时不戴手套，与旋转工件接触时戴手套等。

3）环境的不安全因素

（1）照明光线不良

包括照度不足、作业场所烟雾烟尘弥漫、视线不清、光线过强、有眩光等。

（2）通风不良

包括无通风系统、通风系统效率低等。

（3）作业场所狭窄

（4）作业场地杂乱

包括工具、制品、材料堆放不安全。

4）安全管理缺陷

物的不安全状态、人的不安全行为是导致机械事故发生的直接原因，安全管理缺陷是引发事故的间接原因，也是最本质的因素。企业只有在日常工作中重视安全管理，建立健全安全管理制度和操作规范，加强人员安全培训，提高安全意识，树立"安全为天，以人为本"的安全文化理念，营造企业良好的安全文化氛围，将安全管理工作放到首位，才能从本质上有效控制、减少事故发生。

1.5　机械安全的基本要求

机械安全是指机械在设计、生产、加工、组装、调试、运输、安装、使用、维修、保养、拆卸及报废全生命周期的安全。机械安全技术就是要消除在机械生命全过程中存在的危险、危害因素。为规范机械安全标准、避免和减少事故，国家各级标准技术委员会在借鉴相应的国际标准和欧洲标准的基础上，制定了几百项机械安全标准，为机械的全生命周期安全提供了保障。

1.5.1　设计、使用安全要求

设计是机械产生的基础。在设计阶段完成预定功能的前提下,设计时采用的实现功能的方式、选用的机构,应以保证安全作为第一前提条件,以满足本质安全的设计为最佳方案。

1）机械本质安全要求

本质安全是指机械在设计阶段预先考虑的、不需要采用其他安全防护措施就可以在预定条件下完成机器的预定功能、满足机器自身安全的要求。机械本身能够保证安全,不需要增设安全防护、安全保护装置,包括两种情况:当操作失误时,机械具有保证安全的功能;当机械发生故障时,机械具有保持安全状态或具有转为安全状态的功能。

实现本质安全必须做到以下几点:

① 设计的各零部件具有足够的强度、刚度和稳定性,整机各部分的安全相对满足可靠性要求。

② 人员在操作区域内,以操作位置为基准,高度 2 m 以内的所有传动件、回转件都必须设置防护装置。

③ 在设备运行中,防止零部件运动超限,应设置可靠的限位装置。

④ 机械设备设置可靠的制动装置,并由制动装置控制超速超限。

⑤ 机械高速回转部件设置飞出防护,并有防止工件飞出的措施。

⑥ 设计机械的工作位置高达 2 m 以上时,应设置栏杆、扶手、安全防护设施。

⑦ 设计应符合安全人机工程要求,控制装置应装在操作者能看到整个设备的操作位置上;操作者在操作位置不能看到所控制的全设备时,应设置紧急事故开关。

⑧ 设计的机械应考虑噪声影响,使设备运行噪声控制在规定的噪声标准内。

⑨ 设计时,应考虑设备产生的温度辐射在允许范围内,否则必须设置防护装置。

⑩ 设计设备时,应使用安全色,易发生危险的部位必须设置安全标志。

⑪ 设备中使用的液压、气动系统有防超压功能。

⑫ 设备中使用的电气元件和设备应保证安全,不能产生附加危险。

⑬ 设计机械时要考虑维护、保养的方便和安全要求。

2）加工、制造、使用安全要求

按本质安全设计的机械,要保证其性能可靠,必须在设备的加工制造过程中满足设计要求,同时也必须使操作者了解机械的性能并掌握使用方法。

① 加工的零件符合图纸要求的尺寸、精度、质量。

② 零件间满足相互配合的技术要求,设备组装要保证配合关系。

③ 根据设备配套操作指南、使用说明书,操作者必须认真掌握设备的操作方法、操作规范,必须清楚操作注意事项。

④ 根据设备正常的维护、保养方法,定期对设备的相应部位进行保养、检修,保证设备各部件处于正常功能范围。

1.5.2　维护、保养安全要求

机械设备要正常工作,除了要正确操作、使用外,还必须对设备进行日常维护、保养。维护、保养的安全要求包括以下几项:

1）运输、安装时维护安全要求

设备在运输、搬运、安装、使用、拆卸时,不发生危险或伤害。搬运吊装时,应保证安全。

2）日常检修安全要求

机械在使用过程中,应保证日常对设备的安全检修。不同设备的运动副、传动形式、结构等都存在相应的危险区域,在检修时要保证其安全。

3)在危险区域内检修、维护的安全要求

如果设备较大,在其危险区域内检修时,人员的身体部分或全部进入危险区域内工作时必须切断电源,增设安全检修牌或由专人看管、值班,确保人员进入危险区域工作时不会因为误启动机械而造成事故。

增加检修进入口,便于抢修。同时,检修空间必须便于人员工作,在需要人员的手进入孔洞处检修时应防止碰伤、割伤事故的发生。

4)保养安全要求

设备保养是每天必须做的工作,每天必须对回转支承点加油,对其表面进行清洁、润滑。除每天的保养外,还要定期对整个设备进行保养。在进行这些工作时要防止操作者发生碰伤、刮伤。由于有些部件在保养时,设备处于运转状态,因而要防止操作者的手进入危险区域,避免运动件伤人事故的发生。

5)被加工件的装卸安全要求

对被加工件连接、装配、拆卸时,由于被加工件的质量、形状、固定方式不同,要考虑采用相应的设备或工具来完成,保证被加工件的安全。

(1)机加工件的夹紧安全要求

机床上被加工件的安装、夹紧要正确牢固,刨床的被加工件需要固定。

(2)吊运件的装卸安全要求

吊运工件时,特别是重心高、形状特殊的工件,必须选好吊点,再选用可靠性高的吊具。吊运前必须试吊,然后再正式吊运工件。

(3)冲、切零件的被加工件更换安全要求

冲、切零件的被加工件更换时必须满足更换要求。除了设备本身具有的安全防护装置、安全保护装置外,操作人员必须按规范操作,不能将手直接探入危险区域,以防造成伤害事故。

6)工作环境安全要求

(1)空间安全要求

设备的工作区域应留有足够的空间,便于人员进出、工作。

(2)采光安全要求

工作区域的光线必须满足不同的工作位置应具备的相应工作光照的要求。

(3)危险区域防护警示要求

对工作区域内存在的危险区域,除设置一定的警示牌外,适当时必须增设防护栅栏,防止人员误入危险区域造成事故。

1.5.3 安全保护装置要求

安全保护装置是指在机械设备的设计不能满足安全可靠性要求时,必须增设的安全防护与安全保护装置。安全防护是在人与危险区域间增设安全保护屏障使人免受伤害。安全保护是在机械设备中增设的对机械设备的运动进行制动、限制、控制的装置,如超速制动限位开关等。

1)防护性要求

设计的防护装置必须满足对机械危险、危害因素进行有效防护的要求。同时,防护区域、强度、防护方法、防护用的材料均要达到安全防护的目的。

2）防护可靠性要求

设计的防护装置本身的可靠性要满足要求，使用的元件、器件、机器的可靠性要大于安全要求。对于要求高的防护，应采用冗余技术以达到安全防护的目的。

3）联锁性要求

设计的防护装置除本身能防护外，对进入危险区域内的行动，在防护的基础上应增加防护与机械运动的闭锁。当防护装置发出检测信号时，此信号同时控制机械停车，从而使机械的安全防护更加可靠。

4）隔离式防护

安全防护装置根据危险区的可封闭与不可封闭要求，对可封闭式防护，可以采用隔离式防护，把危险区域与安全区域完全隔离。隔离式防护主要分为安全防护罩、网状隔离物、防护屏等3种形式。

安全防护罩的要求如下：

① 固定式防护罩是隔离安全区域与危险区域的物体。因此，固定式防护罩必须有一定强度，不能因其强度不足而造成两区的连通，从而导致事故。固定式防护其固定点应有一定固定要求，工作人员不能随意拆掉。其装配的紧固件必须使用特殊的工具才可以拆下，避免操作者因增加防护后影响其生产效率、使生产环节难度增大而擅自拆除防护，从而造成事故。

② 非固定式防护罩在打开防护罩的情况下，机械设备处于关闭状态。防护罩不关闭，机械设备不能开启。

③ 防护罩与机械运动件间留有足够的安全间隙，保证机械运动时不产生摩擦、碰撞。

1.5.4 安全信息的使用

安全信息包括机械使用全过程的安全资料，这里的全过程主要指机械运输、吊运、安装、调整、使用、运转、清理、检查、维修全过程。

安全信息以文字、标识、信号、符号或图表形式给使用者传递各阶段安全提醒、警告等特殊说明，用于指导使用者安全、正确地使用机械。

1）安全信息构成

安全信息由安全标志、随机文件（主要指操作手册和说明书）、信号和警告装置、安全色等构成。

（1）安全标志

① 警告标志。与机械安全有关的警告标志有当心伤手、注意安全、当心触电、当心车辆、当心跌落、当心落物、当心弧光、当心电离辐射、当心激光等。

② 禁止标志。与机械安全有关的禁止标志有禁止启动、禁止合闸、禁止入内、禁止靠近、禁止通行、禁止抛物等。

③ 指令标志。与机械安全有关的指令标志有必须戴防毒面具、必须戴防尘口罩、必须戴安全帽、必须系安全带、必须穿防护服、必须用防护装置等。

（2）操作手册

操作手册是操作者了解机械工作原理，掌握机械操作规范，保证机械正常运转工作的重要资料。在操作手册中，给出了相应设备的构成、工作原理、操作程序及注意事项，它是机械设备的使用指南，是规范操作、安全使用的基础条件。

（3）说明书

说明书是对机械的设备构成、工作原理、操作程序的说明。与操作手册相比，说明书就该设备的实际使用、安全高效工作给予说明,使操作者正确、安全、高效地使用设备。

（4）信号和警告装置

机械设备在出现问题时,应给出信号报警和警告装置的报警,提醒周围工作人员注意安全、防范事故、注意自我保护。

（5）安全色

按照《安全色》（GB 2893—2008）的规定,为了使人们特别注意存在事故隐患的部位、区域、场所、机构,应采用醒目的安全色来提醒人们。规范安全色的使用,有利于人们识别危险因素、注意存在的危险区域,对防止事故发生具有重要意义。

安全色有红色、黄色、蓝色、绿色、红色与白色相间隔的条纹、黄色与黑色相间隔的条纹以及蓝色与白色相间隔的条纹。对比色有白色与黑色。

① 红色,表示禁止、停止、消防和危险的意思。凡是禁止、停止和有危险的器件、设备或环境,应涂以红色。例如,刹车手柄、消防器皿、停止按钮、限位装置、限速度刻线。

② 黄色,表示注意、警告的意思。凡是需要警告、提醒人们注意的器件、设备或环境应涂以黄色。例如,有较大危险性的设备（吊车）外涂黄色,以提醒人们使用中注意防护。

③ 蓝色,表示必须遵守的意思。例如,交通符号。

④ 绿色,表示通行、安全和提供信息的意思。例如,机器的启动按钮。

⑤ 红色与白色相间的条纹,表示禁止通行、禁止跨越的意思。

⑥ 黄色与黑色相间的条纹,表示有相对移动,需要特别注意的意思。

⑦ 蓝色与白色相间的条纹,表示指示方向,主要用于交通上的指示导向标。

2）安全信息的使用要求

安全信息是机械全过程的安全保障之一。保证机械设备使用安全,必须合理、准确,严格、有效地使用安全信息。

（1）设备设计加工生产时安全信息的应用

在设备的设计阶段,必须按本质安全要求,把应使用安全信息的部位、外表颜色、重要点、危险区域,按安全信息要求设计。

（2）设备出厂的安全信息资料

所设计的设备必须都有随机的安全文件,包括使用手册、操作手册、说明书及相应的技术资料,所提供资料满足《生产设备安全卫生设计总则》（GB 5083—1999）规定的各项要求。

（3）设备使用、管理的要求

设备操作人员除了要认真阅读操作手册、使用说明书等技术文件外,还必须根据本企业情况,在操作手册安全要求下,写出设备的安全操作规范以及对设备的维护、保养要求,并以相应的责任制形式贯彻执行。

1.6　机械安全防护装置及其分类

机械在设计过程中无法通过自身的本质安全来满足安全要求时,必须增设安全防护装置。机械安全防护装置的功能是把机械的危险区域、危险部件或可能产生危害的区域防护起来。

1.6.1　机械安全防护装置分类

机械安全防护装置按其防护方式不同分为隔离式防护和控制主机式防护两大类。隔离式防护和控制主机式防护按隔离方式与传感形式不同又分为多种形式,如图 1-1 所示。

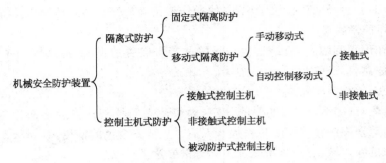

图 1-1　机械安全防护装置的种类

1.6.2　机械安全防护装置

1）隔离式防护装置

（1）固定式隔离防护装置

固定式隔离防护装置是指所采用的防护是固定的，不能随意开闭，拆卸时必须使用特殊的工具。例如，回转件的防护罩、绞车卷筒前的护栏、提升容器上的防雨棚（防止井筒中淋水或坠物）。

（2）移动式隔离防护装置

移动式隔离防护装置是指可以打开、关闭的防护装置。打开与关闭的方式可分为手动式和自动式。

①　手动控制移动式防护装置：为保证危险区域内人员的安全，进入危险区域前必须人工打开防护装置，在打开防护装置时机械自动停止，此时，危险区域变为安全区域。

②　机械联锁控制移动式安全防护装置：是由行程位置控制开关、限位开关、凸轮行程等控制的保护装置。当工作区域存在危险时，工作件、操作带或行程控制机构将触碰到机械式控制开关，使安全防护装置动作，把危险区域与安全区域分开，人被安全保护装置隔离开，从而保证人员的安全；或者机械式控制开关直接控制机械停止运转，使危险区域变为安全区域。

③　磁感应传感联锁控制移动式安全防护装置：以磁感应作为控制防护的传感形式，当操作者或人员进入危险区域或位置时，磁感应发生变化，进行控制防护动作。

④　机电开关联锁控制移动式防护装置：将接触式开关作为进入危险区域内必能触及的点，当开关触及控制信号时，控制防护体动作，从而实现安全防护功能。

⑤　光电控制移动式防护装置：利用光电信号作为控制危险区域的检测传感器。此类传感器不影响操作者视线，由一侧设置的电源、投光器把光线照射到另一侧的光线接收器，其光线组成的光幕把安全区与危险区隔开。当物体进入危险区域时，将阻挡一部分光域到达接收器，从而形成控制信号，此信号输送给防护体使其动作，把进入危险区域的物体推开。

2）控制主机式防护装置

（1）接触式控制主机防护装置

接触式控制主机防护装置是在进入危险区域必经的点设置电器开关、行程开关，当进入危险区域的物体触及开关时，开关信号控制设备的主机停止运输或移动，从而使危险区域变为安全区域。这种防护形式多样，危险信号来源于触及开关，在设置位置上和形式上比较复杂。

（2）非接触式控制主机防护装置

非接触式控制主机防护装置利用光电传感器或磁感应传感器作为控制危险区域的检测传

感器。当物体或人员身体部分进入危险区域时,传感器给出信号,此信号控制机械主机停止运转,从而保证安全。

（3）被动防护式控制主机防护装置

当设备操作为单人时,为防止操作者手臂进入危险区域,开机前,操作者双手只有放到有传感功能的点上,才能开启准备工作。

1.7　实现机械安全的途径

机械安全是指机械全生命周期的安全。在机械安全系统中,从机械的预功能实现的设计开始,必须考虑实现预功能的同时要保证其本质安全。在本质安全无法实现时,要设置辅助的保护装置,利用保护装置对本质安全方面的补充,达到系统安全的目的。同样在机械的制造、组装、运输、安装、使用及拆卸过程中的安全问题都属于机械安全的范畴。要达到机械安全就要从本质安全开始,对机械各部件的安全给予关注,利用安全信息、设计手段、安全保护等功能保证机械全生命周期的安全。

1.7.1　由设计者完成的安全技术

在设计过程中,可能会遇到安全功能与实现预功能的矛盾,此时要把实现安全作为首要条件来设计。

1）本质安全是保证安全的直接措施

实现预功能是设计必须要达到的目的,而在实现预功能的同时保证本质安全才是完善的设计方案。所设计的机械应能够满足正常工作,本身不存在危害因素;在人员误操作后机械会停止或不执行人员的操作;在机械非正常工作时,机械本身能使其转为安全状态或停止运动。

满足上述要求是实现机械安全的目的,也是机械本身直接的安全保护要求,是设计者要首先采取方法来满足的。

2）辅助安全保护是保证安全的间接措施

在本质安全无法实现的情况下,必须通过辅助安全保护来保证机械的安全。辅助安全保护应由设计者在机械设计时做好设计,不能把辅助保护留给用户,造成用户在使用设备时,由于自身的麻痹大意,或是因认为可有可无而造成保护装置的缺失,从而在机械运行中造成危险区域暴露,使进入该区域的人员受到伤害。

辅助安全保护虽然没有本质安全可靠,但选用可靠性高的安全保护技术,通过对实现方式优化,可以使辅助安全保护达到安全保护的目的。例如,可以采用可靠性高的非接触式光电传感器,从保护危险区域范围上做到整体有效;同时也可以利用检测手段直接控制机械的主机,当出现进入危险区域的信号时,主机应立即停止。

在本质安全与辅助安全保护两种设计中,实现辅助安全保护比实现本质安全容易。在满足安全的条件下,要综合考虑各种因素,使机械设备成本降低。

3）安全信息的使用是保证安全的指导措施

安全信息是机械安全的重要保证之一,安全标识、安全信号、文字、符号和图表构成安全的指导性信息。通过使用安全标识、信号、符号向人员传达此机械的工作区域和危险区域,对可能造成人员及肢体危害的区域,利用安全色明确危险区域界限,提醒人们注意。安全信息起到指导性作用,它本身不能避免风险,只能对风险区域、风险程度、风险大小给出警告,引导人员保持安全的行为。

安全信息中,随机文件包括使用说明书、操作手册,是了解机械性能、动作原理、使用方法、规范操作的指导性文件,这些随机文件用于保证正确使用机械。为了达到对随机文件的学习和掌握,对一些复杂机械的使用,有必要在使用前对操作者进行技术培训,强化其对机械使用、维护、保养、安全注意事项的掌握,从而实现随机文件的指导作用。

4) 紧急预防保护装置是安全的附加预防措施

紧急预防是机械装备在遇到紧急状态时,对机械主动系统采取的强制保护,其目的是防止机械设备动能、势能、高压等危险状态的后续释放。例如,冲床冲体在有危险信号进入时,必须对主动系统进行制动;斜巷运行的载物胶带在有危险信号输入时,必须增设外部制动功能,对其运动进行制动。

5) 履行安全人机工程技术要求

依照人机工程学原理对操作者、操作界面以及操作者心理与生理方面进行科学的设计,使操作者、使用者处于控制设备的最佳状态、最合适的位置。

1.7.2 由使用者完成的安全要求

1) 安装使用环境要求

设备安装时,安装环境对设备是否能正常工作、安全工作影响较大。如果安装存在问题,将会造成设备存在不安全因素,也无法保证其工作的可靠性。同时,设备的工作空间、相对位置、受其他设备的影响等环境因素也是影响设备安全的一个因素。因此,设备在安装前,操作人员必须认真学习操作手册和使用说明书,使安装环境满足设计要求,保证设备正常运转。

2) 安全管理措施

在设备使用期间,对操作人员及维护、保养人员的安全管理是保证设备正确使用的重要环节。从设备发生事故的原因分析中可知,人的不安全行为、物的不安全状态、环境的不安全因素及安全管理缺陷是造成事故的四大原因,而设备在完成设计、制造后,最关键的因素是人的因素。要达到人员的安全管理要求,必须强化管理,包括技术培训、操作规范学习,使操作者掌握所用机械设备的性能、工作原理,同时清楚并掌握其安全保护性能及其安全要求。

3) 操作者安全意识

安全意识的培训不仅要从操作者入手,更应该从管理者开始,建立"安全为天"的理念。只有从管理者开始强化安全意识、重视安全管理,才能通过安全培训、安全教育、安全考核、安全检查等方法,使操作者把安全放在首位,彻底从心里建立起安全理念和安全意识,从而保证其能够安全操作机械。

1.8　机械安全评价程序与方法

1.8.1　基本概念

1) 风险

风险是对危险、危害事故发生的可能性与危险、危害事故严重程度的综合度量。

2) 安全评价

安全评价也称风险评价或危险评价,是以实现系统安全为目的,应用安全系统工程原理和方法,对系统中存在的危险、危害因素进行辨识与分析,判断系统发生事故的可能性及严重程度,为制定防范措施和管理决策提供依据的过程。

3）机械安全评价

机械安全评价是以机械或机械系统为研究对象,用系统方式分析机器在设计阶段、试验阶段、使用阶段可能产生的危险以及在危险状态下可能发生损伤或危害健康的事故,并对事故的发生概率和严重程度进行全面分析、评价的过程。

4）机械安全评价要素

① 机械在不同状态下,产生损伤或危害健康的概率。

② 机械产生的损伤或危害健康可预见的最严重程度。

1.8.2 机械安全评价的内容及分类

1）机械安全评价的内容

机械安全评价是利用安全系统工程的原理和方法,对机械系统中存在的危险、危害因素进行识别、分析、评价的过程,如图 1-2 所示。

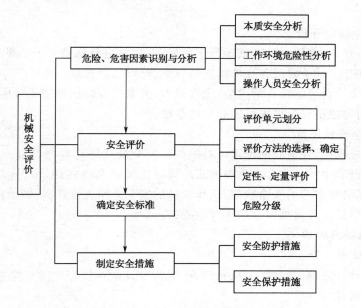

图 1-2 机械安全评价的基本内容

（1）机械危险、危害因素的识别与分析

在机械系统中,机械本身存在的不安全状态、作业人员不安全行为以及环境不安全因素是产生机械事故的危险、危害因素。对这些危险、危害因素的识别是对机械系统进行安全评价的前提。

（2）安全评价

依据对机械的危险、危害因素的识别与分析,应用适当的评价方法,对其可能导致事故的风险进行综合评价,对系统各种危险、危害因素的发生概率及系统发生事故的严重程度进行分析、评价。

（3）确定安全标准

对于各种危险、危害因素发展的程度,何时为事故、何时为可接受的状态,要依照法规、规章制度制定出可接受的风险限度,在风险限度内是安全的,超过限度就是不安全的。

（4）制定安全措施

对于超过安全限度的危险、危害因素,要采取可行的适当措施,保证对危险、危害因素进行限制,对出现的不安全漏洞进行修补。

2)机械安全评价分类

(1)机械安全预评价

对机械预功能进行设计时,要对机械系统进行安全预评价,通过对机械系统进行预评价达到机械本质安全的目的。机械安全预评价的作用如下:

① 机械安全预评价是机械设计前有目的的行为,是完善设计,使设计达到本质安全的有效方法。

② 机械安全预评价的核心是对机械系统进行定性、定量安全分析,并在安全标准范围内,使设计的机械安全性达到安全标准要求。

③ 评价、分析所采取的机构及原理的安全性,以保证安全为首要因素,对设计有指导意义。

(2)机械安全验收评价

在机械设计、加工、安装、试验、试运行正常后,对机械进行综合评价。此时的评价是对机械在设计、加工、安装、试验阶段存在的问题进行综合分析,对机械产品的出厂性能、可靠性、安全性进行综合评价。对可能存在的危险、危害因素,采取安全防护措施或采用安全保护手段提高其安全性,从而避免不安全因素可能导致的事故。

(3)机械安全现状评价

机械在使用过程中,任何时间都可以对机械的安全现状进行安全评价。机械安全现状评价是机械在使用过程中保证安全的重要方式。通过机械安全现状评价,可以发现机械现阶段的安全状况,包括机械本身的安全状态、操作人员的安全操作规范性、机械使用环境的安全性。机械安全现状评价是保证机械安全的十分重要的方面。

3)机械安全评价的意义

(1)机械安全预评价

人们在机械设计之前、预功能完成条件下,对所设计的机械存在的危险进行预先分析,设计出本质安全的机械。

(2)机械安全验收评价

完善机械的安全措施、安全防护,增强操作人员对机械安全的认识,同时完善操作规范,提出合理可行的安全管理对策。

(3)机械安全现状评价

在机械使用过程中,通过对机械设备的使用现状进行安全评价,对存在的危险、有害因素确定其程度,提出合理可行的安全对策及建议。

1.8.3 机械安全评价的程序

机械安全评价的程序主要包括安全评价前期准备;机械危险、危害因素识别与分析;机械系统的定性、定量评价;提出安全对策措施建议;形成安全评价结论;编制安全评价报告。

1)前期准备

机械安全评价前期准备包括:

① 明确所评价机械系统和范围。

② 查找国内外相关的法律法规、技术标准。

③ 实地调研,并收集所评价机械系统的技术资料。

2）机械危险、危害因素识别与分析

① 根据所评价的机械系统的情况，识别与分析危险、危害因素。

② 确定危险、危害因素存在的部位、存在的方式。

③ 确定危险、危害因素发生的途径及其变化规律。

3）定性、定量评价

在对机械系统中存在的危险、有害因素进行识别和分析的基础上，划分评价单元，对机械系统发生事故的可能性和严重程度进行定性、定量评价。

定性、定量评价包括：

① 选择适合于所评价机械系统的评价方法。

② 充分利用可测数据，通过各种手段获取用于机械评价的技术参数。

③ 对机械危险、危害因素导致事故的可能性和严重程度进行定性、定量评价。

④ 确定事故可能发生的频次、部位及严重程度的等级。

4）提出安全对策措施

① 对已确定的机械危险、危害因素以及可能导致事故的严重程度，提出安全防范的措施，消除或减弱危险、有害因素。

② 对评价中风险大、可导致事故的危险、危害因素，采用安全保护技术和管理措施，防止事故的发生。

5）安全评价结论

① 机械危险、危害因素在评价状态时的评价结果。

② 评价对象是否符合对应的国家安全生产法规及技术标准。

6）编制安全评价报告

依据安全评价结果编制相应的安全评价报告。

1.8.4 机械安全评价的方法

1）机械安全评价方法分类

（1）定性、定量安全评价法

① 定性安全评价方法。

定性安全评价方法是根据经验和直观判断对机械系统的机构、工作状态、工作环境、人员情况进行定性的分析，评价的结论是一些定性的指标。例如，安全检查表、故障类型和影响分析、作业条件危险性评价法等。

② 定量安全评价法。

定量安全评价法是根据大量的实验结果和广泛的事故资料统计分析获得的指标或数学模型，对机械系统进行定量的计算，评价的结论是一些定量的指标。例如，概率风险评价法、伤害范围评价法、危险指数评价法等。

（2）逻辑推理安全评价法

① 归纳推理安全评价法。

归纳推理安全评价法指由事故发生的原因推论结果的评价方法。例如，事件树分析法是从最基本的危险、危害因素开始，逐渐分析导致事故发生的直接原因，最终分析到可能的事故。

② 演绎推理安全评价法。

演绎推理安全评价法指由事故开始推理导致事故原因的评价方法，即从事故开始，推理导致事故发生的直接原因，再分析与直接原因相关的间接原因，最终分析出致使事故发生的最基本的危险、危害因素。例如,事故树分析法。

2) 机械安全评价法

在对系统寿命不同阶段的危险因素辨识中,应该选择相应的系统安全分析方法。例如,在系统的开发、设计阶段(安全预评价阶段),可以应用预先危险分析法、安全检查表分析法,对系统中可能出现的安全问题作概括分析;在系统运行阶段(安全现状评价阶段),可以应用故障类型和影响分析、事件树分析、事故树分析、鱼刺图分析等方法对系统安全性进行详细分析。表 1-1 为系统寿命期间内各阶段可供参考的系统安全评价方法。

表 1-1 典型评价方法适用情况

评价方法	各 生 产 阶 段							
	研究、开发	方案设计	样机	详细设计	试运行	日常运行	事故调查	拆除
安全检查表		√	√	√	√	√		√
预先危险性分析	√	√	√	√				
故障假设分析	√		√	√	√		√	
故障类型及影响分析			√	√	√		√	
事故树分析			√	√	√		√	
事件树分析			√	√	√		√	
鱼刺图分析			√	√	√		√	
作业条件危险性分析					√	√	√	
风险矩阵分析				√	√	√	√	
安全综合分析			√	√	√		√	

注:"√"表示通常使用。

(1) 安全检查表法(Safety Check List,SCL)

安全检查表法,是进行安全检查,发现潜在危险、危害因素,督促各项安全法规制度、标准实施的一种最简单、有效的方法。以机械设备和作业情况为分析对象,编制一个表格,表格中列出检查部位、检查项目、检查要求、各项赋分标准、安全等级分值标准等内容。对系统进行评价时,对照安全检查表逐项检查、赋分,从而评价出机械系统的安全等级。

(2) 预先危险性分析法(Preliminary Hazard Analysis,PHA)

预先危险性分析法,主要用于对系统存在的危险物质和装置的主要工艺、区域等进行分析,包括设计、施工和生产前对系统中存在的危险性质、出现条件、导致事故的后果进行分析,尽可能评价出潜在的风险。

预先危险性分析的主要目的如下:

① 大体识别系统中主要的危险、危害因素。

② 分析危险、危害因素可能导致的事故。

③ 评价事故发生对人员及设备造成的损失。

④ 确定危险、危害因素可能达到的危险等级。

⑤ 针对所分析的危险发展的程度提出防范措施。

(3) 故障假设分析法(What…If,WI)

故障假设分析法是针对系统工艺过程或操作过程进行的创造性分析方法,主要通过提问

（故障假设）的方式来发现可能的潜在的事故隐患。

（4）故障类型及影响分析法（Failure Mold Effects Analysis，FMEA）

故障类型及影响分析法是由可靠性工程发展来的，主要分析系统、产品的可靠性和安全性。首先找出系统中各组成部分及元素可能产生的故障类型，查明各种故障类型对邻近部分或元素的影响以及最终对系统的影响；然后提出避免或减少这些影响的防治措施，从而提高系统的安全性。

（5）事故树分析法（Fault Tree Analysis，FTA）

事故树分析法是对机械系统中存在危险、危害的单元体进行分析，以发生事故为顶事件，按构成系统的各单元体的逻辑关系，查找导致事故发生的基本事件。

（6）事件树分析法（Event Tree Analysis，ETA）

事件树分析法是从一个初因事件开始，按照事故发展过程中事件出现与不出现，交替考虑成功与失败两种可能性，然后再以这两种可能性分别作为新的初因事件进行分析，如此循环下去，直至分析到故障或事故为止。

（7）原因—后果分析法（Cause-Effect Analysis，CEA）

原因—后果分析法又称为鱼刺图分析法，是把导致事故发生的各种原因及造成的结果采用简明的文字和线条加以全面表示的方法，同时也是表示事故发生的原因和结果最为直接的一种方法。

（8）作业条件危险性评价法（LEC）

作业条件危险性评价法是对具有潜在危险性的作业条件进行评价，以所评价的环境与某些参考环境的对比为基础的评价方法。

此方法将作业条件的危险性（D）作为因变量，事故发生的可能性（L）、暴露于危险环境的频率（E）及危险严重程度（C）作为自变量，建立自变量与因变量之间的函数式 $D = L \cdot E \cdot C$。根据实际经验给出 3 个自变量的各种不同情况的分数值，采取对所评价的对象进行"打分"的办法，根据其危险性分数值，再按危险性分数值划分的危险程度等级确定其危险程度。

（9）风险矩阵评价法（Risk Matrix Analysis，RMA）

风险矩阵评价法是通过选择关键工艺装置或风险区域，选择评价单元的风险规模和属性，编辑风险矩阵，提出防风险措施的评价方法。

（10）安全综合评价法

安全综合评价的方法很多，包括灰色关联度综合评价、BP 神经网络评价、模糊综合评价等，是目前应用比较广泛的安全评价技术，适用于多因素指标评价系统。

目前开发的安全评价方法很多，各种评价方法的原理、适用对象各有特点，对于机械安全评价，可根据所评价机械的状态、范围、要求不同而合理选用。

本 章 小 结

本章主要介绍了机械安全的基本概念。分析了机械危险、危害因素识别及机械危险的机理和伤害形式。讲述了机械安全的基本要求、安全防护装置的类型、实现机械安全的途径以及机械安全评价程序和方法。

复习思考题

1. 什么是机械安全?
2. 什么是本质安全?
3. 机械危险、危害因素有哪些?
4. 机械危险的伤害形式有哪几种?
5. 安全保护装置的要求有哪些?
6. 实现机械安全的途径有哪些?
7. 机械安全预功能分析对机械设计有何意义?
8. 机械安全评价的程序有哪些?
9. 机械安全评价方法有哪几种? 各有何特点?

本章参考文献

[1] 国家安全生产监督管理总局. 安全评价[M]. 北京:煤炭工业出版社,2005.

[2] 何学秋. 安全工程学[M]. 徐州:中国矿业大学出版社,2000.

[3] 教育部高等学校安全工程学科教学指导委员会. 安全工程概论[M]. 北京:中国劳动社会保障出版社,2008.

[4] 林柏泉,周延,刘贞堂. 安全系统工程[M]. 徐州:中国矿业大学出版社,2005.

[5] 徐格宁,袁化临. 机械安全工程[M]. 北京:中国劳动社会保障出版社,2008.

[6] 张应立,周玉华. 机械安全技术实用手册[M]. 北京:中国石化出版社,2009.

2　通用机械安全技术

本章学习要求：
1. 理解切削加工机械的危险因素和伤害形式，掌握切削加工机械有关安全技术。
2. 理解木工机械的危险因素和伤害形式，掌握木工机械有关安全技术。
3. 理解冲压机械的危险因素和伤害形式，掌握冲压机械有关安全技术。
4. 理解矿井通风机的结构和类型，掌握其安全技术。

2.1　加工机械安全技术

2.1.1　加工机械分类

机械是由若干零部件连接而成的组合体，其中至少有一个可运动部件，并且具有制动机构、控制机构和动力系统等。这种组合是为了完成某种功能，如物料搬运、加工、处理或包装等。

加工机械一般是指车床、铣床、钻床、磨床、冲压机、压铸机等。根据我国的实际情况，参考欧盟机械指令规定，本节重点探讨切削加工机械、木工机械和冲压机械的安全技术。

2.1.2　加工机械危险因素及伤害形式

切削机床是用切削的方法将金属、塑料等材料制成的毛坯上多余的材料切除，加工成零件的机械。切削机床的种类很多，在结构上也存在较大差异，但其基本装置是一样的，有传动机构、制动装置、安全装置等。主要组成部分包括：机身和机架、传动机构、动力源及润滑和冷却系统。

1）切削加工的危险因素

切削加工时，会产生许多能对人造成伤害的危险和危害因素。切削加工危险因素的具体内容如下：

（1）机床的危险部分

高速运动的执行部件及传动部分是机床上的危险部位，但其静止部分也存在着危险。

① 静止危险。静止危险包括切削刀具的刀刃，机械加工设备突出较长的机械部分，毛坯工具，设备边缘锋利或粗糙表面，易引起滑跌、坠落的工作台等。

② 直线运动。

a. 经过式危险。单纯直线运动部分，如运动中的带链；做直线运动的突起部分，如运动中的金属接头；运动部位和静止部位的组合，如工作台与底座的组合；做直线运动的刃物，如带锯床的带锯、牛头刨床的刨刀。

b. 接近式危险。龙门刨床的工作台、牛头刨床的滑枕、外圆磨床的往复工作台等做纵向运动的构件；升降台铣床的工作台等做横向运动的部分。

③ 旋转运动。包括卷进直线运动与旋转部件间的危险，如链条与链轮、齿条与齿轮、胶带

与胶带轮；卷进单独旋转机械部件中的危险，如进给丝杠、卡盘等单独旋转的机械部件以及磨削砂轮、铣刀等加工刀具；卷进旋转运动中两个机械部件间的危险，如相互啮合的齿轮，朝相反方向旋转的两个轧辊之间；旋转运动加工件绞扎或打击的危险，如伸出机床的细长加工件。

④ 飞出物击伤。包括飞出的机械部件或刀具，如紧固不牢的接头、破碎的砂轮片、未夹紧的刀片；飞出的工件或切屑，如锻造加工中飞出的工件，连续排出的或破碎而飞散的切屑。

⑤ 振动部件夹住。机构部件的一些结构呈现振动现象，易引起被振动体被夹住。

（2）由不安全行为引起的危险

例如戴手套作业被切屑或旋转钻头与手一起卷入危险部位；未穿戴工作服使领带或过宽松的衣袖被卷入机械转动部分；未按规定穿戴工作防护帽而使长发卷入工件或丝杠；刀具未夹紧就开动机器；等等。

（3）常见的危害因素

① 在加工时，被加工零件和刀具表面会产生 400 ℃的高温，有时甚至高达 600 ℃。

② 切削过程中产生的磨料粉尘和脆性材料粉尘，以及产生的灼热切屑。

③ 设备运转时产生的静电和因电路绝缘不良而引起的漏电。

④ 作业环境不良带来的影响，如地面湿滑、通道狭窄、光线不够等。

⑤ 机床产生的噪声和振动。

⑥ 冷却液侵蚀皮肤；润滑液中所含的石油气溶胶可能刺激上呼吸道黏膜、降低免疫力。

⑦ 安装和拆卸大尺寸工件时，需要过重的体力劳动；长时间的注意力集中以及单调的工作易引起疲劳，长期注视旋转零件也易引起视觉疲劳。

⑧ 切削加工高聚物如塑料、橡胶时，高分子聚合物在受摩擦作用时形成的高温下会发生机械和物理化学变化。如高分子聚合物在热氧化降解作用下会变为蒸气和气态，其产物有不饱和芳香烃及饱和烃，会对人产生麻醉作用，引起血管系统、中枢神经系统、造血器官、内脏的病变，并可破坏皮肤营养。

2）切削加工的伤害形式

进行金属切削机床操作时，操作者和机床之间应该形成一个协调的运动体系，并保证不发生事故。当这一体系的某一方面超出正常范围，就会发生意想不到的冲突而导致发生事故。例如，由于操作者的精力不集中而产生错误的判断和操作从而引起伤害事故。

（1）伤害事故的原因

① 安全操作规程不健全或管理不善，对操作者缺乏基本训练。如工件或刀具未夹牢就开动机床；在机床运转中调整或测量工件、清除切屑等；操作者不按安全操作规程操作；未穿戴合适的防护服和防护工具。

② 工作场地环境不好。如工作场地照明不良，地面或脚踏板被乳化液弄脏，温度及湿度不适宜，噪声过高，设备布局不合理，零件及半成品堆放不合理等。

③ 机床运转在非正常状态下。如机床部件、附件和安全防护装置的功能失效，金属切削机床的设计、制造或安装存在缺陷等。

④ 工艺规程和工装不符合安全要求，采用新工艺时无安全措施等。

⑤ 对切削砂轮采取的措施不当。

上述各种原因（图 2-1）所造成的伤害事故的比例不同。一般来说，由于操作工人违章作业所造成的事故比重最大，由切削或设备技术状态不佳引起的伤害事故较少。

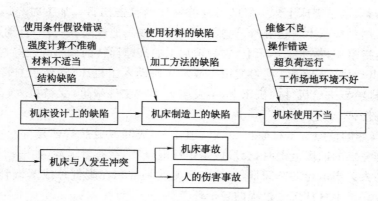

图 2-1 发生事故的主要原因及顺序

（2）伤害形式

① 操作者与机床碰撞引起伤害事故。包括操作者和机床相互碰撞、机床碰撞操作者和操作者碰撞机床 3 种情况。

在进行操作时，操作方法不当，用力过猛，使用工具规格不合适或已磨损，均可能使操作者撞到机床上。例如，用已磨损或规格不合适的扳手去拧螺帽，由于用力过猛，扳手打滑离开螺帽，人的身体会因失去平衡而撞在机床上，从而引起伤害事故。

操作者或其他人员站立的位置不当，也可能受到机床运动部件的撞击。例如，站在平面磨床或牛头刨床运动部件的运动范围内，而注意力又没有集中到机床上，就可能被平面磨床工作台或牛头刨床滑枕撞上。

② 操作者的局部被卷入或夹入机床的旋转部件。这类伤害事故的发生主要是由于机床旋转部分的突出部位没有安装好防护装置，加上操作者的错误操作而引起的。如花盘上的紧固螺栓端头、车床上旋转着的鸡心夹、露在机床外面的挂轮、传动丝杠等，均会卷入操作者的衣服、头巾、袖口、领带等；钻床操作者戴手套操作，旋转着的钻头或切屑将手套连同手一齐卷入，从而造成断手事故；车床操作者留有长发，又不戴工作帽，致使长发卷入而造成头皮脱落的严重伤害事故等。

③ 被飞溅的砂轮磨料及切屑划伤和烫伤。崩碎的切屑和飞溅的磨料极易伤害人的眼睛。据统计，在切削加工中，眼睛受伤的比例约占伤害总事故的 35%。

④ 操作者滑倒或跌倒而造成的事故。该类事故主要是由工作现场环境不好而引起的。例如，地面或脚踏板不平整或被油泥污染、照明不足、通道狭窄、机床布置不合理，以及零件、半成品堆放不合理等。

3）木工机械加工中的危险及危害因素

木工机械的种类按其工作原理、性能结构及使用范围不同可分为木工锯机、刨床、铣床、车床等。木材加工的特点是加工对象为天然生长物、刀具运动速度高、多刀多刃、敞开式作业和手工操作、噪声大、木粉尘多具有易燃易爆性等。稍有不慎，人的肢体就会触及旋转着的刀具，极易发生事故；并且木材的抗热能力不大，加工时易超过其焦化温度（100～120 ℃），从而引发火灾。

（1）木工机械加工中的危险

① 机械危险。机床上的零件在加工中发生意外被抛射飞出而引起冲击伤害。例如，在没有设置止逆器的多锯片木工圆锯机上易产生工件回弹伤人的危险；磨锯机上破裂的砂轮碎片、

锯机上断裂的锯条、木工刨床上未夹紧的刀片等物体的打击伤害。加工时与运动的零部件接触的危险,包括:用手推压木料送进时,遇到节疤、弯曲或其他缺陷,手会不自觉地与刃口接触,造成割伤甚至断指事故;在木工车床上,衣物被加工的高速回转的棒料缠住等造成对人体的伤害;操作人员在电动机停转后,往往习惯用手或木棒制动木工机床,致使手与转动刀具相接触而造成伤害;在进给辊进给机件的机床上,会发生人手被工件牵进,又被拉入进给辊与工件之间的夹口而造成伤害。

② 火灾和爆炸的危险。木材原料、木屑、刨花、半成品或成品等都是可燃物,悬浮的木粉尘在空气中达到一定的浓度范围时,会形成爆炸性混合物,在有着火源(如电动机火花等)情况下会发生爆炸伤人。当木粉在车间堆积过多时,尤其是堆积在暖气片或蒸汽管上时会引起阴燃。火灾危险存在于木材加工全过程的各个环节。

③ 木屑飞出的危险。若圆锯机没有装设防护罩或防护罩有缺陷,锯料锯下的木屑或碎木块可能会以较大的速度(超过 100 km/h)飞向操作者的脸部,给操作者造成伤害,如图 2-2 所示。

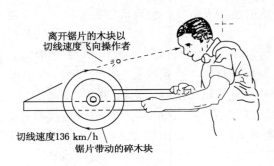

图 2-2　锯屑造成的危险

④ 操作人员违反操作规程带来的危险。操作者不按照安全操作规程作业或不熟悉木工机械性能和安全操作技术、木工机械设备没有安装安全防护装置或安全防护装置失灵等人为因素都极易造成伤害事故。

⑤ 木粉尘危害。大量木粉尘可导致呼吸道疾病,严重的可表现为肺叶纤维化症状。木工患鼻癌和鼻窦癌比例较高,据分析可能与木尘中的可溶性危害物质有关。

⑥ 木材的生物效应。木材中含有的导致过敏的物质以及有毒物质可引起多种发病症状,如视力失调、呼吸道黏膜的刺激和病变、过敏症状以及各种混合症状。发病性质和程度取决于木材种类、接触时间或操作者自身的体质条件。

⑦ 制造原因产生的危险。大多数木工机械制造精度低,又缺乏必要的安全防护装置,或防护装置失灵,并且手工操作居多,因而容易发生事故。

⑧ 触电危险。木工机床所用电动机多为三相 380 V 电源,一旦绝缘损坏易造成触电危险。

在进行木工机械加工操作时,产生人身事故的因素及其出现的百分率见表 2-1。

表 2-1　　　　　加工木材时产生人身事故的因素及出现的百分率

序号	因素	百分率/%	序号	因素	百分率/%
1	刀具	64.3	5	设备	4.2
2	被刀具打飞的材料	11.2	6	附件	2.1

序号	因素	百分率/%	序号	因素	百分率/%
3	飞出的木屑、料头等	10.5	7	辅助工具	1.4
4	木料倒塌、坠落、挤压	5.6	8	防护装置	0.7

（2）木工机械加工中的危害因素

① 噪声。木工机械转速高、送进快、木质软硬不均，加之木材传运快，所以加工时产生的噪声较大，操作人员长时间在此环境中工作，易产生疲劳，感到烦躁，影响健康且易使操作者产生失误而发生工伤事故。表 2-2 所列为常用木工机械的噪声等级。

表 2-2 　　　　　　　　　　　　常用木工机械的噪声等级

木工机床	噪声级/dB(A)		木工机床	噪声级/dB(A)	
	空转时	操作时		空转时	操作时
木工平刨床	95～107	98～110	榫槽机	85～100	98～103
木工压刨床	97～115	101～120	木工钻床	80～88	85～96
圆锯机	89～103	93～115	磨光机	83～98	94～105
截锯机	96～99	104～111	木工铣床	85～95	86～101

② 大强度劳动。木材加工多用手工上料，有时木料重达 30～50 kg，在堆放、传送、运输和搬运时需要高强度的劳动作业。

③ 湿度及高温。一般木材加工的工作区湿度比较大，而给木材进行干燥的设备又会产生高温，这些都会给人带来不利的影响。

④ 粉尘。木工机械在操作时，产生的木屑到处飞扬，微小的粉尘大量悬浮于空气中，极易被人吸入，长期下去会对人的身体健康带来不良影响。表 2-3 所列为常用的木工机械的粉尘浓度。

表 2-3 　　　　　　　　　　　　常用木工机械的粉尘浓度

木工机床	粉尘浓度/(mg·m⁻³)	木工机床	粉尘浓度/(mg·m⁻³)
木工平刨床	4～5	榫槽机	5～7
木工压刨床	6	木工钻床	6～8
圆锯机	5～6	磨光机	8～10
截锯机	6～8	木工铣床	4～5

⑤ 振动。在对手动进给机床上料时，会引起较强的局部振动。当木质不均匀时振动更为明显，比如手工推料遇到节疤、弯曲或其他缺陷时。长时间的振动会给人体健康带来不良的影响。

4）冲压机械危险及伤害形式

冲压设备多数以机械传动为主，行程速度快，并且冲压生产劳动量大，具有生产效率高、操作简单、尺寸和形状精度高、能冲制较复杂形状的零件等特点。操作者在简单、频繁的连续重复作业情况下，容易产生疲劳。一旦操作失误，放料不准，模具的相对位置发生变化，就有可能发生冲断手指等伤害事故。目前，冲压机械的手工操作比例大，事故率高。发生事故的主要原因如下：

① 高频率作业会引起操作者体力消耗和精神疲劳,经常由于连续、单调重复作业产生厌倦情绪而发生误操作。

② 噪声和振动大、室温不适、操作条件不舒适或旁人打扰等作业环境因素,可引起操作者生理和心理的不良影响并导致操作者观察错误而造成误操作。

③ 手在上下模具之间工作时,因设备故障而发生意外。

④ 任务较重,需加班操作等生产组织安排不当而发生事故。

⑤ 多人操作同一台冲压机械时,相互配合不协调而发生事故。

(1) 冲压机械作业中的危险及危害因素

发生事故的原因主要有以下几个方面:

① 设备结构。绝大部分冲压设备采用的是刚性离合器。凸轮机构使离合器结合或脱落,一旦结合运行,就一定要完成一个全循环才会停止。假如在循环过程中手不能及时从模具中抽出,就必然会发生伤手事故。

② 模具。模具是整个系统能量集中释放的部位,担负着使工件加工成形的主要功能。如果模具设计不合理,或有缺陷,没有考虑到作业人员在使用时的安全,在操作时手就要直接或经常性地伸进模具才能完成作业,就增加了受伤的可能。有缺陷的模具则可能因磨损、变形或损坏等原因在正常运行条件下发生意外而导致事故。

③ 动作失控。设备在运行中经常会受到强烈冲击和振动,使一些零部件变形、磨损以至碎裂,引起安全装置、操作机构甚至设备动作失控而发生危险。例如:开关失灵;操作机构失灵,发生意外连冲;安全装置失灵,使制动器不制动;等等。

④ 带病运行。使用带病运行的设备极易发生事故。

⑤ 生产过程中的危害物质也会带来危险。

⑥ 机械性伤害。主要是指设备的危险部位对人体造成的伤害,如剪切机刀片将操作人员割伤、齿轮或传动机构将操作人员绞伤等。

⑦ 作业环境。作业环境中的危险因素从导致冲压事故的可能性划分主要有以下几个方面:

a. 工位器具和材料摆放无序。场地拥挤、混乱或作业者人为的原因将会造成作业人员的操作动作无规则,引起手脚配合失调而出现操作失误或其他意外。

b. 设备布局不合理。一般来讲,冲压车床的设备布局应按照产品的工艺流程布置,但实际上有些冲压车床是将设备按照类型排列的,这样就使工件和原材料在车间内重复周转,造成生产场地拥挤,安全通道和设备间隔被占,作业空间缩小,作业者操作受到妨碍。另一种情况是设备排列过于拥挤,作业人员互相影响和干扰,以致操作失误的可能性大大提高。

c. 座位不稳,高度不当。这会使操作人员操作时重心不稳,动作不灵活,故易于疲劳或身体失衡而发生意外。

d. 机台附近物品堆放过多、过乱。当材料和工件不能及时传送,废料没有及时清理时,物品可能堆放过多而倒塌,甚至碰触冲床开关导致冲床误动作。

e. 车间里的振动和噪声,作业信号及其他工种的作业干扰等,对冲压作业人员的安全操作都有明显的影响,易引发冲压事故危险。

⑧ 作业行为。

a. 不良的心理、生理状态和性格特点。不良的心理状态表现为情绪不稳、心理疲劳,作业者可能因此而产生一些下意识行为,也可能表现出心理紧张、精力不集中、责任心不强。不良的生理状态则直接表现为生理缺陷,如视力、听力不佳及其他功能失常等都会使作业者在工作中判断失误或动作失调。无论是马虎愚钝还是急躁轻浮等不良的性格特点,表现在作业行为上都有一定的危险。

b. 不安全行为。操作方法不当、操作准备不充分、操作姿势不正确、动作不协调、作业位置不安全、工具和防护用品使用不当等均会引起伤害事故。例如:当操作人员在思想不集中、动作不协调或工件在磨具中未放正而进行调整时,冲头正好下落,将造成伤指事故;操作方法不当等使工具或冲模崩碎,工件被挤飞而造成伤人事故;专用工具不合适,工艺安排不合理,模具起重、安装拆卸时造成挤伤、砸伤;当误操作使液压元件超负荷或压力超过工作所允许的最大值时,液压元件就会破裂,导致高压介质在瞬间喷射冲出而造成伤害。

(2)冲压生产中易发生的失误动作

① 需要多人操作的联合作业如果在操作前没有指定主操作人员或操作指挥人员,在作业时若配合不当、动作不协调,就有可能造成混乱,使操作人员受伤。

② 用手工送料或取件时,所进行的简单、频繁的操作,特别是采用脚踏开关的情况,容易引起精神疲劳,易发生失误动作。又由于设备速度快,操作者体力消耗大,越接近下班时,身体越疲劳,越易出现失误动作。

③ 冲压机械本身原因方面,如离合器失灵而发生连冲,调整模具时滑块突然自动下滑,传动系统防护罩意外脱落,以及敞开式脚踏开关被误踏等,均易造成意外事故。

(3)冲压作业工序对安全的影响

冲压作业包括送料、定料、操纵设备、出件、清理废料、工作点的布置等操作动作,这些动作互相联系,对作业的效率、制件的质量和人身安全都有直接影响。以下重点分析与安全关系较大的几道工序。

① 送料。送料即将坯料送入模内的操作。送料操作是在滑块即将进入危险区之前进行的,所以必须注意操作的安全。当操作者的送料动作节奏与滑块能够协调一致时,不需要用手在模区内操作,这是安全的。当进行尾件加工或手持坯件入模进料时,手就需要进入模区,这就具有较大的危险性,因此要特别注意安全保护。毛坯的形状有卷料、条料、片料和各种形状的立体形坯料,其送进方式也各不相同。

a. 卷料。这是实现冲压作业的机械化、自动化最合适的坯料之一。机械化自动送料装置可以将卷料进行开卷、校平、自动送入模内。当送料机构或模具发生故障且需要操作者调整时,就必须注意安全。

b. 条料。手工送条料操作中,某些冲裁、落料、成形模条尾件送入模内时,以及切断模或用于将废料切碎的其他模具进行最后尾件切料加工时,为了保证作业的安全,有些作业可以将条料调头(旋转180°)送入模内进行冲压加工。

c. 片料。目前单件片料的手工送料方式在冲压作业中还占有相当大的比例,特别是各种大、中型零件的拉延、弯曲、成形等工序均采用这种送料方式。

d. 立体形状的各种坯料在修边、整形、冲孔等后续工序(中间工序和末道工序)中的送料方式一般要比片料的送料方式难度大,尤其是大件。采用这种送料方式时应实行重点保护。

② 定料。定料即为将坯料限制在某一固定位置上的操作。定料操作是在送料操作之后进行的,比送料更具有危险性。定料的方便程度直接影响到作业的安全,故决定定位方式时要考虑其安全程度。上述各种不同坯料的定位方式大致有定位板、导板、定位销、定料销、定距侧刃等几种方式。

a. 定位板、导板、定位销、定料销是分别为用于单个毛坯料的各种定位方式而设计的,它们既可用于毛坯料的外轮廓定位,也可用于内孔定位。为提高单位精度,可在模具上增设侧压装置,使条料紧靠一侧的导尺来定位。

b. 导正销主要用于连续模上对条料上的孔进行定位,也可用于其他模具上对单个毛坯料的孔进行定位,以保证冲压件外形与内孔的位置精度。这种定料方式安全、可靠、简单,可以优先采用。

c. 定距侧刃是通过侧刀切去条(卷)料旁边少量的材料,使条(卷)料形成台阶,从而实现定位。

③ 出件。出件即从冲压模具中取出制件的操作,是在滑块回程期间完成的。对行程次数少的压机来说,滑块处在安全区内,不易直接伤手;但对行程次数较多的开式压机,则具有较大的危险。出件方法主要有下漏出件、弹性卸料式出件、打料式出件3种。

a. 下漏出件。在小型冲制件的落料、修边、拉延等工序中,常使冲制件从凹模内孔漏下,漏到工作台或与工作台连接的零件装料箱内,操作者定时进行整理,这种出件方式不必用手取出,故作业没有危险,并对第二件坯料的送入没有影响。使用中必须防止漏件堵塞和漏件上升,防止凹模胀裂和工件飞弹。

b. 弹性卸料式出件。坯料冲制完毕后依靠模具内的弹性装置顶出,并停留在下模的水平面位置,然后用手工工具或机械装置将之取出。也可利用设备上的附件,如以气垫等为动力通过顶出装置将冲制件或废料从下模顶出。应保证操作安全:一方面,要考虑冲制件的顺利顶出;另一方面,也要考虑制件的拿取方便,取件应尽量采用工具拔出、取出或吸出。

c. 打料式出件。某些模具在制件冲制完成后制件就留在上模上,当滑块回程至上死点时,利用设备上的打料棒将制件打落,该打料装置结构比较简单,无须设置弹簧顶出装置。当打料出件制件坠落时,操作工人伸手接料或用工具接料的操作方式不安全,最好配备各种接料器自动接件。

④ 清除废料。清除废料指清除模区内的冲压废料。废料在分离工序中是不可避免的。若在操作过程中不能及时清除或处理好产生的废料,就会影响作业正常进行,甚至出现重复冲和叠冲的现象,有时也会发生废料、模片飞弹伤人的情况。

⑤ 操纵。操纵指操纵者控制冲压设备动作的方式。常用的操纵方式有按钮开关和脚踏开关两种。一般单人操作按钮开关时不易发生危险,当多人操作时,会因协调不当而造成伤害事故。因此,多人作业时,必须采取相应的安全措施。脚踏开关虽然容易操作,但容易引起手脚搭配失调、发生失误而造成事故。

(4) 安全生产措施

① 模具设计以便于送料和取件为主要原则,尽量做到在滑块上升的短暂期间内完成送料和取件工作,而在滑块下行时将手或其他工具尽快撤离模具闭合区。应设计安全化模具,缩小模口危险区的范围。

② 加强冲压机械的定期检修,严禁带病运转。

③ 提高送取料过程的机械化与自动化水平,以代替人工送取料。

④ 在操作区安装可靠的安全防护装置,以最大限度地减少冲压机械的不安全因素。必须设置的安全装置有机械防护装置、自动保护装置和安全启动装置。

a. 机械防护装置:是指在滑块的下行程期间,为保证安全生产,设法将操作者的手与危险区隔开或用强制的方法将操作者的手拉出危险区。这类防护装置包括:防护板、推手式保护装置和拉手安全装置。机械式防护装置结构简单、制造方便,但对作业干扰影响大。

b. 自动保护装置。该类装置是在冲模危险区周围设置光束、气流和电场等,一旦手进入危险区,通过光、电、气控制,使压力机自动停止工作。目前常用的自动保护装置是光电式保护装置。其原理是在危险区设置发光器和受光器,形成一束或多束光线。当操作者的手误入危险区时,光束受阻,使光信号通过光电管转换成电信号,电信号放大后与启动控制线路闭锁,使冲压机滑块立即停止工作,从而起到保护作用。

c. 安全启动装置。其作用是当操作者的肢体进入危险区域时,滑块不能下行,或者冲压机的离合器不能合上,只有当操作者的手完全退出危险区后,冲压机才能启动工作。这种装置包括双按钮结合装置和双手柄结合装置。其原理是在操作时,操作者必须用双手同时启动开关冲压机才能接通电源开始工作,从而保证安全。

2.1.3　加工机械防护及安全装置

1) 切削加工防护及安全装置

切削防护装置是用于隔离人体与危险部位和运动物体的一种装置,它是机床结构的重要组成部分,在机械传动部位均应安装可靠的切削防护装置。

(1) 切削机床的防护装置

① 防护罩。防护罩起到将机床的旋转部位与人体隔开的作用,防止人体某部位受伤。它直接安装于设备上,是机械设备中最常用的安全装置。在切削加工机械设备上,防护罩主要用于隔离外露的旋转部件,如链轮、胶带轮、链条、旋转轴、齿轮、法兰盘和轴头等,如图 2-3 所示。

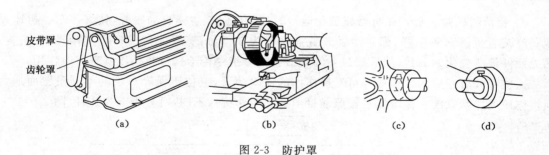

图 2-3　防护罩

② 防护栏杆。有些设备不能在地面操作,所以应在其高处、危险区域以及操作台处安设栏杆。栏杆结构应符合《固定式钢梯及平台安全要求　第 3 部分:工业防护栏杆及钢平台》(GB 4053.3—2009)的规定。如图 2-4 所示,操纵台上设置的栏杆高度不得低于 0.8 m。对于容易造成伤害事故的大型机床的运动部件,如龙门刨床身两端也需要加设栏杆,如图 2-5 所示。

③ 防护挡板。防护挡板起到隔离车屑、刨屑、铣屑、磨屑等各种切屑和飞溅切削液的作用,必要时可采用顺序联锁型挡板。所用材料视情况而定,塑料板、铝板、钢材均可。如果挡板妨碍操作人员的视线,则可用透明的材料制作,如图 2-6 所示。

(2) 机床保险装置

机床保险装置包括行程保险装置和超负荷保险装置。

① 行程限位保险装置。当运动部件到达预定的位置时,该装置可以保证运动部件上的挡块压下行程开关,使其自动返回或停车。如图 2-7 所示,当工作台达到一定位置时,挡块压下行程开关,工作台就自动返回或停止。

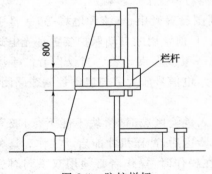

图 2-4 防护栏杆

图 2-5 龙门刨床防护栏杆

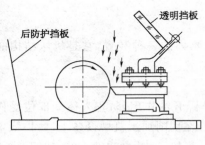

图 2-6 防护挡板

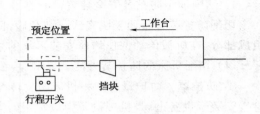

图 2-7 行程限位保险装置示意图

② 超负荷保险装置。在机器超负荷运行时过载保险装置能自动脱开,使其停车。机床过载保险装置虽然多种多样,但是每种装置通常分为 3 部分:感受元件、中间环节和执行机构。感受元件检测变化的参数,然后通过中间环节将信号指令传给执行机构以实现保险作用。

这些部分所组成的部件成为可直接作用的保险装置,或位于保险对象的不同位置而成为间接作用的保险系统。保险装置按照能量形式和工作特性不同,可分为下列几种(图 2-8):

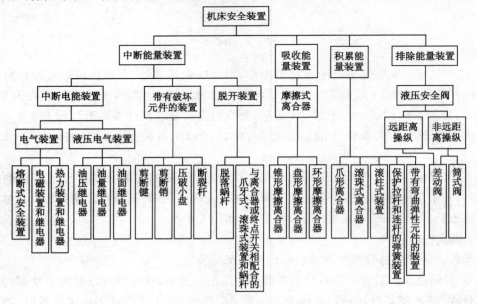

图 2-8 机床过载安全装置分类图

— 30 —

a. 中断传动链中的能量。如脱落蜗杆、电气安全保险装置和剪切式装置,如图 2-9 所示。

b. 吸收能量并将其转变为另一种形式的能量,如摩擦式离合器(图 2-10)。

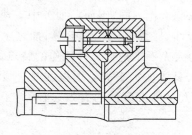 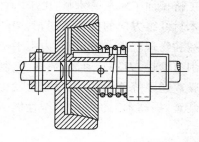

图 2-9　带有剪切销的离合器　　　　　　图 2-10　锥形摩擦式离合器

c. 从保护对象中放出全部或局部能量,如液压保险装置。

d. 积累能量并在过载停止后或在作用过程中利用连续的脉动作用将其还给对象,如爪形和滚珠式离合器;连杆带弹簧、拉杆的保险装置;带有平面弯曲弹簧的保险装置;等等。

e. 过载不仅指力过载,机床工作规范和使用条件被破坏(如零部件温度超限、冷却润滑系统出现故障、刀具折断等)亦属此例。

(3) 机床制动装置

机床制动装置包括意外事故联锁装置、顺序动作联锁装置和制动装置。

① 意外事故联锁保险装置。该装置是指在发生意外事故时,机器的补偿机构(如止回阀、蓄电器等)能立即起作用或停车的机构,如图 2-11 所示。机床容易卷住工人的头发、衣服而发生重大事故,为避免此类危险事故的发生,在有些机床上可装设安全碰杆,一旦人体触及碰杆,即可立即切断电源停车。

② 顺序动作联锁装置。该装置是保证在上一个动作完成后,下一个动作才能进行的机构。如图 2-12 所示,顺序动作联锁装置系统可以保证夹紧工作完成后,顺序阀接通,而后进给运动才能开始。另外,它还可以控制机构互锁,如车床溜板箱内设置的互锁机构能防止光杠、丝杠同时传动。

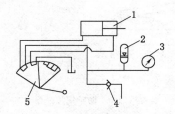 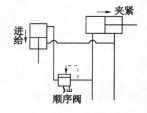

图 2-11　事故联锁保险装置示意图　　　　图 2-12　顺序动作联锁装置系统示意图

1——工作液压缸;2——蓄能器;3——压力表;
4——止回阀;5——手动换向阀

③ 制动装置。该装置起到在工作完毕后装卸工件或突然发生事故时及时停止机床运转的作用。制动装置类型很多,可根据使用要求及其特点来选用。按制动装置结构不同可分为具有活动套圈的圆筒闸或内块状闸、分块状闸、锥形闸、圆盘闸等;按制动力不同分为手动、液压、气压或电气等制动装置。

(4) 电气设备的接地(零)

电气设备的金属外壳必须有可靠的接地(零),并且电源线路安装应符合电气安全要求。

2) 木工机械防护及安全装置

木工机械加工对象是木材,由于木材具有不均匀性和各向异性,其性质和强度不同,切削刀具与木材纤维方向的夹角不同,其切削应力和破坏载荷也就不同,因而在加工中表现出较复杂的机械和物理现象,如锯(刨)力不平衡、弹性变形、弯曲、胀缩、开裂、起毛等;加之木工机械具有切削速度快、刀轴转速高、惯性大、制动困难和多为人力手工把持工件操作的特点,以及作业环境噪声超限等诱因,所以很容易发生切割手指等人身体伤害事故。增设和改进设备的安全防护装置,提高木工机械的安全性能,是减少或杜绝人身伤害事故的有效途径,应予以足够的重视。

(1) 锯机

锯机是以锯作为刀具,通过锯条、带锯做往复运动或圆盘锯做旋转运动,来锯割、剖分木料的一种设备。常见的锯机有圆锯机和带锯机,经常发生的事故有锯的切割伤害、锯条断裂弹射及木料飞出伤人等,可通过在锯割机上采用安全防护装置和正确的操作加以防止这类事故的发生。

① 圆锯机。圆锯机是以圆锯片为刀具对木材进行锯切加工的木工机械。其出现意外事故的原因:一是由于操作者的手或身体触及锯片;二是由于锯割中遇到木料过湿、有节疤或锯片磨损变钝等而造成木料弹出伤人。针对这些原因,采取的安全措施主要有:在锯条上备有推杆、推块,设置防回弹反击装置,增加防护罩。

a. 防护罩。圆锯机的防护罩分为台底罩和台面罩。台底防护罩的作用是防止操作人员清理木屑时被锯片锯伤。通常是在锯片两边用钢板进行防护,两边距离以不超过 150 mm 为宜,其底边最少低于锯齿上沿 50 mm,结构相对简单。如图 2-13 所示,台面轻便型防护罩由有机玻璃罩体、支持架、分离刀和制动片等组成。工作时罩体能在支持架上摆动,以适应木料厚度的变化。罩内有加强筋,以增加罩体的抗振强度。通过有机玻璃罩可以清楚地看到木料的锯切情况。这种防护装置适用于精度要求高的板料锯切,如木工制品、层压板等。

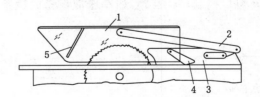

图 2-13　轻便型防护罩

1——有机玻璃防护罩;2——支持架;3——分离刀;4——制动片;5——防护罩加强筋

b. 防回弹反击装置。该装置的作用是从机械设备上根除木料反击的危险,防止木料的回弹,一般的做法是在圆锯机上安装锯尾刀、制动爪及分离刀等。分离刀是弧形镰刀片,圆锯机上的分离刀如图 2-14 所示。刀刃通常用耐磨钢片制成,前沿圆滑,其厚度一般比锯片厚 10% 左右。需要注意的是,应将分离刀牢固地安装在锯片的后方,使其与锯片保持在同一平面上,锯片刀刃重新修磨后,锯片直径变小,此时要调整分离刀的位置。

另一种防回弹装置如图 2-15 所示,在圆锯机木料进料的前方或在防护罩的两侧装有制动片,当送进木料进行加工时,制动片抬升,木料可顺利通过。如木料出现振动或反击,则制动片尖端就卡住木料,特别是在锯切尺寸宽大的板料时,制动作用更重要。由于制动经常受到强烈

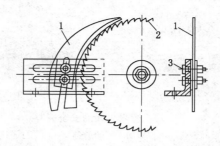

图 2-14　圆锯机木料分离刀

1——分离刀；2——锯片；3——固定螺栓

反击，所以它和支承转轴都应当用具有足够抗冲击强度的材料制作。制动片与工件的接触角 α 应保持在 65°～80°，其厚度 $d \geqslant 8$ mm，长度应在 100 mm 以上。当长度 $l < 100$ mm 时，制动作用力就不足。

如图 2-16 所示，防止锯断工件回弹装置中木制辅助直尺在距离锯齿约 1 mm 前停止，可防止锯断工件回弹。一般情况下，在使用防回弹装置时应同时使用推杆。

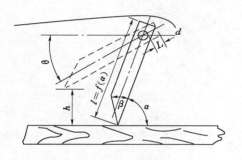

图 2-15　圆锯机上的制动片

h——最大切割工件厚度；d——制动片传动轴径

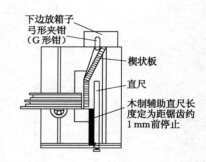

图 2-16　防止锯断工件回弹装置

c. 推杆(推块)。在操作过程中，锯木工人手部常需接近锯片，为防止手部受伤，在锯台上应备有推块作为安全装置，如图 2-17 所示。这种推木块称为推木砧。推木砧底的横木条能推动木料前进，推木砧右边的凹坑可保护操作人员的拇指。

推杆如图 2-18 所示，这种推杆适合于锯切窄料。推杆形式和构造及设计制造并没有统一的标准，可视作业的需要、木料的长度、厚度、形状、材质等情况而定。

图 2-17　木工机床用推块

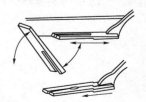

图 2-18　推杆使用示例

d. 安全夹具。在圆锯机下料时，为防止人手进入危险区，可使用图 2-19(a)所示的带确定长度限位器的木制辅助直尺。图 2-19(b)所示为将折页打开 90°就成为一个限位器。这种安全夹具是一种辅助的安全装置，可防止人手接触锯片。有时安全夹具与止逆器结合使用。

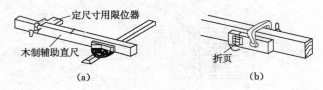

图 2-19　带限位器的安全夹具

(a) 带确定长度限位器的木制辅助直尺；(b) 折页的应用

② 截锯机。截锯机的作用主要是截断方材和板材，分为截锯机和吊截锯。

a．截锯机：用来截断一般尺寸的方材和板材。常用截锯机的防护装置有两种。

图 2-20 所示为常用的截锯机及其防护装置，由分离刀 2、非工作时的锯片防护罩 3 和固定防护罩 6 组成。工作时操作人员将锯片和上半部分防护罩 6 一起提出，锯切板料。工作完毕，锯片推入防护罩 3 内将裸露的锯片罩住。

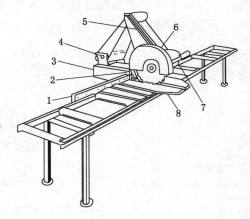

图 2-20　截锯机防护装置（一）

1——挡板；2——分离刀；3——锯片防护罩；4——停止工作导定位挡；5——平衡杆；

6——锯片上部固定防护罩；7——操纵手柄；8——工作台面

图 2-21 所示为另一种截锯机防护装置，其防护罩安装在截锯机工作台的支架上。当开始截锯木料时，用手把防护罩压下，使罩体下缘贴在锯切的木板表面上，防止板料跳动。工作完毕，由配重 1 使防护罩 3 自动抬起，为下次锯截做好准备。这种截锯机的锯片装在工作台的下部，采用电动或气动装置将锯片升到工作台上，锯切完毕，锯片降回工作台下部，操作比较安全。

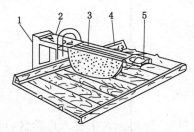

图 2-21　截锯机防护装置（二）

1——配重；2——杠杆；3——防护罩；4——导木；5——手柄

b. 吊截锯。吊截锯用来截断较大尺寸的方材和板材,其结构简单,操作方便,但锯片较大,而且在工作台上方,稍不注意就会发生伤害事故。因此,必须配备两种安全装置,即锯片防护罩和限位铁链。图 2-22 所示为吊截锯安全装置。

图 2-22 中,1、2 为锯片防护罩,为避免操作人员的身体与锯齿接触而受伤,锯片以钢板制成的防护罩进行防护。8 为限位铁链,其作用是将锯机固定在机架上,限制其摇摆的角度,使锯片不超越工作台的边缘,防止使用时用力过度或其他原因将吊截锯拉离工作台而导致事故。

③ 带锯机。带锯机是以一条开出锯齿的无端头的带状锯条为刀具,锯条由高速回转的上、下锯轮带动,实现直线纵向剖解木材的木工机械。它是木工机床中较为危险的机器,也是进行木料加工时最常用的设备之一。带锯机发生的伤人事故:一是操作者的手触及锯条;二是锯条折断崩出伤人;三是飞出的木屑也可能伤害人眼。因此,安全装置必须具有两种作用:一是将锯条罩住,使其外露部分越小越好;二是使断裂的锯条不至于弹出伤人。要求做到以下两点:

a. 锯台以下的机器(包括转动的锯条和传动机构)必须全部用钢板罩起来,使工人不能与其接触。

b. 锯台以上的传动轮正面必须用防护罩进行防护,以防发生意外。只留出送入加工件的部分,即除锯台至锯条导架部分需用于锯木外,其他锯条的任何部分均需稳妥防护。

带锯机的安全装置如图 2-23 所示。

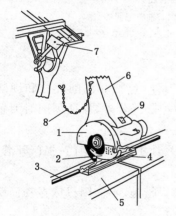

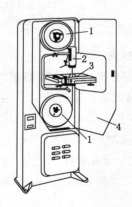

图 2-22 吊截锯安全装置

1——固定防护罩;2——可调防护罩;3——导板;

4——加工件;5——工作台;6——摆锯;

7——平衡锤;8——限位铁链;9——控制按钮

图 2-23 带锯机安全装置

1——传动轮;2——导架;

3——工作台;4——防护罩

(2) 平刨机

平刨机通过刨刀轴纵向旋转并对横向进给的木料进行刨削来实现对木材平面的加工。手工推压木料从高速运转的刀轴上方通过,当送进的木料较短薄或者送料遇到木料弯曲、有节疤等不均匀材质时,就容易造成手触及刀轴或工件回弹的伤人事故。因此,为阻止手与刀轴的接触,其安全装置主要是防护罩或防护片。

① 基本尺寸:

a. 工作台与刨刀轴。工作台离地面高度应为 750~800 mm,工作台开口量(即唇口的最大距离)与刨刀轴径的关系见表 2-4。

表 2-4	工作台开口量与刨刀轴径的关系						
刀轴直径/mm	80	90	100	112	125	140	160
无内护罩时开口量/mm	≤37	≤40	≤42	≤45	≤50	≤53	≤57
有内护罩时开口量/mm	≤50	≤54	≤57	≤60	≤65	≤70	≤75

为控制平刨机的转动惯性,应设置制动装置,在切断机床电源后,保证刀轴在下列时间内停止转动:平刨机宽度 $B \geqslant 300$ mm 时,为 10 s;$B < 300$ mm 时,为 5 s。

b. 平刨机工作台前沿唇口与刨刀轴的距离如图 2-24 所示。同时,由于刀轴上导屑槽的深浅程度和手指的伤害程度有密切关系,因此,要求导屑槽的深度 $h \leqslant 11$ mm,水平宽度 $w \leqslant 16$ mm。

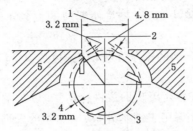

图 2-24　工作台前沿与刨刀轴的距离

1——工作台开口量;2——工作台前沿唇口与刨刀轴轨迹间的空隙;

3——刀轴轨迹;4——刨刀高出刀轴的尺寸;5——工作台

② 安全要求:

a. 刀轴部分必须安装防护罩。为避免人手误入刨刀处(包括非刨削部分和刨削刀轴部分),每次刨削前防护罩都应完全盖住刀轴。除被打开的护罩部分外,保证刨削时刀轴不参与刨削的部分应仍被其他形式的防护装置盖住。

b. 电器控制柜门应备有联锁机构。在切断电源开关时才能打开柜门;柜门开着时,电源开关不能闭合;门关上后,联锁机构自行复原。

c. 防护装置采用的电、光、磁等信号控制元件应有防振措施,不能因机床振动而引起误动作或失灵。

d. 刀轴采用的电磁制动器控制电路应与主电动机的电路联锁。

e. 为保障手部安全,当加工的工件细小时,必须使用推块或将工件夹紧后方可工作。

③ 安全防护装置:

a. 转动式防护片及防护罩。电磁铁驱动的电控护片安全防护装置如图 2-25 所示。电控双层罩的安全防护作用是由护刀罩和护片两套机构来实现的,如图 2-26 所示。

b. 隔离式防护罩。为防止人手与刀轴接触,在平刨刀轴上方安装能自动调节的防护罩,加工的木料可在防护罩下方通过。

图 2-27 所示为可调式防护罩。在平刨机刀轴的左侧,装有垂直可调固定支架,架上镶梯形防护罩。为防止操作者的手部受到伤害,可根据加工木料的厚度调整支架的高度。

图 2-28 所示为机械式防护罩。工作时,工件触动防护罩,由于平衡支架的作用,防护罩随工件高度而升起,工件从护罩下部通过,阻止操作者的手进入刀口内。弹簧可调节防护罩的高度。

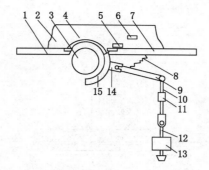

图 2-25 电控护片安全防护装置

1——后工作台;2——导尺;3——刀轴;4——护片;5,6——微动开关;

7——前工作台;8——弹簧;9——拨杆;10——拉杆;11——拉杆调节螺母;

12——电磁铁夹板;13——牵引电磁铁;14——拨叉;15——护片弧形滑道

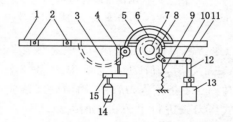

图 2-26 电控双层罩安全防护装置

1——前工作台;2——微动开关;3——护片非防护状态;4——蜗轮蜗杆;5——护片防护状态;6——护刀罩;

7——刀轴;8——刀罩固定圆盘;9——弹簧;10——杠杆;11——后工作台;12——拉杆;

13——电磁铁;14——电动机;15——齿轮

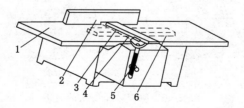

图 2-27 可调式防护罩

1——工作台;2——导板;3——梯形防护罩;4——刀轴刃口;5——可调固定支架;6——木料

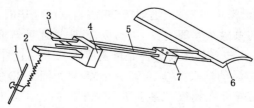

图 2-28 机械式防护罩

1——支杆(固定在床身上);2——拉簧;3——转动中心轴(固定在工作台侧面);

4——支持架;5——防护罩支持杆;6——防护罩;7——防护罩插座

图 2-29 所示为压辊自调式防护罩。

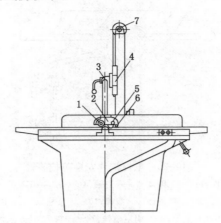

图 2-29　压辊自调式防护罩

1——压辊;2——护罩;3——转盘;4——滑板;5——微动开关;6——横轴;7——滑轮

c. 改进刨刀轴上的压刀条。刨刀轴转速很高,刀轴上安装 2～4 片刀片压刀条,并由螺钉固定。改进前的刀轴压刀条在装刀后,刀轴上留有深沟,如图 2-30(a)所示。由于刀轴切削次数高达 150～300 r/s,工作时一旦手指落入刀轴内,瞬时就会造成严重的切伤或断指事故。针对这一问题,对刀轴上的旧式压刀条进行了改进,如图 2-30(b)所示,使压刀条的外缘与刀轴外缘相合,原来的沟槽被填平,仅留凹形出屑槽。在改进后,如出现事故,只能造成手指表皮被切削而不会发生断指事故;还可以防止刨削时反击木料;在填平原来的刀轴沟槽后,气流噪声强度也得到降低。

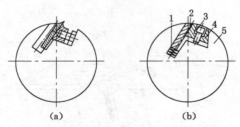

图 2-30　刨刀轴压刀条的改进

1——弹簧;2——刀刃;3——螺钉;4——压刀条;5——刨刀轴

d. 光电控制防护装置。该装置是利用光源和光电管组成的控制装置,如图 2-31 所示。护片沿轴线遮住刀轴全长,由一组外形相同的圆弧形钢片组成,每片间隔 6 mm。木料送进时,护片在木料的推动下,沿滑道滑下,让出加工部分;当刨削完毕时,木料离开刀轴,光线重新照到光电管上,使线路中的电磁铁立即工作,拉动拨杆,防护片重新推出,从而遮住刀轴。

e. 组合式防护装置。该装置的主要部件是配有平衡块 2 的杠杆 1,杠杆安在转动轴 3 上,且与托板 4 连接,托板上有活动挡板 5,其末端有小旗 6,如图 2-32 所示。当导尺 8 固定在刀轴一定宽度处时,挡板就沿导尺在托板上移至所需宽度。被加工木料 7 与挡板 11 相互作用,并将挡板 11 倾斜,同时转动杠杆。当刨削被加工木料的窄边时,只有小旗 6 相对于轴 9 倾斜。被加工木料脱离加工区时,小旗借助弹簧 10 回到原位,而挡板 5 借助平衡块回到原位。

该装置适用于加工任意宽度的木料,而且方便、可靠。

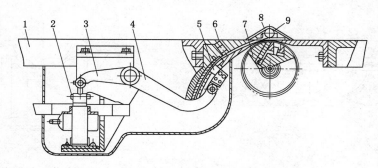

图 2-31　光电护片剖视图

1——平刨机台面;2——电磁铁;3——拉杆;4——拨杆;5——护片;

6——弹簧压珠;7——刀轴;8——刀片;9——光电管

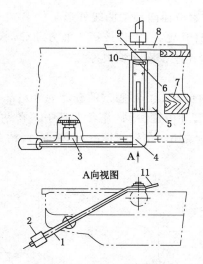

A向视图

图 2-32　组合式防护装置

1——杠杆;2——平衡块;3——转动轴;4——托板;

5,11——挡板;6——小旗;7——被加工木料;8——导尺;9——轴;10——弹簧

（3）木工铣床

① 通用型铣床。图 2-33 所示的通用型木工铣床防护装置,由一片制动爪和三片扇形活动防护片组成。铣削时加工木料抬起活动片,让木料通过。铣削完毕活动板依靠自重又落到工作台面上。非工作时活动防护片遮住裸露的铣刀。操作过程中遇到木料跳动或推出木料时,制动爪可压住木料,使木料不会飞出。

② 加工圆锥形工件的铣床。该铣床防护装置由机床上的防护罩 1 和固定溜板 3 上的护板 2 组成。随着溜板缓慢移动,工件 4 随着金属工作台 5 向铣削工具 6 方向移动,溜板和工作台移动的同时通过活动连接装置带动护板 2 轻轻转动,打开铣削工具前方的工作室,开始加工工件。当溜板往回移动时,护板恢复原位罩住铣削工具。护板铰接在溜板上,使溜板在加工外形比较复杂的工件时方便、灵活。加工往往要经过反复工作来完成。如图 2-34 所示。

③ 加工曲线外形件的铣床（图 2-35）。其防护装置主要由外罩、钳形护板和复原弹簧组成。工作时工件 1 按照箭头 Ⅰ 所指的方向运动,其边缘 A 与小轮 2 接触,使左右钳形护板 3

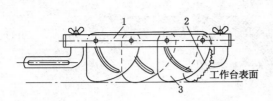

图 2-33　木工铣床防护装置

1——支架；2——制动爪；3——活动防护片

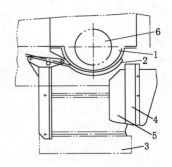

图 2-34　加工圆锥形工件铣床的防护装置

1——防护罩；2——护板；3——溜板；

4——工件；5——工作台；6——铣削刀具

转动,逐步打开铣削刀具 4,开始沿径向加工曲线外形工件 B 的一部分,由于杠杆作用,右面钳形护板 5 被转动,铣削刀具 4 打开更大,工件按箭头 Ⅱ 方向移动,工件 B 的另一部分也被加工。加工结束后防护装置借助弹簧作用按顺序恢复原位。

（4）木工钻床

该保护装置主要由活动的套管 1、2 和固定的套管壳 3 三部分组成,如图 2-36 所示。在用钻头加工浅孔时,套管 1 沿套管 2 内壁滑动,并套入其中。在钻深孔或穿透孔时,套管 1 进入套管 2,而后它们共同进入套管壳 3。在任何情况下,钻具 4（钻头或铣刀）可被全部防护起来,起到保护操作者手的作用。

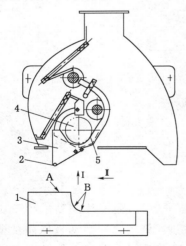

图 2-35　能加工曲线外形件铣床的防护装置

1——工件；2——小轮；3,5——钳形护板；

4——铣削刀具

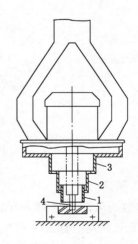

图 2-36　木工钻床防护装置

1,2——套管；

3——套管壳；4——钻具

3）冲压机械防护及安全装置

压力机的安全防护装置按结构不同分为机械式、按钮式、光电式和感应式等,按工作原理不同分为机械类和自动保护类。机械类是指在滑块下行时,设法将操作者的手与危险区隔开,或用强制方法将操作者的手推出危险区;自动保护类是指在冲模危险区周围设置光束、电场和电流等,一旦人手进入危险区,通过光、电、气的控制,使压力机停止工作。

① 防护罩分以下几种：

a. 固定式防护罩。如图 2-37 所示，这种防护罩固定在压力机工作台或下模上，为方便操作者观察冲压状况，其正面一般设有透明材料（如有机玻璃）制作的窥视窗。

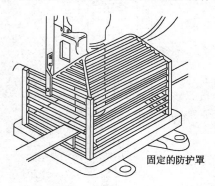

固定的防护罩

图 2-37　固定防护罩

固定式防护罩与压力机工作台面之间需要开口，即留出进出工件的空隙，其开口尺寸见表 2-5。

表 2-5　　　　　　　　　压力机工作台面与防护罩的最大开口尺寸　　　　　单位：mm

防护罩开口点到危险工作点的距离	最大间隙	防护罩开口点到危险工作点的距离	最大间隙
13～38	6	189～316	32
38～63	9	316～392	38
63～88	13	392～443	47
88～139	16	443～800	54
139～164	19	≥800	153
164～189	22		

b. 活动可调式防护罩。如图 2-38 所示，这种防护罩用在可能发生意外事故前，推或拉动操作者离开危险区。此防护罩装有一个能向外和向上移动的构件，其顶部高出操作者所站的地面上或平台上的距离绝不可小于 100 cm，在移动件下部空间安装一网栏。压力机滑块上的一个连杆装置带动移动件，用来推动操作者离开危险范围。

c. 联锁式防护罩。如图 2-39 所示，这种防护装置是将带防护罩门的杠杆通过螺栓铰接在压力机的机身上，踩动踏板，通过防护罩拉杆带动罩门下降，只有下降到安全位置（操作者手不能进入危险区）时，才可能通过离合器联锁装置带动离合器拉杆，使离合器结合并完成冲压工作。

② 栅栏，即危险区的围板。通过设置栅栏将人与危险区隔离，防止人体任何部位进入危险区。栅栏式安全装置分为固定式栅栏和活动式栅栏两种。

a. 固定式栅栏。固定式栅栏适用于机械化送取料的压力机，设置在模区的前方和侧面。图 2-40 所示是由正面透明塑料板和两侧带孔围板组成的封闭栅栏。当采用铁丝编织网或拉伸网片时，透明孔不应采取菱形斜孔，如用金属材料制造时应具有垂直透明孔。安全装置的送取料口的垂直开口尺寸和栅栏本身间隙（垂直或水平）的尺寸应符合图 2-41 和表 2-6 中的规定。

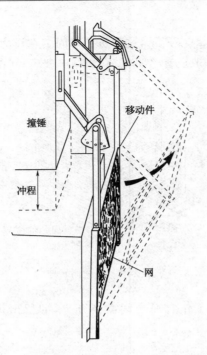

图 2-38　自动防护罩

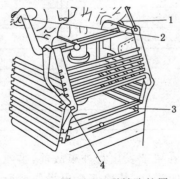

图 2-39　联锁防护罩

1——离合器联锁；2——防护罩控制器；

3——防护罩门；4——工具安装器解开的拉把

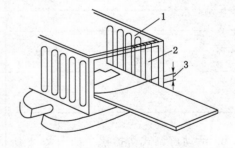

图 2-40　安全栅栏

1——冲孔围栏；2——透明塑料板；

3——开口间隙

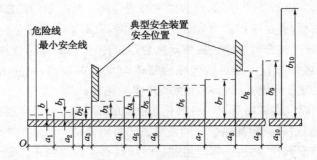

图 2-41　装置的安全位置、料口垂直开口度（或栅栏间隙尺寸）

a_i——危险线至装置的安全位置间的距离；b_i——安全开口尺寸（或栅栏间隙）

表 2-6		a_i 与 b_i 的对应尺寸			单位:mm
a_i	b_i	a_i	b_i	a_i	b_i
13	6	85~135	16	310~385	38
13~35	6	135~160	20	385~435	46
35~60	10	160~185	22	435~785	54
60~85	12	185~310	32	>785	150

由图 2-41 及表 2-6 中可知,安全装置与危险线的安全距离 a 和栅栏间隙与送料口的安全尺寸 b 之间的关系是:随 a 的增大,b 也相应地增加。在压力机工作期间,最小安全距离的选择应保证栅栏不与压力机的任何活动部件接触,不妨碍物料加工。

原则上栅栏高度应是整个危险区的高度,在作业区前面和作业区的两侧及背面都应安装栅栏,以防止人体从上、下、背、侧面进入危险区。安全栅栏调节固定后,不准在操作时打开。打开后,压力机就不能开动。

b. 活动式栅栏。活动式栅栏适用于手工送料的压力机。如图 2-42 所示,当料坯送入模具后,用手拉下有机玻璃防护板,落到工作台面上,此时触动电压微动开关,接通启动器,滑块遂下行工作。当滑块返回时,上提钩钩住提拉扣,带动防护板上升。如果操作工作台的手未脱离危险区,则手阻碍防护板下落到工作台面,微动开关不接通,滑块仍停留在上死点。这种防护栏罩能随滑块自动上升,故不影响操作和生产率。

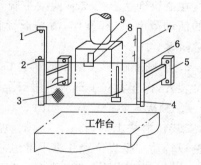

图 2-42　活动式防护栏罩

1——触点;2——微动开关;3——有机玻璃板;4——拉手;5——座架;

6——导轨;7——滑框;8——提拉扣;9——上提钩

按规定,活动式栅栏本身的间隙尺寸也应符合安全尺寸(表 2-6)的要求。另外,活动体无论采取什么动力形式,各限位开关必须采取有效的防护措施,防止人体或料坯等物与之接触而发生误动作。

c. 内外摆动式防护栅栏。如图 2-43 所示,当滑块上升时,栅栏由外向里运动,让开工作区;当滑块向下运动时,栅栏就由里向外摆出,从而将危险区遮住或将手推出,这时操作人员才可以进行送料操作。

③ 拉手式安全装置。以滑块或连杆为动力源,在滑块下行期间,用绳索和杠杆的联合作用将操作者的手从危险区拉出来。拉手式安全装置由杠杆系统、滑块、手腕带和钢丝绳拉索等组成,如图 2-44 所示。

这类安全装置适用于小吨位压力机。对拉手式安全装置的安全技术要求如下:

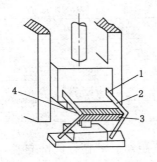

图 2-43　防护栅栏保护装置

1——固定铰链;2——支杆;

3——防护栅栏;4——活动铰链

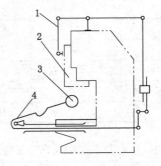

图 2-44　拉手式安全装置

1——杠杆系统;2——滑块;

3——手腕带;4——钢丝绳拉索

a. 性能可靠,拉索应有足够强度。装置用钢丝绳应符合有关规定。各部件之间的连接以及与机架的固定连接要牢固可靠,杠杆和滑轮动作灵活,滑轮和各铰接处不得卡塞。

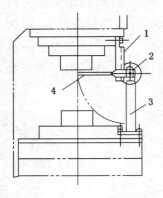

图 2-45　翻板护手装置

1——齿条;2——齿轮;

3——立柱;4——翻板

b. 手腕带应舒适、柔软,为尼龙等材料编织成适宜的形状,在拉手绳受力拉紧时,手腕带不能把手拉伤,也不得从手腕上拉脱;手腕带与拉索的连接应方便可靠,容易卸下,连接处应能承受足够的拉力而不被破坏。

c. 拉索应能调节,其拉引量应为模具进深的 1/2 以上。松弛量应在滑块到达上死点时使戴手腕带的手能摸到头和小腿,保证手的活动范围,以利操作;滑块下行时,应能切实把操作者的手拉出危险区。

d. 原则上在多人操作的压力机上每人都应具备单独的一套安全装置,操作者双手都应采用安全装置。

④ 翻板式防护装置。如图 2-45 所示,当压力机滑块向下运动时,安装在滑块上的齿条下行,驱动齿轮逆时针方向转动,同时带动翻板转动到垂直位置并将手推出冲模外。翻板可用有机玻璃制作,也可用开小缝的金属材料制作。

⑤ 摆杆式拨手装置。如图 2-46 所示,拨手器是在冲压时将操作者的手强制性脱离危险区的一种安全保护装置。在滑块下行时,它通过一个带有橡皮的杆子,将手推出或拨出危险区。

⑥ 推(拨)手式防护装置。如图 2-47 所示,拨手式防护装置主要由复位弹簧、滑块压轮、压杆和拨手杆组成,压杆和拨手杆与滑块的滑道固定铰接。当滑块在下行运动时,压轮向下滚压压杆,带动拨手杆从左至右扫过危险区,安装在拨手杆端的拨手器把操作者的手推开,同时将复位弹簧拉长;当滑块回程运动时,压轮随滑块向上运动,解除对压杆的压力,在复位弹簧拉力作用下,拨手杆绕铰接点向左恢复到原始位置,在此期间操作者可以伸手进入模口区操作。推(拨)手式防护装置分为外拨式和侧拨式,其作用原理相似,仅拨动方向不同。

这类装置应符合以下安全技术要求:

a. 拨手器应采用透明且不易碎材料制成,拨手器与手接触侧应加软材料,如橡胶、软塑料等,防止把人手击伤。

b. 为满足不同加工需求,拨手杆的左右摆动幅度和长度应能灵活可靠地调节。

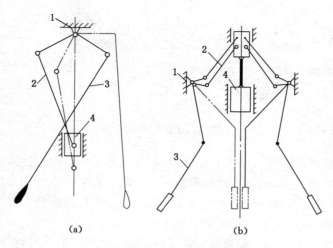

图 2-46　摆杆式拨手装置

(a) 单摆杆式；(b) 双摆杆式

1——床身；2——拉杆；3——摆杆；4——滑块

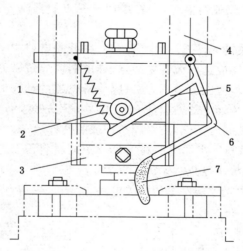

图 2-47　拨手式安全装置

1——压轮；2——复位弹簧；3——滑块；4——滑道；5——压杆；6——拨手杆；7——拨手器

⑦ 光线投射式安全装置：

a. 结构。光线投射式安全装置由三部分组成：投光器、受光器和光电开关。

（a）投光器。它的光源有散光和聚光两类。因散光光源（如白炽灯泡）缺点较多，现已不用。聚光光源对操作者视线干扰少，可以组成多种防护区形式，图 2-48 所示为四边形、矩形、反射式等防护光栅。聚光光源一般采用汽车灯泡，其灯丝粗，耐振性好，寿命可达 1 500 h。

由投光器与受光器组成的防护光密度和防护区宽度直接影响防护性能。有些国家（如日本）在安全法规上规定，防护光束之间的距离应不大于 25 mm，防护高度应为模具（包括可调量）开启的高度。

（b）受光器。内设若干个光电元件，制成长条盒状，可把光信号转变为电信号，再输入到

— 45 —

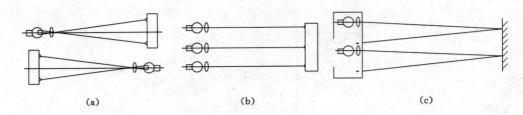

图 2-48　聚光源组成防护区的各种形式

光电开关电路中。常用的光电元件有光敏电阻、硅光电池、光电三极管等。

硅光电池可以大面积受光,对光时瞄准投光器光轴。但它产生的信号微弱,需要经过晶体管电路放大,才能作为输入信号触发光电开关。为提高光的强度和受光效率,也可以在硅光电池前增设一个凸透镜,把投光的光线聚到电池上。

光电三极管是光敏电阻和三极管的复合元件,在电压的作用下,可将光电信号转变为较强的电信号。光电管的端部是一个凸透镜,可将接收的光线聚焦到光敏电阻上,提高受光效率。它只能接收正前方射入的光线,故抗外界杂光干扰的能力强。

受光器一般装在压力机右侧,位置、高度和受光角度均应是可调的。

(c) 光电开关。光电开关种类很多,一般采用有触点的直流开关电路,其性能比较可靠,成本较低。

继电器是光电开关的关键元件,设计中应注意:在开关电路中只宜安排一级继电器,不应再增加中间继电环节;继电器应选用大容量触点;继电器应通过常开触点去控制滑块启动,在挡光时和电路发生故障时,均应能闭锁压力机;应使继电器的动作时间短,并采用快速执行机构;在开关电路中应并联 2 个继电器,若有一个继电器发生故障,仍能起保护作用。

光电开关最好采用两套同时工作,且可随意切换的插件形式。

(d) 消除挡光影响的措施。当加工的材料尺寸短或材料需要弯曲加工时,手工送料就会遮住一个光轴,易使压力机滑块停止时无法实现加工。为了满足生产和安全的要求,可设计成只有在遮住两个光轴时压力机才能停车的开关电路,如图 2-49 所示。

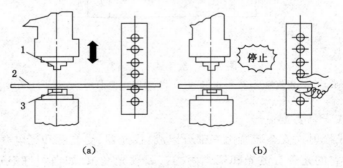

图 2-49　消除挡光影响的措施图

1——上模;2——冲压材料;3——下模

b. 安装。光线式安全装置的安装应注意以下几点:

(a) 光线式安全防护装置的光轴布置一般要求:防护高度 $W = P(n-1)$,其中,n 为光轴数,P 为上、下相邻两个光轴间的距离,如图 2-50 所示。当投光器与受光器组成的光轴为两个或两个以上时,则光轴间距 $P \leqslant 50$ mm。如果由若干投射光轴所组成的平面(光幕感应区)与工作危险区的安全距离 D 超过 50 mm,则 $P \leqslant 70$ mm。不同防护高度所需的光轴数见表2-7。

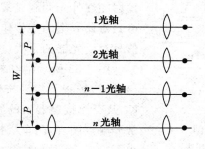

图 2-50　两个光轴的相邻距离

表 2-7　　　　　　　　　　　　　　**不同防护高度所需光轴数**

光轴数	防护高度/mm	光轴数	防护高度/mm
2	50	7	300
3	100	8	350
4	150	9	400
5	200	10	450
6	250		

光线式安全装置的透光器、受光器的高度,一般应取压力机的行程长度与滑块调节量之和,其总长度超过 400 mm 时取 400 mm。

(b) 最高一条光轴应位于滑块达到上死点时上模的底边(包括调节量的位置),如图 2-51 所示;最低一条光轴位置如图 2-52 所示。如下模较薄,最低光轴必须设在下模下方 50 mm 以下的位置。

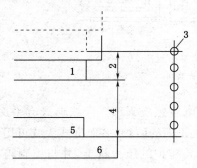

图 2-51　最高光轴位置

1——上模;2——滑块调节量;3——最高光轴位置;
4——行程高度;5——下模;6——垫板

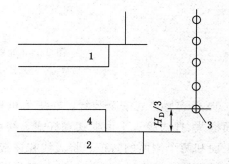

图 2-52　最低光轴位置

1——上模;2——垫板;3——最低光轴位置;4——下模;
H_D——垫块与滑块之间的闭合高度

(c) 光线式装置的电子控制部分不能位于干扰电子器件的磁场附近,也不得安装在有阳光暴晒或靠近温度 40 ℃以上的热源处。

⑧ 红外光安全装置。它是由砷化镓发光二极管发出不可见的红外线,其波长为 9 000 Å

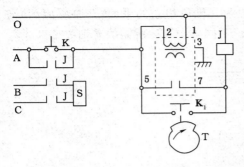

图 2-53　刹车控制电路图

K₁——行程开关；K——启动按钮；
T——凸轮；J——交流接触器；S——刹车机构

（1 Å＝0.1 nm），因与光电管的峰值响应相适应，故有较好的受光效果。为提高装置的抗干扰能力，还可把发射的红外光调制成某固定的脉冲信号，接收系统也可只对此频率的信号作出响应，这就完全避免了其他信号对受光器的干扰。

图 2-53 所示是红外开关的控制电路图。压力机启动后，按一下启动按钮，电流经 K、5、7 或行程开关 K₁ 及交流接触器上的线圈到电源 O。交流接触器的常开触点闭合，刹车机构 S 通电，冲压正常运转；当冲头下行时（此时行程开关 K₁ 断路），如手进入危险区，5、7 断路，交流接触器的线圈断电，常开触头断开，刹车机构断电，冲床刹车。刹车后需重新按启动按钮冲头才能滑下。

⑨ 光线反射式安全装置。光线反射式安全装置由反射板、投光器和受光器等组成。如图 2-54 和图 2-55 所示，投光器、受光器安装在压力机的同侧，反射板安装在相对的另一侧。反射板表面有均匀的齿形波纹，把投射光分散反射成片状光幕，为受光器接收。投光器可采用可见光光源，光轴调整、检查都较方便。

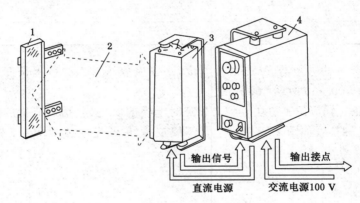

图 2-54　光线反射式安全装置布置图

1——反射板；2——光幕；3——投光器、受光器；4——电气控制箱

⑩ 电容感应式安全装置。在压力机模区前，设置电容感应天线。天线形式有平面框式、多面框式、杆式等。平面框式和杆式天线可用于压力机正面的防护，多面框式天线可用于压力机正面和两个侧面的防护。将天线和连接器固定在需要防护的压力机上，并与控制箱及电源连接。具体应用方式和电气线路框图如图 2-56～图 2-58 所示。

当操作者的手进入或停留在天线感应防护区内时，装置的调谐频率发生变化，线路上的继电器触发压力机上的控制机构使压力机滑块停止运动。电容式安全装置结构简单，防护范围广，不影响操作视线，安全方便。

⑪ 气幕式安全防护装置。如图 2-59 所示，在危险区和操作者之间用气幕隔开，压缩空气由气射器上的数个小孔射向装在滑块上的接收器而形成气幕，并使常开触点（串联在压力机的起动控制电路中）接通，当操作者的手或其他物件挡住气幕时，发出信号，接收器靠自重断开触

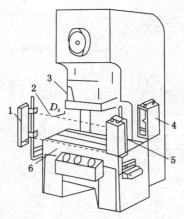

图 2-55　压力机上的光线反射式安全装置

1——反射板；2——光轴；3——滑块；

4——控制箱；5——投光器、受光器；6——工作台垫板

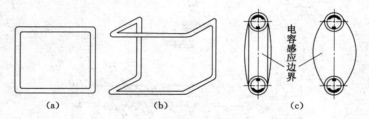

图 2-56　电容感应天线

（a）平面框式；（b）多面框式；（c）电容感应边界

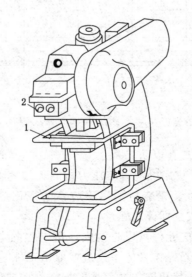

图 2-57　开式压力机多面框式电容安全装置

1——多面框式电容天线；2——操纵按钮

点,使压力机的滑块停止运动。该装置随滑块一起运动到与气射器相距 200 mm 以下时,气射器才开始射气,由此到下死点为保护区。用凸轮控制压缩空气的放气和闭锁启动控制线路。

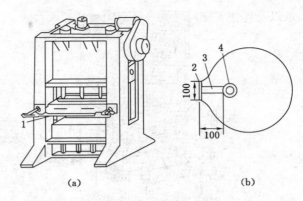

图 2-58　闭式压力机杆式电容安全装置

(a) 安装在压力机上；(b) 杆式电容天线封闭安装方法

1——杆式电容天线；2——接地支座；3——绝缘支架；4——感应天线元件

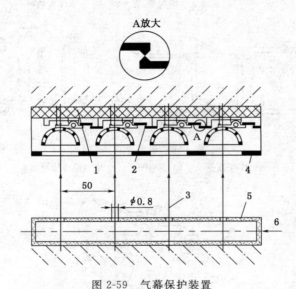

图 2-59　气幕保护装置

1——滑块；2——常开触点；3——气流；4——接收器；5——气射器；6——压缩空气

使用该装置要注意清理射气孔以防堵塞。

⑫ 感应式安全防护装置。它用感应幕将压力机的工作危险区包围起来,当操作者的手或身体的一部分伸进感应幕后,该装置能检测出感应幕的变化量,并输出信号控制压力机离合器,使压力机的滑块不能运动或立即停止运动。

感应式安全防护装置的感应元件可以是构成一定电容的电容器,组成了由保护长度和保护高度所构成的矩形感应幕。当操作者的手送进或取出工件时,必须通过感应幕,从而使电容器的电容量发生变化,于是使与其相连的振荡器的振幅减弱或停止振荡,再通过放大器和继电器控制压力机的离合器,以达到安全防护的目的。

感应式安全防护装置的保护高度为 $50\sim400$ mm,感应幕厚度在 50 mm 以下,具有反应灵敏、耐振动和冲击、使用寿命长等优点。

感应式安全防护装置的功能与光电式安全防护装置相同,但与光电式安全防护装置相比,其灵敏度受尘埃、油和水以及操作者穿的鞋袜等外界因素的影响较大。

⑬ 刚性离合器附加急停安全装置。该装置是在转键式刚性离合器压力机上附加一对齿轮及摩擦片等,当手或物遮住红外监控装置光线时,通过电磁吸铁、摩擦片及齿轮能使转键与曲轴迅速分离,起到紧急制动作用,实现任意位置停车。响应时间很短,完全能满足压力机安全技术条件的要求。

⑭ 触杆防护装置。它以触杆作为传感元件。传感元件装在压力机滑块下表面,随滑块一起上下运动。当滑块下行而操作者的手臂尚在模具内时,手碰到触杆,触杆内的触点便切断压力机上的制动电路,使滑块制动。若操作者主动触碰触杆,也能实现滑块制动。触杆防护装置的控制电路有常闭和常开式两种。

⑮ 电视式安全防护装置。该装置由摄像机、监视器和控制器组成,它利用在摄像机和监视器之间的控制器,在垂直、水平位置需要控制的地方重叠成控制回路,既能使监视器上显示图像,又把信号送到摄像机。控制器区域内一旦进入物体,则控制器便把摄像机的图像信号的变化接收过来,控制回路输出信号,使压力机的滑块不能启动或立即停止运动。

这种安全防护装置安全性高,它不仅用于冲压机械,也可用于其他机械。

2.1.4 切削机械安全技术及要求

1) 切削加工通用安全要求

(1) 切削机床的基本安全要求

① 根据各类机床的特点制定安全操作规程,对操作者定期进行安全技术教育,并对安全操作技能掌握程度进行测试。

② 应由有经验或受过专门训练的人员对机床进行操作、调整和修理。

③ 购置新机床时,应同时购置该机床所适用的安全防护装置。新机床在进行全面的安全检查后,才可交给操作者使用。

④ 机床上应安装保险装置,如行程保险装置、超负荷保险装置、顺序动作联锁装置和制动装置等。

⑤ 机床的危险部位应有安装可靠、设计合理和不影响操作的防护装置,如防护罩、防护挡板和防护栏等。

⑥ 除机床本身的电气控制外,每台电动机上还应有独立的电源开关。机床应在切断电源后,再进行保养和修理。

⑦ 生产现场应有足够的照明并且每台机床应有适宜的局部照明。

⑧ 对噪声超过国家标准规定的机床,应采取降噪措施。

(2) 切削机械的通用操作规程

① 操作者必须熟悉机床的一般结构和性能,严禁超性能使用。

② 工作前要进行点检,做好记录。检查各操作手柄,限位、挡铁等是否在正确位置上,安全防护装置是否齐全,是否符合安全规定。检查油标油量,油路是否畅通,润滑是否良好。试各部运转是否正常,确信正常无疑才能正式工作。

③ 工作时要用好防护用品,站在合适的安全位置,禁止隔着机床运动部分传递或拿取工具、物件。清理切屑、污物应用专用工具。机床导轨面上不准放物件,运动件行程处不准有妨碍物。

④ 要正确使用机床附件,不准超负荷、超规范使用。发现异常现象应立即停止检查,自己不能处理的应立即通知有关人员。

⑤ 调整机床速度、行程,装夹工件和刀具,测量工件尺寸及擦拭机床时要停车进行。

⑥ 装卡工装和工件要牢固可靠,禁止在机床顶尖上、床身导轨上和工作台面上校正、锤击工件。

⑦ 装卸花盘、卡盘或较重工件时,应在床面上垫好木板。

⑧ 工作结束后,切断电源,整理环境,擦拭机床,清除铁屑,附件妥善保管好,填写好交接班记录。

2)切削加工的操作安全要求

(1)工作前的要求

① 着装符合相关规定。工作服袖口必须扎紧,佩戴抗打击的护目镜,留有长发的要戴护发帽,不得穿肥大的服装和敞领衬衫。

② 检查工作场地。查看地面及木质踏板状态,不允许有杂物及润滑油、冷却液洒在地面上;检查待加工和已加工工件是否已分别摆在专门的位置上。

③ 检查手工工具状态。不得将工具摆放在车床上,工具、刀具应按左右手习惯放置,方便随时取用。

④ 布置工作场地。原材料、毛坯、零件等要堆放好,应确保操作人员的安全。

⑤ 检查机床专用起重设备的状态。

⑥ 了解前班机床使用情况,检查机床状态,固定安全装置是否牢固可靠,电动机导线、操作手把、手轮、冷却润滑软管等是否和机床运动件及回转刀具相碰。

⑦ 接通电源,打开照明灯,进行空载试验;检查启动和停止按钮是否正常,查看手把状态,检查润滑冷却系统是否畅通,并根据工艺文件调好机床。

⑧ 工件及刀具要夹紧装牢,防止工件和刀具从夹具中脱落或飞出。

⑨ 装卸笨重工件时,必须穿上安全鞋。

⑩ 如果是大型机床需 2 人以上操作,必须有明确负责统一指挥的主要操作人员。

(2)工作时的要求

① 工作地点要保持整洁,不得将工件或工具随手放在车床上,尤其不允许放在运动件上,不得将材料或工件放在通道上。

② 被加工件的重量、轮廓尺寸应与机床的技术数据相适应。

③ 每次开动机床前都要确认对任何人都无危险,机床附件、加工件以及刀具均已固定可靠。

④ 在工件回转或刀具回转的情况下,严禁戴手套操作。

⑤ 紧固工件、刀具或机床附件时要站稳,勿用力过猛。

⑥ 机床运转时,不得变动手柄,禁止用手调整机床或测量工件,禁止触摸旋转部件,禁止取下或安装安全装置。

⑦ 如果加工过程中有飞起的切屑,应放置防护挡板。

⑧ 从工作地或机床上清除切屑时防止切屑缠绕在被加工件或刀具上,不能直接用手,也不能用压缩空气吹,而要用专门的工具。

⑨ 正确地安放被加工件,不要堵塞机床附近通道,要及时清扫切屑,工作场地特别是脚踏板上,不能有冷却液和油。

⑩ 机床运转时,操作者不能离开操作岗位。即使是短时间离开,也应关闭电源停车。如运行中发现机床不正常,应立即停机检查。当意外停电时,应立即切断电源及其他启动机构,

并把刀具退出工件部位。

⑪ 经常检查零件在工作地或库房内堆放的稳固性,将零件装箱运送时要保证箱体的稳定性。堆垛高度:小件不应超过 0.5 m,中件不超过 1.0 m,大件不超过 1.5 m。

⑫ 用压缩空气作为机床附件的驱动力时,废气排放口应对着远离机床的方向,不允许使用压缩空气吹衣服或头发上的尘土及脏物。

⑬ 被加工工件质量大于 20 kg 时,应使用起重设备。为了移动方便,可采用专用的吊装夹紧附件,并且只有在机床上装卡可靠后,才可松开吊装用的夹紧附件。

⑭ 当出现电绝缘发热有气味、发现运转声音不正常时,要迅速停车检查。

（3）工作结束时的要求

① 工作结束后,应停机、切断动力电源,将刀具、工件从加工位置上退出,将刀具、附件、测量工具擦净后分置。

② 清理所有切屑,并按切屑的种类分别放入指定的废物箱中。

③ 擦拭机床,在导轨面上涂防锈油。

④ 关闭机床上的照明灯,切断电源。

2.1.5 木工机械安全技术及要求

1）木工机械安全的基本要求

木工机械的安全除要符合一般机械有关标准的规定外,还要符合《木工机床 安全通则》(GB 12557—2010)的要求和规定。针对木工机械的特点,提出以下具体要求。

（1）对工艺过程的要求

① 加工木材过程中,凡有条件的地方,对所有的木工机械均应安装自动进给装置。条件不许可时操作者也不要用手直接推木料,而应使用推木块或各种类型的安全夹具等。人工搬运原木和锯材时,操作者的双手不应和木材直接接触,也应使用专用工具,如吊钩、钩竿等。

② 在木工机床的旋转件的防护罩上应有单向转动标志,在危险部位,如外露的胶带盘、转盘、转轴等,应加牢固可靠的封闭型防护罩。

③ 条件许可时,原木、锯材和成品的运输、储存和操作要全面实现机械化,对于未实现机械化的生产过程,必须采取保护措施。

④ 各种木工机床必须设有有效的制动装置和安全防护装置,在切断电源后,制动装置应保证刀轴在规定的时间内停止转动。《护指键式和护罩式木工平刨床 安全》(JB/T 8082—2010)规定:

刨床宽度 $w \geqslant 300$ mm,制动停止时间 $\leqslant 10$ s;

刨床宽度 $w < 300$ mm,制动停止时间 $\leqslant 5$ s。

⑤ 为方便统一安装吸尘设备,木工机床必须设有吸尘装置和排屑通道,或留有适当口径的吸尘口。吸尘装置应能保证在连续工作 8 h 后,防护装置不因木屑、粉尘的堆积而失灵;同时,应能保证作业场所的粉尘浓度不超过 10 mg/m³。排屑通道要保持畅通,通道口宜向下。为防失火和电气元件失灵,排屑通道、吸尘口与电气元件的安装处不得有通孔。

⑥ 为避免操作时发生危险,必须保证木工机械设备在使用过程中,装在刀轴和心轴上的轴承高速转动时,其轴向游隙不应过大,任何切削速度下使用任何刀具时都不会产生有危险性的振动。

⑦ 木工机床上应有刀轴定位的止动机构,或有使刀轴和电器的联锁装置,以供装拆刀具时使用,避免装拆和更换刀具时,误触电源按钮而使刀具旋转,从而造成伤害。

⑧ 对于可能产生静电的气动输送设备、通风系统,应该和木工机床一样,进行防静电的接地处理。

⑨ 木工机床使用的动力源为非全封闭式电机时,在电动机上必须外加防火、防尘隔离罩。

(2) 对作业场所的要求

① 车间里运输锯材、原木、备料的通道应配备防止火灾蔓延的设施,如防火防烟挡板、自动防火门、水幕等,以及消除穿堂风的设施,如帘幕、门庭、门帘、走廊等。

② 在车间内需要安全到达设备上方的工作岗位时,应安装带防护杆和楼梯的天桥,并且厂房地面和天桥通道应敷设防滑地面。

③ 凡使用刺激性的、有毒的以及易燃物质的工艺过程应配备个人防护用品和消防器材,并放在单独的厂房中或安放在厂房内专门隔出的地段上。

④ 要用盖板或栅格状防护板把地面以下的传送带盖上。栅格防护板的缝隙宽度不超过30 mm,金属盖板表面应防滑。

⑤ 常用的人行通道上不应有设备和管线,其宽度不小于 1 m。

⑥ 锯末和废料储槽应安放在厂房外。

⑦ 凡噪声级超过国家标准规定时,应在建筑、布局上采取降噪措施。

a. 高度达 6 m 的大厂房内应采用安装有吸声材料的天花板(矿渣棉吸声板)。又高又长的厂房,如宽度小于高度,则两旁墙上亦应安装吸声板。

b. 厂房高度超过 6 m 时,吸声的吊顶天花板应被安装在靠近木工机床的上方。

c. 如果厂房内所装木工机床的噪声级很高,而又允许进行远距离操作时,操作人员可在隔音室内工作。

d. 根据木工机床的不同噪声强度,适当布置各个设备,可达到降低噪声级的目的。噪声最大的设备如刨床、圆锯、带锯应与其他设备分开布置。

⑧ 工作岗位和通道不应被坯料、成品和废料所阻塞。应在车间内划出专门的场地或在地面上用颜色标出其范围来存放上述材料。

⑨ 厂房内使用电介质加热炉的木材干燥工段,其高频辐射电磁场应符合有关规定。

⑩ 厂房内凡对工人有危险的地段应设安全标志。

⑪ 采取有效措施,降低机床的振动以符合相关标准的要求。

⑫ 木工机械应配备局部通风和粉尘接收器。抽风装置应安装在易于维修的地方。

(3) 对加工木材的要求

① 对横向有很深裂口、嵌有金属和已腐烂的木材,加工时必须进行必要的处理。

② 木材加工前应通过金属检测器。当发现其中有金属物(如四爪螺母、钉子)时,则自动停止给料。

③ 原木、木材和成品的码垛或拆垛应采用最省工、最安全的方法。

④ 从木工机床上清除废料应采用机械化方式。清除含水 20% 以下的刨花、锯末、粉尘时,应使用气动输送装置。

(4) 安全色和安全标志

运动的部件或附件,在工作时超出基础件较多且移动速度大于 9 m/min 时,其端部应按《安全色》(GB 2893—2008)要求涂同样宽度,且成 45°的黄、黑相间的线条,线条宽度为 20～50 mm。当端面高度大于等于 150 mm 时,允许在其周边涂黄色线条;当端面高度低于 70 mm 时,允许全部涂成黄色,线条宽度为 20～30 mm。

① 机床上使用的安全色和安全标志应符合《安全标志及其使用导则》(GB 2894—2008)和《安全色》(GB 2893—2008)的规定。

② 机床及其附件的注油位置和润滑点应有红色标志。排气、排油的喷头,供油开关,放油塞等应与主机的颜色不同。

2) 木工机械通用安全操作要求

(1) 操作前的安全要求

① 检查工作环境,地面要平坦干净,木料堆放整齐且不得放在人行通道上。工作场所的照明度应符合设计要求。

② 穿好工作服,穿上安全鞋,戴好护发帽,佩戴其他必要的劳动防护用品,如防尘口罩、护目镜和护耳器。

③ 向手摇把手的轴承、齿轮、链条及各滑动部位等转动机构中注入适当的机油,检查各处的螺帽和螺钉有无松动。

④ 检查锯片有无尘埃附着,刀具是否锋利,有无缺口或裂纹,发现问题应及时处理。

⑤ 装刀具时先用手转动螺帽,再用扳手拧紧,要慢慢插入主轴中。

⑥ 检查三角带及防护罩是否损坏以及固定螺钉是否松动。

⑦ 检查安全装置有无异常,确认制动器能否在 10 s 内制动。

⑧ 确认限位器位置并检查其是否固定牢靠。

(2) 操作中的安全操作要求

① 开机后,待锯机达到最高转速后方可进料。进料速度应根据木材材质,有无裂纹、节疤和加工厚度进行控制。为防损坏锯条、锯片并且伤人,送料要稳、慢,不可过猛。

② 操作圆锯时,送料工应与接料工配合好。送料工站在锯片侧面。木料夹锯时,应立即停机,在锯口插入木楔扩大锯路后继续操作。

③ 操作带锯时,要注意锯条运转情况。为防止锯条折断伤人,锯条前后窜动,发生异常现象或发出破碎声时,应立即停机。

④ 机械运转 30 min 左右,切断电源,用手触摸主轴轴承是否发热,如温度过高则应停机,报告有关人员。

⑤ 锯片应该用木棍清除两边的碎木、树皮、木屑等杂物,不得直接用手清除,以免伤手。

⑥ 送料时,手和刀具要保持一定距离,必要时应使用推木棍。

⑦ 检查固定安全装置的螺钉、螺帽有无松动。

⑧ 操作中不得调整导板。

⑨ 接料时要压住木材,以防回跳伤人。

(3) 操作后的安全操作要求

① 操作完毕后,应切断电源,检查主轴轴承和开关是否发热,如发现开关发热,可能是接触不良或接线松动,应向有关人员反映及早采取措施。

② 带锯换锯条时,要将锯条拿稳,防止锯条弹跳伤人,最好两人操作;卸锯条时,一定要切断电源,等锯条停稳后再进行操作。

③ 用扫帚或气筒清扫机械设备,清理现场,检查螺钉、螺帽是否松动或脱落。

2.1.6 冲压机械安全技术及要求

1) 冲压机械安全要求

《冲压车间安全生产通则》(GB 8176—2012)是国家规定的强制性的安全要求,对冲压车间的安全提出了具体要求,必须严格遵守。

(1) 对安全装置的要求

① 为保证操作人员的安全,工厂必须在压力机的危险区域内为操作人员选择、提供并强制使用安全装置。

② 压力机上所用防护罩和防护栅栏,应用透明材料制造。若用金属材料制造时,应具有垂直透孔,如采用铁丝编织网或拉伸网片,不允许采用菱形斜孔状的透孔。

③ 必须有足够的强度,有良好的可见度,并便于维修和检查。

④ 紧固装置必须可靠,应将其紧固于压力机的适当位置上。只有使用专用工具和足够外力作用方能拆卸。

⑤ 压力机滑块或其他运动部件之间至少应保持 25 mm 的间距,不应出现夹紧点。

⑥ 防护围栏和防护罩在压力机上的安装位置必须满足人机隔离的要求。

(2) 对作业环境的要求

工厂车间的照明、温度和噪声应符合卫生要求,即应为操作者创造和提供在生理和心理上的良好作业环境。

① 温度。一般室内工作地点的冬季空气温度不得低于 15 ℃,夏季空气温度不得高于 32 ℃。当高于 32 ℃时,工厂应采取有效的降温措施。当高于 35 ℃时,工厂应有确保安全的措施才能让压力机操作者继续工作。

② 照明。车间工作空间应有良好的光照度,一般工作面的光照度不应低于 50 lx。

a. 在室内照度不足的情况下,应采用不高于 36 V 的安全电压局部照明加以补充。

b. 采用人工照明时,应防止产生频闪效应,并不得干扰光电保护装置,除安全灯和指示灯外,不应采用有色光源照明。

c. 采用天然光照时,不允许太阳光直射工作面。

③ 工作地面。

a. 压力机基础应有液体储存器用于收集由管路泄漏的液体。储存器可以专门制作,也可以与基础部连成一体,形成坑或槽。为方便排除废液,储存器底部应有一定坡度。

b. 车间各工作地面必须整洁、平整、防滑、坚固。放置工件附近的地面上,不得有障碍,不得有黄油、油液和水。经常有液体的地面,不应渗水,并向排泄系统倾斜。

④ 噪声及振动。

a. 采取措施以减少噪声源及其传播。例如,控制压缩空气吹扫的气压和流量;采用减振基础吸收振动;把产生强烈噪声的压力机封闭在隔音罩或隔音室中;等等。

b. 车间内压力机、剪切机等在空运转时,噪声值应不大于 90 dB(A)。凡超过 90 dB(A) 噪声值的工作场所,应为操作者配备护耳器,如耳塞或耳罩,并应采取措施加以改造。

c. 避免剪切或冲裁时产生强烈振动和噪声。例如,采用斜刃冲模或装设避振器;采用压力较大的压力机,使冲裁力不超过设备公称压力的 2/3 等。

2) 冲压机操作安全要求

操作时必须遵守以下规则,以防止各种冲压机械伤害事故的发生。

(1) 工作前

① 冲压工必须接受安全操作技术培训,经考试和考核合格后才能上岗独立工作。

② 冲压工只准在指定的压力机上工作。

③ 穿戴好工作服,头发拢入帽内,袖口扎紧,上衣塞入裤内。

④ 把工作地点上的一切边料、成品及材料移开，整理工作地点，检查照明和工作地点使其适合工作。

⑤ 仔细检查冲模并收拾干净压力机上的一切多余物件。

⑥ 要把压力机上的一切防护装置及防护罩放妥并校正。

⑦ 注意只有在确认离合器在分离位置后，才能接通电动机。

⑧ 按规定润滑压力机。

⑨ 在开动压力机前，必须检查压力机及模具是否正常、压力机上面是否有检修人员，然后才能开车试运转。检查压力机离合器、脚踏板、拉杆和制动器按钮是否灵活好用。特别是要检查刹车系统是否可靠，确认正确后方可生产。

（2）工作时

① 工作时要精神集中，不准说笑、打闹、吸烟、打瞌睡等。为避免滑块下行时，手误放入冲模内，要注意滑块运行方向。

② 在生产运行中，听到压力机开始反复冲落并有不正常的敲击声，发现废品、坯料开始咬在冲模上、灯光熄灭等情况时，要停止工作并报告工长。

③ 按照工艺规程或工艺指定的规范操作，不准闸住操作机构，没有保护措施不准连车生产，严禁用楔嵌入脚踏开关、按钮和拉杆里。

④ 坯料放置在冲模上且用来放置或取出零件的手工工具离开冲模以后，才可把脚放在踏板上。

⑤ 暂时离开、由于停电而电动机停止或发现压力机工作有不正常现象等情况下，要停车并把踏板移到空挡或锁住踏板。

⑥ 按工长指示，随时使用适当的用具往坯料上涂油并往导板及冲模上加油。

⑦ 压力机每次接合后更换工件时，要把手移开杠杆或把脚从踏板上移开。

⑧ 不准拆除任何防护罩和安全装置，当它们不适用时，必须报告车间有关人员。

⑨ 看管多轴压力机时，在连杆停在上极限点之前，不准将工件移动。

⑩ 压力机工作地点干净整洁。材料、坯料和成品都要定置摆放，禁止乱扔和阻塞通道。

⑪ 为避免损坏压力机，禁止在冲模上放双层坯料。

⑫ 注意勿使材料和零件触及电线。

（3）工作结束时

① 关掉电动机，直到压力机全部停车。

② 把压力机交给接班者，检查防护装置、防护罩和压力机是否完整，并告知他们工作时需要注意的问题。

③ 揩净压力机及冲模，并在冲模和滑块的导板上涂油。

④ 整理工作地点，清理压力机工作台并给压力机加油。

⑤ 工作完毕，把踏板移到空挡或把踏板锁住。

2.2 矿井通风机械安全技术

矿井通风机用于向井下输送新鲜空气，维持正常的生产条件，以保障安全作业和人员身体健康。因此，通风机在矿井生产中有矿井"肺脏"之称。

2.2.1 矿井通风机基本知识及分类

根据通风机服务范围不同,可分为主要通风机和局部通风机。主要通风机负责全矿井或某一区域的通风任务,局部通风机负责掘进工作面或加强采煤工作面通风的任务。

根据气体在叶轮内部流动方向的不同,可分为离心式通风机和轴流式通风机。离心式通风机是气体沿轴向流入叶轮,在叶轮内部转为沿径向流出;轴流式风机是气体沿轴向进入叶轮,经叶轮后仍沿轴向流出。

1) 离心式通风机

如图 2-60 所示,离心式通风机主要由轴、叶轮、机壳、吸入口、压出口组成。其中叶轮是传递能量的关键部件,它由环状前盘、后盘和固定在两盘之间的叶片组成。叶片有前弯、径向、后弯三种,煤矿风机大多采用后弯叶片。叶轮与轴件固定在一起,组成风机转子。

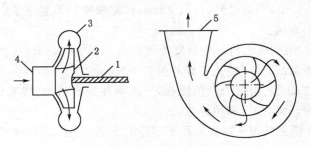

图 2-60 离心式通风机示意图

1——轴;2——叶轮;3——机壳;4——吸入口;5——压出口

当转子被电动机拖动旋转时,叶片流道中的空气质点受到叶片的推动随之旋转,在离心力的作用下由流道内向叶轮外缘运动,并汇集于螺壳状的机壳中,而后由出口排出。同时,叶轮入口处形成负压,外部空气在大气压力作用下经风机入口进入叶轮,叶轮连续旋转,形成连续的风流。当风机入口与矿井接通时,即可在矿井中形成连续风流而达到通风的目的。

通风机的作用是把原动机的机械能传递给气体,使气体获得在网路(空气流经的井巷等)中运动所需的能量。通风机在传递能量过程中,叶轮的作用是将原动机的能量传递给气体。有的通风机设有前导器,用来调节风流进入通风机叶轮时的方向,以调节通风机产生的风压和风量。

离心式通风机的品种及型式繁多,目前我国煤矿使用的离心式通风机主要有 4-72 型、G4-73型和 K4-73 型等。

(1) 4-72-11 型通风机结构

4-72-11 型风机是单侧进风的中、低压通风机,主要特点是效率高(最高效率达 91% 以上)、运转平稳、噪声较低,风量范围为 1 710～204 000 m³/h,风压范围为 290～2 550 Pa。

4-72-11 型风机结构如图 2-61 所示。其叶轮采用焊接结构,由 10 个后弯式的机翼形叶片、双曲线前盘和平板形后盘组成。该风机从 №2.8～№20 共有 13 种机型。机壳有两种型式:№2.8～№12 机壳做成整体式,不能拆分;№16～№20 机壳做成三部分,沿水平能分成上、下两半,并且还沿中心线垂直分为左、右两半,各部分螺栓连接,易于拆卸、检修。

它的出口可以位于轴下部水平向外,可以位于轴上部垂直向上,也可位于轴上部水平向外,均系预制,不可调。叶轮分右旋和左旋两种。风机与电动机的连接分为无轴承箱直联或采用滚动轴承支承用联轴器连接。用带轮传动时,分为悬臂和两端支承两种。

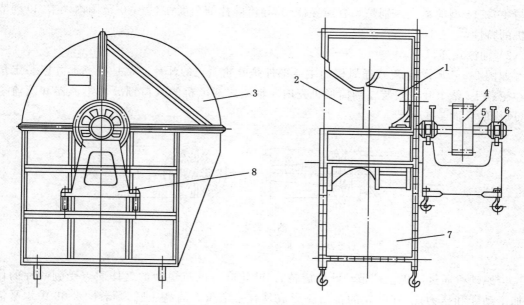

图 2-61 4-72-11 型离心式通风机

1——叶轮;2——集流器;3——机壳;4——带轮;5——传动轴;6——轴承;7——出风口;8——轴承座

（2）G4-73-1 型通风机结构

G4-73-1 型风机是单侧进风的中、低压通风机。它的风压及风量较 4-72-11 大,效率高达 93%,适用于中型矿井通风。

G4-73-1 型离心式通风机结构如图 2-62 所示。该通风机从№0.8～№28 共 12 种机型,该

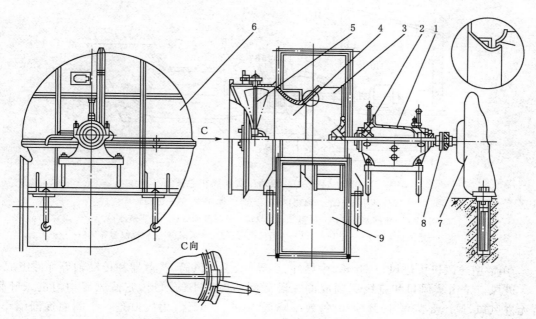

图 2-62 G4-73-1 型离心式通风机结构图

1——轴承箱;2——轴承;3——叶轮;4——集流器;5——前导器;

6——外壳;7——电动机;8——联轴器;9——出风口

机与 4-72-11 型的最大区别是装有前导器,其导流叶片的角度在 0°~60° 范围内调节,以调节通风机的特性。

2)轴流式通风机

如图 2-63 所示,轴流式通风机的主要部件是叶轮。它的叶片通常是机翼形并以一定角度装在轮毂上,整个叶轮安装在圆筒形机壳内。轴流式通风机的入口部分由集流器和疏流罩组成,风机的后面是扩散器。

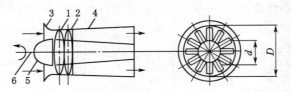

图 2-63　轴流式通风机示意图

1——叶轮;2——后导器;3——集流器;4——扩散器;5——疏流罩;6——主轴

当原动机通过风机主轴带动叶轮旋转时,叶轮叶片间流道中的气体质点受到叶片的作用增加了动能和压力能,在叶轮的排出侧形成具有一定压力的高压区,顺着图 2-63 中水平箭头指向,经过后导器校正流动方向,最后以接近轴向的方向通过扩散器的筒形流道排出。与此同时,在叶轮入口侧形成具有一定真空度的低压区,将外界气体经环形入口吸入叶轮,从而形成连续气流。

目前,矿山常用的轴流式通风机有 $70B_2$ 型、2K60 型、GAF 型等。

(1) $70B_2$ 型轴流式通风机结构

$70B_2$ 型轴流式通风机在中大型矿井中应用较广泛,其结构如图 2-64 所示。

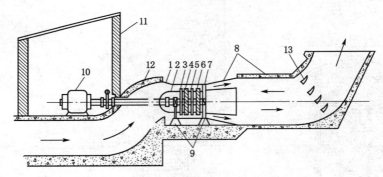

图 2-64　$70B_2$ 型轴流式通风机总图

1——集风口;2——流线罩;3——前导器;4——第一级动轮;

5——中间整流器;6——第二级动轮;7——后整流器;8——扩散器;

9——通风机架;10——电动机;11——通风机房;12——风硐;13——流线型导风板

$70B_2$ 型通风机由进风口、叶轮、中导叶、后导叶、主体风筒、扩散器和传动轴等部件组成。

进风口是由集风口和流线罩围成的一段截面逐渐缩小的通道,它使风流均匀进入叶轮。若无进风口,风压要降低 10%~20%,效率降低 10%~15%。集风口是一个断面逐渐缩小的喇叭形圆筒。流线罩是表面呈流线型的罩子,使气体均匀地沿轴向流入叶轮。

叶轮由装在轮毂上的 16 支叶片组成。叶片呈机翼形,它是用钢板压制成的中空叶片,在腔内铆装叶片杆。叶片上端用钢板堵焊。用双螺帽和防松垫圈把叶片固定在轮毂上。

固定在机壳和毂筒之间的中导叶共 22 片,系用钢板弯制成弧形。后导叶共 11 片。

整流器是由叶片组成的固体圆筒,圆筒内径与叶轮轮毂直径相同,沿圆筒表面均匀排列的导叶是等宽的,并以一定的角度固定不动。整流器的作用是改变和调整气流方向,使之更好地沿轴向流出。

扩散器装在通风机的出口末端,是一个断面逐渐扩大的筒体,由锥形筒芯和筒壳组成。气流通过它时速度降低、动压减少。扩散风筒一般用砖砌成或由混凝土浇灌,其作用是将动压的一部分转换为静压,减少空气动压损失,提高通风机效率。

传动部件由轴承、支架和传动轴组成。径向负载由双排调心滚柱轴承承担,轴向推力则由锥形滚柱轴承承受。传动轴系空心轴。轴承箱由铸铁支架支承,与主体风筒连成一体。两端有挠性联轴器,分别与电动机和主轴相连。

(2) 2K60 型轴流式通风机结构

2K60 型矿井轴流式通风机是一种高效率、低噪声、可反转反风的新产品,如图 2-65 所示。该风机分 2K60-Ⅰ 和 2K60-Ⅱ 两种。2K60-Ⅰ 风机配备有效的反转反风装置,反风量不低于正常风量的 60%。风机装有 4 台导叶执行器,中、后导叶各两台,用来调整导叶安装角以利于反风。2K60-Ⅰ 型有 №18、№24、№30、№36 四种机号。

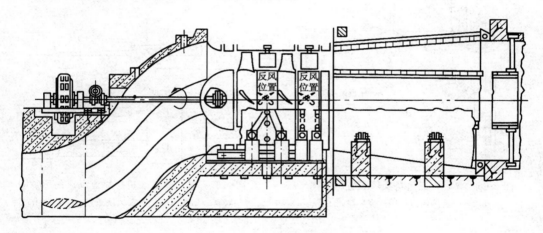

图 2-65　2K60 型轴流式通风机

2K60-Ⅱ型风机与 2K60-Ⅰ型风机结构基本相同,只是导叶安装角不可调,因而不能保证反风。另外,2K60 型风机还可对现有矿井 $70B_2$ 型风机的 №18、№24、№28 三个机号进行更换,更换时采用原电动机及一些原设施。

2K60 型矿井轴流式风机为双级叶轮,轮毂比为 0.6。叶片为扭曲机翼形叶片,叶片安装角度可在 15°～45°范围内做间隔 5°的调节,每个叶轮上可安装 14 个叶片,装有中、后导叶,后导叶也采用机翼形扭曲叶片,因此在结构上保证了风机有较高的效率。

该通风机根据使用需要,可以通过调整叶片安装角或改变叶片的方法来调节风机性能,共有 3 种叶片组合:两级叶片均为 14 片;第一级为 14 片,第二级为 7 片;两级均为 7 片。

2.2.2　矿井通风机安全技术

1) 矿井通风的安全保护装置

(1) 矿井通风机的反风装置

当进风井附近或井底车场等处发生火灾或瓦斯煤尘爆炸时,产生大量燃后气体(一氧化碳和二氧化碳等)将随着风流进入工作面,威胁井下工作人员的生命安全,从而造成严重事故。为此必须立即改变风流方向,阻止灾害蔓延,缩小灾情。《煤矿安全规程》规定,生产矿井主要通风机必须装有反风设施,并能在 10 min 内改变巷道中的风流方向;当风流方向改变后,主要通风机的供给风量不应小于正常供风量的 40%。每季度应当至少检查 1 次反风设施,每年应当进行 1 次反风演习;矿井通风系统有较大变化时,应进行 1 次反风演习。

矿井采用的反风方法有两种:一种是利用风道反风,另一种是利用风机反转反风。离心式通风机是利用反风道反风的。

图 2-66 所示为离心式通风机作抽出式通风时的反风装置示意图。通风机正常工作时,反风门 1 和 2 处于实线位置;反风时,反风门 1 提起,反风门 2 放下,风流自反风门 2 进入通风机,再从反风门 1 进入反风道 3,经风井流入井下,实现反风。

图 2-67 所示为轴流式通风机作抽出式通风时,利用反风道反风的示意图。正常工作时,通风机由井下吸风,然后排出至大气中。若将反风门 a、b 改变位置,这时虽然通风机的风流方向没有改变,但通风机把从大气中吸入的新鲜空气通过反风道 3 压入井下,使井下风流改变方向。

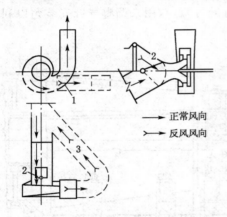

图 2-66　离心式通风机反风装置示意图
1,2——反风风门;3——反风绕道

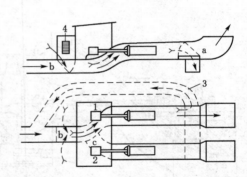

图 2-67　轴流式通风机反风道反风的示意图
1,2——通风机;3——反风绕道;4——百叶窗;
a,b——反风风门

轴流式通风机还可以利用反转的方法反风,这时不需要建筑旁侧反风道,只需改变叶轮的旋转方向即可。

图 2-68 所示为两台 4-72-11№16B(或 20B)型离心式通风机实际布置图。两台对称,一台左旋,另一台右旋,扩散器由屋顶穿出。

用垂直闸门的启闭来控制风机与风道相通或隔断,以便倒换使用。

正常通风时,由出风井出来的风流按实箭头方向进入风机入口,而后由风机经扩散器排向大气。

反风时,各风门处于虚线位置,外界空气按虚线箭头指向经水平风门进入进风道,经风机倒转 90°进入反风道,而后下行转弯压入风井。

为了在 10 min 内完成反风动作,有关风门都用绞车通过钢丝绳和滑轮组牵动。

图 2-69 所示为两台 70B₂-21№24 型轴流式风机的设备布置图。两台风机并排安装,一台工作,另一台备用,平行布置。主风道把风井和机房的设备连接在一起,分岔风道与通风机的进风道相连,进风道出口与通风机入口之间布置着"S"形弯道。每台通风机由各自的扩散风

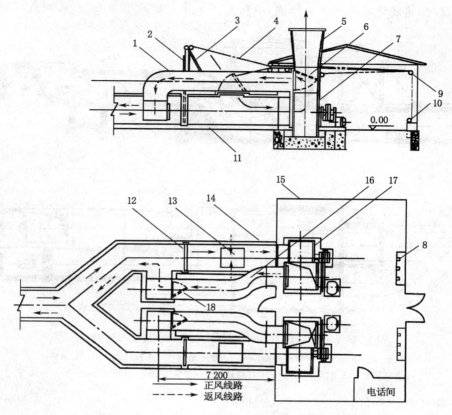

图 2-68   4-72-11№16B(20B)型双通风机布置图
1,16——反风道；2,12——垂直闸门；3——闸门架；4——钢丝绳；5——扩散器；
6——反风门；7,17——通风机；8,10——手摇绞车；9——滑轮组；
11,14——进风道；13——水平风门；15——通风机房；18——检查门

道和扩散弯头组成出风系统。在各自的进风道入口处装有风门 B_1 和 B_2 作为倒换风门，它们由一台共用的绞车通过钢丝绳牵动，一启一闭，与主风道相通或隔绝，以备工作或备用。

正常通风时，由井筒抽出的乏气经主风道、分岔风道的工作分支、进风道和"S"形弯头进入工作通风机；由通风机经扩散器排出的空气经扩散风道和扩散弯道排出。反风时，三扇风门 A、C 和 D 处于虚线位置，此时外界空气由百叶窗进入进风道，经风机，通过风门 D 的风口下行转弯进入反风道，使风流压入风井，达到反风目的。

各风门均用钢丝绳通过滑轮与小绞车相接。多数绞车集中在机房内由电动（或手动）操作，以便在 10 min 内达到反风状态。

（2）防爆门

《煤矿安全规程》规定，装有主要通风机的出风井口应安装防爆门。防爆门每 6 个月检查维修 1 次。它的作用是当井下发生瓦斯、煤尘爆炸时，爆炸气浪将防爆门掀起，从而起到保护通风机的作用。

图 2-70 所示是出风立井井口的钟形防爆门。该门由钢板焊接而成，在其周围一般由 4 条钢丝绳绕过滑轮用平衡锤牵住，在下端放入井口圈的凹槽内，槽中盛水、沙子、石灰或其他密封物，以防止漏风。如用水密封，凹槽的深度必须大于防爆门内外的压力差。

— 63 —

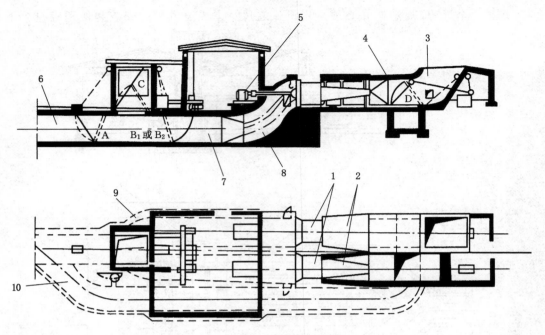

图 2-69 两台 $70B_2$-21№24 型轴流风机设备布置图

1——通风机；2——环形扩散器；3——扩散弯道；4——扩散风道；5——电动机；

6——主风道；7——进风道；8——S形弯道；9——分岔风道；10——反风道；A~D——风门

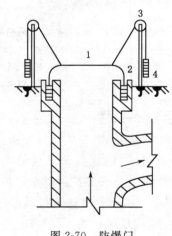

图 2-70 防爆门

1——门；2——凹槽；3——滑轮；4——平衡锤

防爆门必须符合下列要求：

① 防爆门的面积不小于该井口的断面积。

② 防爆门必须正对出风井的风流方向，保证在井下发生爆炸时高压气浪能将其冲开。

③ 防爆门的结构应坚固、严密，水封槽中应经常保持足够的水位，防止漏风。

④ 防爆门上要挂平衡锤配重。

2)《煤矿安全规程》对通风机的规定和通风机械的完好标准

(1)《煤矿安全规程》关于通风机的规定

《煤矿安全规程》规定矿井必须采用机械通风。主要通风机的安装和使用应符合下列要求：

① 主要通风机必须安装在地面；装有通风机的井口必须封闭严密，其外部漏风率在无提升设备时不得超过 5%，有提升设备时不得超过 15%。

② 必须保证主要通风机连续运转。

③ 必须安装 2 套同等能力的主要通风机装置，其中 1 套作备用，备用通风机必须能在 10 min内开动。在建井期间可安装 1 套通风机和 1 部备用电动机。生产矿井现有的 2 套不同能力的主要通风机，在满足生产要求时可继续使用。

④ 严禁采用局部通风机或风机群作为主要通风机使用。

⑤ 装有主要通风机的出风井口应安装防爆门，防爆门每 6 个月检查维修 1 次。

⑥ 至少每月检查 1 次主要通风机。改变主要通风机转数、叶片角度或者对旋式主要通风机运转级数时，必须经矿总工程师批准。

⑦ 新安装的主要通风机投入使用前，必须进行试运转和通风机性能测定，以后每 5 年至少进行 1 次性能测定。

⑧ 主要通风机技术改造及更换叶片后必须进行性能测试。

⑨ 井下严禁安设辅助通风机。

《煤矿安全规程》第一百五十九条规定，生产矿井主要通风机必须装有反风设施，并能在 10 min 内改变巷道中的风流方向；当风流方向改变后，主要通风机的供给风量不应小于正常供风量的 40%。

每季度应至少检查 1 次反风设施，每年应进行 1 次反风演习；矿井通风系统有较大变化时，应进行 1 次反风演习。

《煤矿安全规程》第一百六十条规定，严禁主要通风机房兼作他用。主要通风机房内必须安装水柱计（压力表）、电流表、电压表、轴承温度计等仪表，还必须有直通矿调度室的电话，并有反风操作系统图、司机岗位责任制和操作规程。主要通风机的运转应由专职司机负责，司机应每小时将通风机运转情况记入运转记录簿内；发现异常，立即报告。实现主要通风机集中监控、图像监视的主要通风机机房可不设专职司机，但必须实行巡检制度。

《煤矿安全规程》第一百六十一条规定，因检修、停电或其他原因停止主要通风机运转时，必须制定停风措施。

变电所或电厂在停电以前，必须将预计停电时间通知矿调度室。

主要通风机停止运转时，必须立即停止工作、切断电源，工作人员先撤到进风巷道中，由值班矿领导组织全矿井工作人员全部撤出。

主要通风机停止运转期间，必须打开井口防爆门和有关风门，利用自然风压通风；对由多台主要通风机联合通风的矿井，必须正确控制风流，防止风流紊乱。

（2）通风机械的完好标准

① 机体。机体防腐良好，无明显变形、裂纹、剥落等缺陷；机壳接合面及轴穿过机壳处，密封严密，不漏风；轴流式通风机的叶轮、轮毂、导叶完整、齐全、无裂纹，叶片、导叶无积尘，至少每半年清扫一次；叶轮保持平衡，可停在任何位置；离心式通风机叶轮铆钉不松动，焊缝无裂纹，拉杆紧固、牢靠；叶轮与进风口的配合符合厂家的规定。

② 反风装置。风门、反风门及其他风门开关灵活，关闭严密、不漏风；风门绞车应能随时启动，运转灵活；钢丝绳固定牢靠，涂油防锈，断丝数每捻距内不超过 25%；导绳轮转动灵活；

仪表每年校验一次;运转无影响,无异常振动;每年进行一次技术测定,在符合设计规定的风量、风压情况下,风机效率不低于设计效率的90%。测定记录有效期为一年。

③ 设备环境。风机房不得用火炉取暖,附近20 m内不得有烟火或堆放易燃物品;风道、风门处无杂物。

④ 记录资料包括通风系统图、反风系统图和电气系统图。

3) 矿井通风机械安全运行、维护检修和故障处理

(1) 矿井通风机械的运转

① 通风机在启动前的注意事项如下:

a. 离心式通风机启动前必须关闭风道内的闸门,轻载启动,以缩短启动过程,减少功率消耗。轴流式通风机应该在全开或半开闸门的情况下启动,使通风机大约产生50%的正常风量,保证通风机能稳定启动、运转。

b. 通风机启动前应全面检查,从传动部分开始,检查联轴器、胶带、螺栓连接及焊接部分是否完好、牢固;各部位轴承油量是否适当,油质是否清洁,油圈是否完整灵活,有无漏油现象;测量仪表是否齐全;电动机启动设备是否灵敏、可靠;风门关闭是否符合要求。检查无误后盘车、启动。

② 启动、运转、停止时的注意事项如下:

启动时,操作高压电器设备时必须戴绝缘手套,穿绝缘靴,按顺序启动合闸。开始启动时,注意由慢变快,离心式通风机达到正常速度后再打开风门。

按规定,正常工作中的主风机要经常保持运转,无特殊情况或领导批示不得停车。主要通风机因检修、停电或其他原因需要停止时,必须制定停风措施。变电所或电厂停电之前,必须将预计停电时间通知矿调度室。

按顺序操作各开关,停止电动机运转。备用风机必须在10 min内开动,否则应打开井口防爆门。

主要通风机在停风期间,必须打开井口防爆门和有关风门,以便充分利用自然通风。

通风机在安装和检修后要进行调整和运转。通风机启动后,如果发现有敲击声、工作轮与机壳内壁相摩擦,或有振动以及其他不正常现象时,应立即停止运转找出事故原因,并进行修理和调整。

离心式通风机在安装或检修后要进行试运转,当启动运转8~10 min后,即使没有发现什么问题,也应该停止运转进行第二次启动。此时要将闸门逐渐打开,使通风机带负荷运转30 min,然后将闸门完全打开,使其达到额定负荷运转。运转45 min后再停机检查。然后运行8 h左右停机,将轴承盖打开检查。

轴流式通风机在安装完毕后,应进行试运转及调整。首先把叶片角度调到最小,进行试运转2~3 h;如一切正常再将叶片转到应有角度继续运转2 h;如果一切良好,可以开始运转。

(2) 矿井通风机械的维护

通风机的维护包括日常维修、定期维护及检修。

① 日常维修。通风机操作工日常维修的主要内容如下:

a. 每隔10~20 min检查一次电动机温度及U形差压计、电流表等的读数,并做好记录。

检查运转电动机各部分温度是否超标,一般当周围温度低于35 ℃时,铁芯和绕组的温升为:对A级绝缘应不高于65 ℃,对B级绝缘应不高于75 ℃,滑环温度不许超过周围环境70 ℃;必须每小时检查一次轴承的温度、油位情况,滑动轴承温度不得超过70 ℃,滚动轴承温

度不得超过 80 ℃。

b. 高压开关柜外观的检查。主要包括外表是否完好,螺栓是否齐全,电缆头是否漏油,各瓷瓶是否有裂纹,油开关操作机构是否正常,油面位置是否合适,各仪表及信号指示灯是否完好等。

c. 操作工每班应对设备外部擦拭一次,并保持清洁。

d. 叶轮、轴承、齿轮箱、联轴器等部件螺栓不得松动,设备运转中应无异声、异味及异热等。

② 定期维护:

a. 叶轮。风机的轮毂在出厂时均做了严格的静平衡实验,安装或维修中端盖、叶片不得随意调换,每月应对叶轮进行一次外部清洁检查,每隔半年对大部件全部拆卸清理和检查(也可根据实际情况适当延长)。

b. 备用通风机。备用通风机应经常保持完好的技术状态。每 1~3 个月进行一次轮换运行,最长不超过半年。轮换超过 1 个月的备用通风机应每月空运转一次,每次不少于 1 h,以保证通风机正常、完好,使其可在 10 min 内投入运行。

c. 备用电动机。备用电动机应放在空气温度不低于 5 ℃和一昼夜的温度变化范围不超过 10 ℃的干燥地方。电刷必须从刷把上取下来,用油纸包好,放在刷握环上,这时铜辫不需断开。

d. 电动机定期检查的内容。电动机运行 3 000 h 或半年以上时,应做一次定期检查,内容包括:各部位螺钉、螺栓应紧固;定子和转子绕组外表应无破损;绝缘情况应符合要求;定子和转子间隙应符合规定,要求各间隙之差与平均值之比不超过 10%,即:(最大间隙－最小间隙/平均间隙)×100%≤10%;检查电刷装置的工作情况;电刷压力的大小标准,一般要求为 1.05~1.23 N/cm²。

③ 检修:一般矿山通风机的检修工作分为小修、中修和大修三种。小修每 3~6 个月进行一次,中修 12~24 个月进行一次,大修 48~60 个月进行一次。

a. 小修的主要内容。检查清洗各部位轴承,更换轴承油脂,并调整轴承间隙;检查各部位密封圈情况,清扫内部尘垢;检查并清洁联轴器,更换润滑脂;检查叶片有无裂纹、锈蚀、角度变化、螺栓松动等情况;检查和紧固各部位螺栓;检查、修理反风装置,保证其灵活可靠。

b. 中修的主要内容。完成小修工作的全部内容;更换叶片并做静平衡试验;修理或更换联轴器;检查或更换轴承;检查、调整传动轴和主轴的同心度与水平度;修理或更换轴承座;除锈防腐。

c. 大修的主要内容。完成中修的全部工作内容;修理或更换传动轴或主轴;更换叶轮总成,并做静平衡试验;修理或更换部分机壳;修理或重新浇灌基础;防锈喷漆,并做性能试验。

(3) 矿井通风机械的常见故障原因及处理方法

通过对矿井通风机组事故统计发现,机械事故占通风机组事故的 68.9%,主要为主轴断裂、叶片折损、联轴器损坏及轴承损坏等;电气事故占通风机组事故的 31.1%,主要是电动机绕组烧损、电控设备故障以及室内供电设备故障等。

除此之外,人为失误事故也应该引起重视。所谓人为失误事故,是指那些由司机、维修工与管理人员的直接行为造成的事故,如通风机司机的误操作、违纪及检修人员的失误等。人为失误有时是事故的首发因素,有时是在排除事故的过程中扩大事故的诱发因素。

预防人为事故发生的措施主要为:对矿井通风设备要有专门机构并配备各专职技术人员管理;管理人员要熟悉通风系统和设备性质,会管理、懂技术并有一定的应变救灾能力;通风机组与其他设备,如通供电系统、反风系统等,要固定司机和专职维修人员;对这些人员加强技术培训,提高其技术、责任和操作与维修水平;要建立、健全各项必要的规章制度,并严格执行,防患于未然。矿井通风机的常见故障原因及处理方法如表 2-8 所列。

表 2-8   **矿井通风机常见故障原因及处理方法**

故障现象	产生原因	处理方法
机体振动	1. 传动轴与主轴不同心; 2. 叶片质量不对称、叶轮不平衡; 3. 平衡块位置不对; 4. 传动轴或者主轴弯曲	1. 进行调整或重新安装; 2. 清除叶轮上污物,叶轮找静、动平衡; 3. 重新找平衡并固定好平衡块; 4. 调直校正传动轴或更换主轴
轴承发热	1. 润滑脂油质不佳或充填过多; 2. 轴承箱盖座连接螺栓过紧或过松; 3. 滚动轴承损坏; 4. 滚动轴承安装歪斜,前后两轴承不同心; 5. 轴瓦间隙过小或两端局部接触	1. 更换符合要求的润滑脂,滚动轴承的注油量应为其容量的 2/3; 2. 调节螺栓的紧固力; 3. 更换轴承; 4. 重新安装,调整找正; 5. 重新调整间隙
轴承有异常响声	1. 轴承油量严重不足; 2. 轴承粒子或滚道表面剥落; 3. 轴承间隙过小; 4. 滚子断裂或破裂	1. 加油量应符合要求; 2. 更换轴承; 3. 调整间隙; 4. 更换轴承
电动机电流过大,温升过高	1. 冷却空气不足,冷却空气温度过高,或短路吸风现象造成风量过大; 2. 电源电压过低或断相; 3. 联轴器连接不正,密封圈过紧或间隙不均	1. 调整冷却空气量; 2. 经常注意电压、电流读数,发现不正常及时汇报; 3. 调整联轴器
胶带运行不正常,出现跳带、打滑、发出啪啪声等	1. 胶带过松或长短不一; 2. 胶带中心不一致; 3. 带轮槽磨损超限; 4. 胶带层间断裂	1. 调整胶带长度; 2. 调整胶带轮中心线; 3. 修理或更换带轮; 4. 更换胶带

本 章 小 结

本章主要介绍了通用切削加工机械、木工机械、冲压机械。对切削加工机械、木工机械、冲压机械的危险因素及伤害形式进行了识别,讲述了操作人员在作业区的防护措施和安全装置及安全操作技术。通过对这些内容的学习,可以对通用加工机械的实际使用场所制定出相应的安全作业管理要求及安全操作技术要求。

本章还介绍了矿井通风机的结构、工作原理及常见类型。通过对这些内容的学习,可以实现对矿井通风机的安全使用及安全管理。

复习思考题

1. 加工机械主要包括哪些机械?
2. 切削加工的危险因素有哪些?
3. 造成切削加工事故的原因是什么?其伤害形式、危害有哪些?

4. 木工机械加工中的危险因素是什么？其危害因素有哪些？

5. 冲压机械作业中的危险及危害因素有哪些？

6. 冲压生产中易发生哪些失误动作？冲压作业方式对安全有什么影响？可采取哪些安全生产措施？

7. 切削加工的安全防护装置有哪些？它们的作用分别是什么？

8. 木工机械的安全防护装置有哪些？它们的作用分别是什么？

9. 冲压机械的安全防护装置有哪些？它们的作用分别是什么？

10. 矿用通风机的作用是什么？有哪些类型？

11. 离心式、轴流式通风机的工作原理是什么？

12. 对通风机安全工作的要求有哪些？

13. 反风装置的作用是什么？反风方法有哪几种？

本章参考文献

[1] 白铭声,陈祖苏.流体机械[M].北京:煤炭工业出版社,1986.

[2] 白铭声.矿井通风机设备运行与组合设计[M].北京:煤炭工业出版社,1987.

[3] 高峰,秦勇.煤矿机械的使用维护与故障处理[M].兰州:甘肃科学技术出版社,2006.

[4] 何萍,吴敬勇,冯新红,等.金属切削机床概论[M].北京:北京理工大学出版社,2008.

[5] 黄鹤汀,王芙蓉,杨建明.机械制造设备[M].北京:机械工业出版社,2009.

[6] 黄开启,古莹奎.矿山机电设备使用与维护[M].北京:化学工业出版社,2009.

[7] 机械电子工业部质量安全司.机电工厂安全性评价指南[M].北京:机械工业出版社,1991.

[8] 陆庆武.机械安全技术[M].北京:中国劳动社会保障出版社,1991.

[9] 宋昭祥.机械制造基础[M].北京:机械工业出版社,1998.

[10] 孙桂林.机械安全手册[M].北京:中国劳动社会保障出版社,1993.

[11] 王昌田.流体力学与流体机械[M].徐州:中国矿业大学出版社,2009.

[12] 王健石.机械安全速查手册[M].北京:机械工业出版社,2009.

[13] 王金华,郭兴铭.机械安全技术[M].北京:化学工业出版社,1996.

[14] 王明明.机械安全技术[M].北京:化学工业出版社,2004.

[15] 徐格宁,袁化临.机械安全工程[M].北京:中国劳动社会保障出版社,2008.

[16] 张应立,周玉华.机械安全技术实用手册[M].北京:中国石化出版社,2009.

3 起重机械安全技术

本章学习要求：

1. 掌握起重机械的类型、技术参数、三大基本组成的结构及其特点。

2. 掌握起重机械安全防护装置的结构、类型及安全功能，熟知安全防护装置的作用。

3. 掌握起重机械常见故障、故障原因分析及排除方法，掌握起重机械易损零部件的安全技术及重要部件报废标准。

4. 掌握起重机械安全作业管理及检验方法。

5. 掌握起重机械安全操作技术与要求。

6. 掌握起重机械的安全技术及安全检验方法。

7. 了解起重机械常见事故类型，掌握事故防范措施。

起重机械是用来对设备、零部件及物料进行起重、运输、装卸或安装等作业的机械设备，广泛应用于国民经济建设的各个部门，起着减轻体力劳动、节省人力、提高劳动生产率和促进生产过程机械化的作用。

3.1 起重机械基本知识及其分类

起重机是用来进行物料搬运作业的机械设备。起重机械通过工作机构的组合运动，在一定空间范围内进行水平、垂直移动，然后按要求将物料安放到指定位置。起重机械的搬运作业是周期性的间歇作业，广泛用于输送、装卸和仓储等作业场所。在现代企业生产中，起重机不仅在物料运输领域起着重要作用，而且直接参与生产工艺过程，成为工艺设备的主要组成部分，从而大大提高了劳动效率，同时减轻了劳动强度。在现代人们的生活娱乐活动中，起重设备也被广泛地利用，例如公共场所的电梯、娱乐场所的大型升降游艺机、摩天轮等，提高了人们的生活和生存质量。

3.1.1 起重机械的类型

起重机械可以按照以下原则进行分类：

① 按构造分。例如，桥架型起重机、缆索型起重机、臂架型起重机。

② 按取物装置和用途分。例如，吊钩起重机、抓斗起重机、电磁起重机、冶金起重机、堆垛起重机、集装箱起重机、安装起重机和救援起重机。

③ 按运移方式分。例如，固定式起重机、运行式起重机、爬升式起重机、便携式起重机、随车起重机以及辐射式起重机。

④ 按工作机构驱动方式分。例如，手动起重机、电动起重机、液压起重机、内燃起重机和蒸汽起重机等。

起重机械的常见类型见表3-1。

表 3-1   起重机械的类型

	类 型			
	轻小型起重机	桥架型起重机	臂架型起重机	堆垛起重机
起重机械	千斤顶	梁式起重机	固定回转起重机	桥式堆垛起重机
	手扳葫芦	通用桥式起重机	门座起重机	巷道堆垛起重机
	手拉葫芦	门式起重机	塔式起重机	双立柱堆垛起重机
	电动葫芦	装卸桥	流动式 汽车起重机	单立柱堆垛起重机
	单轨起重机	冶金桥式起重机	轮胎起重机	
		缆索起重机	履带起重机	

3.1.2 起重机主要技术参数

起重机主要参数是表征起重机主要技术性能指标的参数,是起重机设计的依据,也是起重机安全技术要求的重要依据。

1）起重量 G

起重量指被起升重物的质量,单位为 kg 或 t。可分为额定起重量、最大起重量、总起重量、有效起重量等。

① 额定起重量 G_n。额定起重量为起重机能吊起的物料连同可分吊具或属具(如抓斗、电磁吸盘、平衡梁等)质量的总和。

② 总起重量 G_z。总起重量为起重机能吊起的物料连同可分吊具和长期固定在起重机上的吊具和属具(包括吊钩、滑轮组、起重钢丝绳以及在起重小车以下的其他起吊物)的质量总和。

③ 有效起重量 G_p。有效起重量为起重机能吊起的物料的净质量。

该参数需要作如下说明:

① 起重机标牌上标定的起重量,通常都是指起重机的额定起重量,应醒目标在起重机结构的明显位置上。

② 对于臂架类型起重机,其额定起重量是随幅度而变化的,其起重特性指标是用起重力矩来表征的。标牌上标定的值是最大起重量。

③ 带可分吊具(如抓斗、电磁吸盘、平衡梁等)的起重机,其吊具和物料质量的总和是额定起重量,允许起升物料的质量是有效起重量。

2）起升高度 H

起升高度是指起重机运行轨道顶面(或地面)到取物装置上极限位置的垂直距离,单位为 m。通常用吊钩时,计算到吊钩钩环中心;用抓斗及其他容器时,计算到容器底部。

① 下降深度 h。当取物装置可以放到地面或轨道顶面以下时,其下放距离称为下降深度。即吊具最低工作位置与起重机水平支承面之间的垂直距离。

② 起升范围 D。起升范围为起升高度 H 和下降深度 h 之和(吊具最高和最低工作位置之间的垂直距离),即 $D=H+h$。

3）跨度 S

跨度指桥式类型起重机运行轨道中心线之间的水平距离,单位为 m。

桥式类型起重机的小车运行轨道中心线之间的距离,称为小车的轨距。

地面有轨运行的臂架式起重机的运行轨道中心线之间的距离,称为该起重机的轨距。

4）幅度 L

旋转臂架式起重机的幅度是指旋转中心线与取物装置铅垂线之间的水平距离,单位为 m。非旋转类型的臂架起重机的幅度是指吊具中心线至臂架后轴或其他典型轴线之间的水平距离。当臂架倾角最小或小车位置与起重机回转中心距离最大时,该幅度为最大幅度;反之为最小幅度。

5）工作速度 v

工作速度是指起重机工作机构在额定载荷下稳定运行的速度。

① 起升速度 v_q。起升速度是指起重机在稳定运行状态下,额定载荷的垂直位移速度,单位为 m/min。

② 大车运行速度 v_k。大车运行速度是指起重机在水平路面或轨道上带额定载荷的运行速度,单位为 m/min。

③ 小车运行速度 v_t。小车运行速度是指在稳定运动状态下,小车在水平轨道上带额定载荷的运行速度,单位为 m/min。

④ 变幅速度 v_l。变幅速度是指在稳定运动状态下,在变幅平面内吊挂最小额定载荷,从最大幅度至最小幅度的水平位移平均线速度,单位为 m/min。

⑤ 行走速度 v。行走速度是指在道路行驶状态下,流动式起重机吊挂额定载荷的平稳运行速度,单位为 km/h。

⑥ 旋转速度 ω。旋转速度是指在稳定运动状态下,起重机绕其旋转中心的旋转速度,单位为 r/min。

臂架式起重机的主要技术参数还包括起重力矩等;对于轮胎、汽车、履带、铁路起重机,其爬坡度和最小转弯半径也是主要技术参数。对于某些类型的起重机而言,生产率、轨距、基距、最大轮压、自重、外形尺寸等也是重要的技术参数。

6）起重机械的工作级别

① 整机的工作级别。根据起重机的 10 个使用等级和 4 个载荷状态级别,起重机整机的工作级别划分为 A1～A8 共 8 个级别,见表 3-2。

表 3-2   **起重机整机的工作级别**

载荷状态级别	载荷谱系数 K_p	起重机的使用等级									
		U0	U1	U2	U3	U4	U5	U6	U7	U8	U9
Q1	$K_p \leqslant 0.125$	A1	A1	A1	A2	A3	A4	A5	A6	A7	A8
Q2	$0.125 < K_p \leqslant 0.250$	A1	A1	A2	A3	A4	A5	A6	A7	A8	A8
Q3	$0.250 < K_p \leqslant 0.500$	A1	A2	A3	A4	A5	A6	A7	A8	A8	A8
Q4	$0.500 < K_p \leqslant 1.000$	A2	A3	A4	A5	A6	A7	A8	A8	A8	A8

② 机构的工作级别。根据机构的 10 个使用等级和 4 个载荷状态级别,将机构单独作为一个整体进行分级的工作级别划分为 M1～M8 共 8 级,见表 3-3。

3.1.3 起重机械的基本组成

起重机械不论结构简单还是复杂,其共同点都是由三大部分组成,即金属结构、工作机构和电控系统。

1）金属结构

表 3-3 机构的工作级别

载荷状态级别	载荷谱系数 K_m	机构的使用等级									
		T0	T1	T2	T3	T4	T5	T6	T7	T8	T9
L1	$K_m \leqslant 0.125$	M1	M1	M1	M2	M3	M4	M5	M6	M7	M8
L2	$0.125 < K_m \leqslant 0.250$	M1	M1	M2	M3	M4	M5	M6	M7	M8	M8
L3	$0.250 < K_m \leqslant 0.500$	M1	M2	M3	M4	M5	M6	M7	M8	M8	M8
L4	$0.500 < K_m \leqslant 1.000$	M2	M3	M4	M5	M6	M7	M8	M8	M8	M8

金属结构是起重机的骨架,其作用是承受和传递起重机负担的各种工作载荷、自然载荷以及自重载荷。由于超载或疲劳等原因,起重机金属结构局部或整体受力构件会出现裂纹和塑性变形,这涉及强度问题;由于超载或冲击振动等原因,起重机金属结构的主要受力构件产生过大的弹性变形或产生剧烈的振动,这涉及刚度问题;载荷移到悬臂端发生超载或变幅加速度过大,会导致带有悬臂的起重机倾翻,这涉及整机倾覆的稳定性问题——这些都与起重机金属结构的可靠性和安全性密切相关。因此,金属结构必须具有足够的强度、刚度和稳定性,这样才能保证起重机的正常使用。

以下简要介绍几种典型起重机金属结构的组成和特点。

(1) 桥式起重机的金属结构

桥式起重机的金属结构是指桥式起重机的桥架,如图 3-1 所示。桥式起重机的桥架主梁与端梁之间采用焊接或螺栓连接。端梁多采用钢板组焊成箱形结构。主梁截面结构形式多种多样,常用的多为箱形截面梁或桁架式主梁。

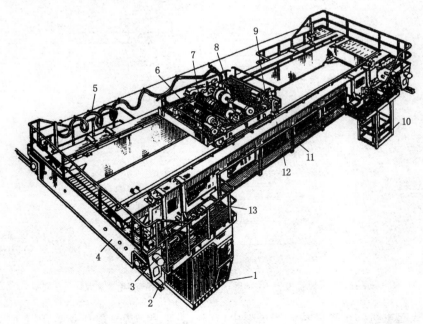

图 3-1 桥式起重机

1——司机室;2——大车轨道;3——缓冲器;4——大梁;5——电缆;
6,7——主、副起升机构;8——起重小车;9——小车运行机构;10——吊笼;
11——走台栏杆;12——主梁;13——大车运行机构

（2）门式起重机的金属结构

门式起重机的金属结构主要由主梁、端梁、马鞍、支腿、下横梁以及小车架等部分组成。根据门架的结构特点，金属结构可分为无悬臂式、双悬臂式（图 3-2）和单悬臂式等。

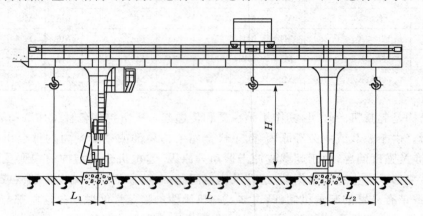

图 3-2 门式起重机（双悬臂式）

L_1，L_2——臂长；L——门间距；H——起吊高度

（3）塔式起重机的金属结构

塔式起重机的金属结构是指塔式起重机的塔架，图 3-3 所示为塔式起重机的典型产品——自升塔式起重机的金属结构。

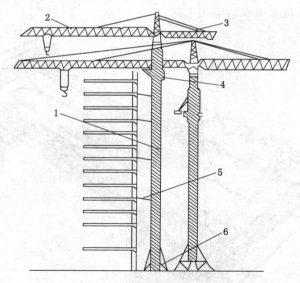

图 3-3 自升塔式起重机

1——塔身；2——臂架；3——平衡臂；4——爬升套架；5——附着装置；6——底架

自升塔式起重机的金属结构——塔架由塔身、臂架、平衡臂、爬升套架、附着装置及底架等构件组成，其中塔身、臂架和底座是主要受力构件，臂架和平衡臂与塔身之间通过销轴连接，塔身与底座之间通过螺杆连接固定。图 3-3 所示的自升塔式起重机属于上回转式中的自升附着型结构形式。塔身是截面为正方形的桁架式结构，由角钢组焊而成。臂架为受弯臂架，截面多

— 74 —

为矩形或三角形桁架式结构,由角钢或圆管组焊接而成。

（4）门座式起重机的金属结构

图 3-4 所示为刚性拉杆式组合臂架式门座起重机的金属结构,由交叉式门架 1、转柱 2、桁架式人字架 3 与刚性拉杆组合臂架 4 等构件组成。其中,门架、人字架和臂架是主要受力构件。各构件之间采用销轴连接或螺栓连接固定。

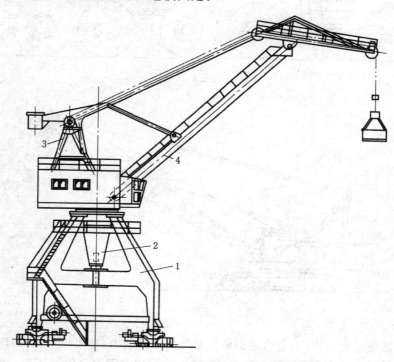

图 3-4　刚性拉杆式组合臂架式门座起重机

1——交叉式门架;2——转柱;3——桁架式人字架;4——刚性拉杆组合臂架

（5）流动式起重机的金属结构

流动式起重机的金属结构主要指汽车起重机（图 3-5）的金属结构,例如轮胎起重机（图 3-6）、履带起重机（图 3-7）,其金属结构主要由吊臂、转台和车架等构件组成。

吊臂结构形式分为桁架式和伸缩臂式,伸缩臂式为箱形结构,桁架式吊臂由型钢或钢管组

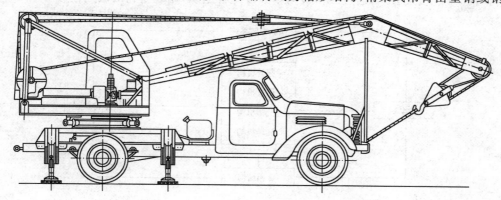

图 3-5　汽车起重机

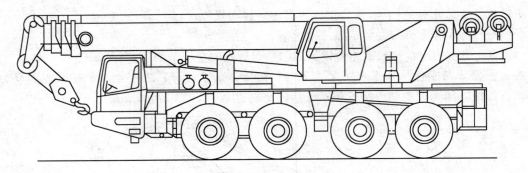

图 3-6 轮胎起重机

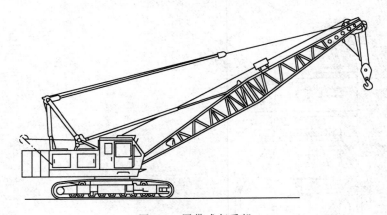

图 3-7 履带式起重机

焊而成。吊臂是主要受力构件,它直接影响起重机的承载能力、整机稳定性和自重的大小。

转台分为平面框式和板式两种结构形式,均为钢板和型钢组合焊接构件。转台用来安装吊臂、起升机构、变幅机构、旋转机构、配重、电动机和司机室等。

车架又称为底架,分为平面框式和整体箱形结构。车架用来安装底盘与运行部分。

2）起重机械的运行机构

起重机械由驱动装置、工作机构、取物装置、操纵控制系统组成,如图 3-8 所示。通过对控制系统的操纵,将驱动装置的动力能量转变为机械能,再传递给取物装置,取物装置将被搬运的物料与起重机联系起来,通过工作机构单独或组合运动,完成物料的搬运任务。

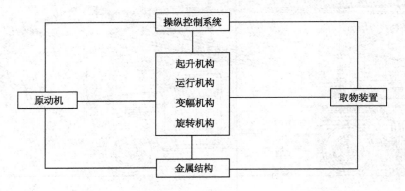

图 3-8 起重机的组成

（1）驱动装置

驱动装置是用来驱动工作机构动力设备的，分为人力和动力两种驱动形式。手动驱动装置依靠人力直接驱动；动力驱动装置包括电动机、内燃机以及液压泵或液压马达。常见的驱动装置有电力驱动、内燃机驱动和人力驱动等。电力驱动是现代起重机的主要驱动形式，可以远距离移动的流动式起重机（如汽车起重机、轮胎起重机和履带起重机）多采用内燃机驱动。人力驱动适用于一些轻小起重设备，也用作某些设备的辅助、备用驱动和意外时（或事故状态）的临时动力。

（2）工作机构

起升机构、运行机构、变幅机构和旋转机构被称为起重机的四大机构。除此之外，还有塔式起重机的塔身爬升机构和汽车、轮胎等起重机专用的支腿伸缩机构等。

起重机的每个机构均由四种装置组成：驱动装置、制动装置、传动装置，以及与机构的作用直接相关的专用装置。例如，起升机构的取物缠绕装置、运行机构的车轮装置、回转机构的旋转支撑装置和变幅机构的变幅装置等。

① 起升机构。起升机构由驱动装置、制动装置、传动装置和取物缠绕装置组成，是用来实现物料的垂直升降的机构，是任何起重机都不可缺少的部分，因而是起重机最主要、最基本的机构。

② 运行机构。运行机构是通过起重机或起重小车运行来实现水平搬运物料的机构，有无轨运行和有轨运行之分，按其驱动方式不同分为自行式和牵引式两种。起重机的运行机构可分为集中驱动和分别驱动两种形式。集中驱动是由一台电动机通过传动轴驱动两边车轮转动实现运行的运行机构形式，只适合小跨度的起重机或起重小车的运行机构。分别驱动是两边车轮分别采用两套独立、无机械联系的驱动装置的运行机构形式。

③ 变幅机构。变幅机构是臂架起重机特有的工作机构。变幅机构通过改变臂架的长度和仰角来改变作业幅度。

④ 旋转机构。旋转机构由驱动装置、制动装置、传动装置和回转支撑装置组成。其作用是使臂架绕着起重机的垂直轴线做回转运动，在环形空间运移物料。

起重机通过某一机构的单独运动或多机构的组合运动来达到搬运物料的目的。

（3）取物装置

取物装置是通过吊、抓、吸、夹、托或其他方式，将物料与起重机联系起来进行物料吊运的装置。根据被吊物料不同的种类、形态、体积大小，可采用不同种类的取物装置。例如，成件的物品常用吊钩、吊环；散料（如粮食、矿石等）常用抓斗、料斗；液体物料使用盛筒、料罐等。也有针对特殊物料的特种吊具，如吊运长形物料的起重横梁，吊运导磁性物料的起重电磁吸盘，专门为冶金等部门使用的旋转吊钩，还有螺旋卸料和斗轮卸料等取物装置，以及集装箱专用吊具等。合适的取物装置可以减轻作业人员的劳动强度，大大提高工作效率。防止吊物坠落，保证作业人员的安全和吊物不受损伤是对取物装置安全的基本要求。

（4）操纵控制系统

通过电气、液压系统操纵起重机各机构及整机的运动进行各种起重作业。控制操纵系统包括各种操纵器、显示器及相关元件和线路，是人机对话的接口。安全人机学的要求在这里得到集中体现。该系统的状态直接关系到起重作业的质量、效率和安全。

起重机与其他一般机器的显著区别是庞大、有可移动的金属结构和多机构组合工作。间歇式的循环作业、起重载荷的不均匀性、各机构运动循环的不一致性、机构负载的不等时性、多人参与的配合作业等特点,又增加了起重机的作业复杂性,安全隐患多,危险范围大,事故易发点多,事故后果严重,因而起重机的安全格外重要。

3.1.4 起重伤害事故

起重伤害事故是指在进行各种起重作业(包括吊运、安装、检修、试验)中发生的重物(包括吊具、吊重或吊臂)坠落、夹挤、物体打击、起重机倾翻、触电等可造成重大人员伤亡或财产损失的事故,不仅给国家和人民财产造成巨大的经济损失,同时也给事故受害者及其家庭带来痛苦和沉重的负担。事故的发生破坏了正常的生产秩序,造成人力、物力和财产的浪费,同时也在社会上造成极大的不良影响。根据不完全统计,在事故多发的特殊工种作业中,起重作业事故的次数多,事故后果严重,重伤、死亡人数比例大。如何防止此类事故的发生,不仅与个人的生命财产有着极为密切的关系,而且对发展生产、促进改革开放及经济发展、稳定社会都具有重大意义。

1) 起重伤害事故的形式

① 重物坠落。吊具或吊装容器损坏、物件捆绑不牢、挂钩不当、电磁吸盘突然失电、起升机构的零件故障(特别是制动器失灵,钢丝绳、吊钩断裂)等都会引发重物坠落。处于高位置的物体具有势能,当坠落时,势能迅速转化为动能,成吨重的吊载物意外坠落,或起重机的金属构件破坏、坠落,都可能造成严重后果。

② 起重机失稳倾翻。起重机失稳有两种类型:一是操作不当(如超载、臂架变幅或旋转过快等)、支腿未找平或地基沉陷等原因使倾翻力矩增大,导致起重机倾翻;二是坡度或风载荷作用使起重机沿路面或轨道滑动,导致脱轨而翻倒。

③ 挤压。起重机轨道两侧缺乏良好的安全通道或与建筑结构之间缺少足够的安全距离,使运行或回转的金属结构机体对人员造成夹挤伤害;运行机构的操作失误或制动器失灵引起溜车,造成碾压伤害等。

④ 高处跌落。高处跌落指人员在离地面大于 2 m 的高度进行起重机的安装、拆卸、检查、维修或操作等作业时,从高处跌落造成的伤害。

⑤ 触电。起重机在输电线附近作业时,其任何组成部分或吊物与高压带电体距离过近,感应带电或触碰带电物体,都可以引发触电伤害。

⑥ 其他伤害。其他伤害是指人体与运动零部件接触引起的绞、碾、戳等伤害;液压起重机的液压元件破坏造成高压液体的喷射伤害;飞出物件的打击伤害;装卸高温液体金属及易燃易爆、有毒、腐蚀等危险品时,由于坠落或包装捆绑不牢、破损等引起的伤害。

2) 起重伤害事故的特点及分类

(1) 起重伤害事故的特点

① 事故大型化、群体化。一起事故有时涉及多人,并可能伴随大面积设备设施的损坏。

② 事故类型集中。一台设备发生多起不同性质的事故是不常见的。

③ 事故后果严重。只要是伤及人,往往是恶性事故,一般不是重伤就是死亡。

④ 伤害涉及的人员可能是司机、司索工和作业范围内的其他人员,其中司索工被伤害的比例最高。

⑤ 在安装、维修和正常起重作业中都可能发生事故。其中,起重作业中发生的事故最多。

⑥ 事故高发行业中,建筑、冶金、机械制造和交通运输等部门较多,与这些部门起重设备数量多、使用频率高、作业条件复杂有关。

⑦ 起重伤害事故类别与机种有关。重物坠落是各种起重机共同的易发事故,此外还有桥

架式起重机的夹挤事故、汽车起重机的倾翻事故、塔式起重机的倒塔折臂事故、室外轨道起重机在风载作用下的脱轨翻倒事故以及大型起重机的安装倒塌事故等。

（2）起重伤害事故统计分类

全国每年起重事故死亡人数占事故总死亡人数的比例很大。在工业城市起重事故死亡人数占全产业死亡人数的 7%～15%。起重事故与产业部门、机械类型也有一定关系。据统计，起重事故多发生在机械制造、冶金、交通运输、建筑等部门，这主要是由于这些部门拥有的起重设备数量最多，起重设备工作时间长，环境复杂。

从全国的生产情况分析，桥式起重机和流动式起重机使用数量最多，分布行业最广，工作量也最大，因此事故比例也比较高。其中，桥式起重机台数占全部起重机总台数的 52%，事故发生率为 22%；汽车式起重机台数占起重机总台数的 21%，事故发生率为 35%；履带式起重机台数占起重机总台数的 6%，事故发生率为 14%。表 3-4 所列为我国原劳动人事部对全国各行业厂矿企业的 200 例起重事故的统计结果。其中，桥式起重机事故占 67%；汽车式起重机和塔式起重机事故各占 10.5%。根据行业分析，机械行业最多，占 41%；冶金行业占 33%；建筑行业占 18%。

表 3-4   200 例起重事故分类表

类型 ＼ 行业	机械	冶金	建筑	交通	铁路	矿山	石油化工	电力	合计	百分比/%
桥式	74	58		2					134	67
门式		4			3				7	3.5
门座式		1		2					3	1.5
塔式			21						21	10.5
汽车式	7	1	7	2		1	2	1	21	10.5
轮胎式			4	1					5	2.5
履带式		1	4		1				6	3.0
铁路专用	1	1			1				3	1.5
合计	82	66	36	7	5	1	2	1	200	
百分比/%	41	33	18	3.5	2.5	0.5	1	0.5		100

3）事故原因分析

（1）起重机的不安全状态

首先是设计不规范带来的风险；其次是制造缺陷，诸如选材不当、加工质量问题、安装缺陷等，使带有隐患的设备投入使用。大量的问题存在于使用环节，包括不及时更换报废零件、缺乏必要的安全防护、保养不良带病运转，以致造成运动失控、零件或结构破坏等。总之，设计、制造、安装、使用、维护等任何环节的安全隐患都可能带来严重后果。起重机的安全状态是保证起重安全的重要前提和物质基础。

（2）人的不安全行为

人的行为受到生理、心理和综合素质等多种因素的影响，其表现是多种多样的。如操作技能不熟练，缺少必要的安全教育和培训；非司机操作，无证上岗；违章违纪蛮干，不良操作习惯；判断操作失误，指挥信号不明确，起重司机和起重工配合不协调等。总之，安全意识差和安全技能低下是引发事故的人为原因。

（3）环境因素

超过安全极限或卫生标准的不良环境也是事故发生的重要原因。如室外起重机受到气候条件的影响，直接影响人的操作意识水平，使失误机会增多，身体健康受到损伤。另外，不良环境还会造成起重机系统功能降低甚至加速零件、部件、构件的失效，造成安全隐患。

（4）安全卫生管理缺陷

安全卫生管理包括领导的安全意识水平、对起重设备的管理和检查、对人员的安全教育和培训、安全操作规章制度的建立等。安全卫生管理上的任何疏忽和不到位，都会给起重安全埋下隐患。

起重机的不安全状态和操作人员的不安全行为是事故的直接原因，环境因素和管理是事故发生的间接条件。事故的发生往往是多种因素综合作用的结果，只有加强对相关人员、起重机、环境及安全制度整个系统的综合管理，才能从本质上解决起重机的安全问题。

4）起重机的发展趋势

随着我国经济建设的发展、科学技术的进步和生产规模的扩大及自动化程度的提高，作为物料搬运重要设备的起重机在现代化生产过程中应用越来越广，作用愈来愈大，对起重机的要求也越来越高。起重机正经历着一场巨大的变革。我国起重机市场取得了飞速发展，特别是在产量方面，目前起重机的总量已经稳居世界首位。2010年上半年，我国起重机产量就达到了60多万台。起重机已经向着大型化、高速化、专用化、模块化、组合化、轻型化、多样化、自动化、智能化、数字化的方向发展。

（1）起重机大型化、高速化和专用化

目前，世界各国的起重机都向大型化发展。工业生产规模不断扩大，生产效率日益提高，以及产品生产过程中物料装卸搬运费用所占比例逐渐增加，促使大型或高速起重机的需求量不断增长，起重量越来越大，工作速度越来越高，并对能耗和可靠性提出了更高的要求。起重机已成为自动化生产流程中的重要环节。起重机不但要容易操作、容易维护，而且安全性能要好，可靠性要高，目前世界上最大的履带起重机起重量达 3 000 t，最大的桥式起重机起重量超过 20 000 t，集装箱岸边装卸桥小车的最大运行速度已达 350 m/min，堆垛起重机级最大运行速度达 240 m/min。

用于起吊的徐工 XGC28000 型号履带起重机是国产第一台特大型起重机，已通过国家鉴定，可以吊起 2 000 吨级重量。

再如由烟台中集来福士海洋工程有限公司自行设计建造的巨型起重机"泰山"，专为建造大型钻井平台而设计制造，是目前世界上最大起重量的桥式起重机，设备总体高度为 118 m，主梁跨度为 125 m，采用高低双梁结构，设计提升重量达 20 160 t。"泰山"大吊的成功运营改变了海洋石油钻井平台的传统建造方式，实现了半潜平台上、下装并行建造并通过 2 万 t 大吊一步合拢的建造模式。该模式使传统的海工项目建造周期缩短近 6 个月，也是当今世界上最经济、最安全、最快捷的大合拢方式。中集来福士海洋工程有限公司对世界海洋钻井平台传统建造方式突破性的创新，在世界海洋工业具有划时代的里程碑意义。其额定起重量达 2 万 t、总造价 3.5 亿元的世界上最大的桥式起重机，已成功通过了各项技术性能参数的科学试验。

（2）起重机模块化、组合化

用模块化设计代替传统的整机设计方法，将起重机上功能基本相同的构件、部件和零件制成有多种用途、有相同连接要素和可互换的标准模块，通过不同模块的相互组合，形成不同类型和规格的起重机。对起重机进行改进，只需针对某几个模块改进即可。设计新型起重机，只需选用不同模块重新进行组合。可使单件小批量生产的起重机改换成大批量的模块生产,实现高效率的专业化生产,企业的生产组织也可由产品管理变为模块管理,改善整机性能,降低制造成本,提高通用化程度,用较少规格数量的零部件组成多品种、多规格的系列产品,从而充分满足用户需求。目前,德国、英国、法国的著名起重机公司都已采用起重机模块化设计,并取得了显著的效益。

(3) 轻型化和多样化

有相当批量的起重机是在通用的场合使用,工作并不很繁重。这类起重机批量大、用途广,考虑综合效益,要求起重机尽量降低外形高度,简化结构,减小自重和轮压,也可使整个建筑物高度下降,建筑结构轻型化,降低造价。因此电动葫芦桥式起重机和梁式起重机会有更快的发展,并将大部分取代中小吨位的一般用途桥式起重机。德国德马格公司经过几十年的开发和创新,已形成了一个轻型组合式的标准起重机系列。起重量为 1～63 t,工作级别为 A1～A7,整个系列由工字形和箱形单梁、悬挂箱形单梁、角形小车箱形单梁和箱形双梁等多个品种组成。主梁与端梁连接以及起重小车的布置有多种形式,可适合不同建筑物及不同起吊高度的要求。根据用户需要每种规格的起重机都有 3 种单速及 3 种双速供任意选择,还可以选用变频调速。操纵方式有地面手电门自行移动、手电门随小车移动、手电门固定、无线遥控、司机室固定、司机室随小车移动、司机室自行移动等七种选择。大车及小车的供电有电缆小车导电、DVS 系统两种方式。如此多的选择,通过不同的组合,可搭配成百上千种起重机,充分满足用户不同的需求。这种起重机的另一最大优点是轻型化,自重轻、轮压轻、外形尺寸高度小,可大大降低厂房建筑物的建造成本,同时也可减小起重机的运行功率和运行成本。与通用产品相比,起重量为 10 t,跨度 22.5 m,通用双梁桥式起重机自重是 24 t,起重机轨面以上高度为 1.9 m,起重机宽度 5.980 m;德马格起重机的自重只有 8.7 t,重量轻了 63.75%,起重机轨面以上高度为 0.92 m,降低了 51.58%,起重机宽度为 2.98 m,外形尺寸减少了 50.17%。

(4) 自动化、智能化和数字化

起重机的更新和发展,在很大程度上取决于电气传动与控制的改进。将机械技术和电子技术相结合,将先进的计算机技术、微电子技术、电力电子技术、光缆技术、液压技术、模糊控制技术应用到机械的驱动和控制系统,实现起重机的自动化和智能化。大型高效起重机新一代电气控制装置已发展为全电子数字化控制系统,主要由全数字化控制驱动装置、可编程序控制器、故障诊断及数据管理系统、数字化操纵给定检测等设备组成。变压变频调速、射频数据通信、故障自诊监控、吊具防摇的模糊控制、激光查找起吊物重心、近场感应防碰撞技术、现场总线、载波通信及控制、无接触供电及三维条形码技术等将得到广泛应用,使起重机具有更高的柔性,以适合多批次少批量的柔性生产模式,提高单机综合自动化水平。重点开发以微处理机为核心的高性能电气传动装置,使起重机具有优良的调速和静动特性,可进行操作的自动控制、自动显示与记录,起重机运行的自动保护与自动检测,特殊场合的远距离遥控等,以适应自动化生产的需要。

例如,德国采用激光装置查找起吊物的重心位置,在取物装置上装有超声波传感器引导取物装置自动抓取货物。吊具自动防摇系统能在运行速度 200 m/min,加速度 0.5 m/s² 情况下很快使起吊物摇摆振幅减至几毫米。起重机可通过磁场变换器或激光达到高精度定位。起重机上安装近场感应系统,可避免起重机之间的互相碰撞。起重机上还安装了微机自诊断监控系统,该系统能提供大部分常规维护检查内容,如齿轮箱油温、油位,车轮轴承温度,起重机的载荷、应力和振动情况,制动器摩擦衬片的寿命及温度状况等。

3.2 起重机械安全防护装置

起重机的安全防护是指对起重机在作业时产生的各种危险进行预防的安全技术措施。不同种类的起重机应根据不同需要安装必要的安全防护装置。安全防护装置是否配备齐全,装置的性能是否可靠是起重机安全检查的重要内容。

3.2.1 起重机安全防护装置的类型

起重机安全防护装置按安全功能大致可分为安全装置、防护装置、指示报警装置及其他安全防护措施几类。

1) 安全装置

这是指通过自身的结构功能,可以限制或防止起重作业的某种危险发生的装置。安全装置可以是单一功能装置,也可以是与防护装置联用的组合装置。安全装置还可以进一步分为以下几种:

① 限制载荷的装置。例如,超载限制器、力矩限制器、缓冲器、极限力矩限制器等。

② 限定行程位置的装置。例如,上升极限位置限制器、下降极限位置限制器、运行极限位置限制器、防止吊臂后倾装置、轨道端部止挡等。

③ 定位装置。例如,支腿回缩锁定装置、回转定位装置、夹轨钳和锚定装置或铁鞋等。

④ 其他安全装置。例如,联锁保护装置、安全钩、扫轨板等。

2) 防护装置

防护装置是指通过设置实体障碍,将人与危险隔离。例如,走台栏杆、暴露的活动零部件的防护罩、导电滑线防护板、电气设备的防雨罩,以及起重作业范围内临时设置的安全栅栏等。

3) 指示报警装置

指示报警装置是用来显示起重机工作状态的装置,是人们用以观察和监控系统过程的手段。有些装置与控制调整联锁,有些装置兼有报警功能。属于此类装置的有:偏斜调整和显示装置、幅度指示计、水平仪、风速风级报警器、登机信号按钮、倒退报警装置、危险电压报警器等。

4) 其他安全防护措施

其他安全防护措施包括照明、信号、通信、安全色标等。

3.2.2 安全防护装置的工作原理和安全功能

为保证起重机械设备及人员的安全,各种类型的起重机械均设有多种安全防护装置,常见的起重机械安全防护装置有各种类型的限位器、缓冲器、防碰撞装置、防偏斜和偏斜指示装置、夹轨器和锚定装置、超载限制器和力矩限制器等。

1) 超载限制器

超载作业对起重机危害很大,既会造成起重机主梁的下挠,主梁的上盖板及腹板有可能出现失稳、裂纹或焊缝开裂,还会造成起重机臂架或塔身折断等重大事故。由于超载而破坏了起重机的整体稳定性,有可能发生整机倾覆等恶性事故。超载作业所产生的过大应力,可以使钢丝绳拉断、传动部件损坏、电动机烧毁,或由于制动力矩不够而导致制动失效等。超载限制器又称为起重量限制器,是一种超载保护安全装置。其功能是当载荷超过额定值时,使起升动作不能实现,从而避免超载。

(1) 超载保护装置

按其功能可分为自动停止型、报警型和综合型等几种。

① 自动停止型超载限制器在起升重量超过额定起重量时,能限制起重机向不安全方向继续动作,同时允许起重机向安全方向动作。安全方向是指吊载下降、收缩臂架、减小幅度及这些动作的组合。自动停止型一般为机械式超载限制器,它多用于塔式起重机。其工作原理是通过杠杆、偏心轮、弹簧等反映载荷的变化,根据这些变化与限位开关配合达到保护作用。

② 警报型超载限制器能显示起重量,并当起重量达到额定起重量的95%~100%时,发出报警的声光信号。

③ 综合型超载限制器能在起重量达到额定起重量的95%~100%时发出报警的声光信号;当起升重量超过额定起重量时,能限制起重机向不安全方向继续动作。

(2)超载限制器

按结构形式不同可分为机械型、电子型等。

① 机械型的超载限制器有杠杆式(图3-9)和弹簧式等。

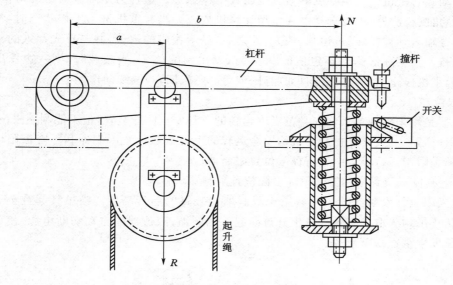

图 3-9　直杠杆超载限制器结构原理图
a,b——力臂;R——合力;N——弹簧力

在正常起重作业时,钢丝绳的合力 R 对转轴 O 的力矩为 M_1,而弹簧力 N 对转轴的力矩为 M_2。

当 $M_1=M_2$ 时,杠杆保持平衡。亦即:$M_1=Ra$ 与 $M_2=Nb$ 相平衡。

超载时,力矩 M_1 增大,$M_1>M_2$,使杠杆顺时针转动,撞杆撞开限位开关,切断起升机构的动力源,从而起到超载保护的作用。

② 电子超载限制器的逻辑框图如图3-10所示,它可以根据事先调节好的起重量来报警,一般将它调节为额定起重量的90%;自动切断电源的起重量调节为额定起重量的110%。

2)力矩限制器

力矩限制器是臂架式起重机的超载保护安全装置。臂架式起重机是用起重力矩特性来反映载荷状态的,而力矩值是由起重量、幅度(臂长与臂架倾角余弦的乘积)和作业工况等多个参数决定的,控制起来比较复杂。电子式力矩限制器可以综合多种情况,较好地解决这个问题。

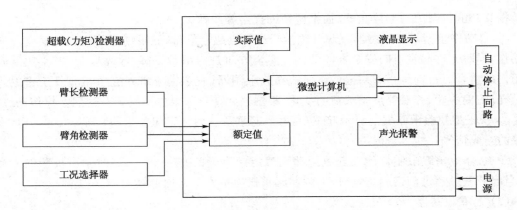

图 3-10　电子超载限制器逻辑框图

下面以流动式起重机的力矩限制器为例说明其工作原理。这种力矩限制器由载荷检测器、臂长检测器、角度检测器、工况选择器和微型计算机构成。当起重机进入工作状态时,将各参数的检测信号输入计算机,经过运算、放大、处理后,显示相应的数值,并与事先存入的额定起重力矩值比较。当实际值达到额定值的90％时,发出预警信号;当超载时,则一边发出警报信号,同时起重机停止向危险的方向(如起升、伸臂、降臂、回转)继续动作。

3)限位器

限位器是用来限制各机构在某范围内运转的一种安全防护装置,但不能利用限位器停车。它包括两种类型:一类是保护起升机构安全运转的上升极限位置限制器和下降极限位置限制器;另一类是限制运行机构的运行极限位置限制器。

(1)上升极限位置限制器和下降极限位置限制器

上升极限位置限制器(图 3-11)用于限制取物装置的起升高度。当吊具起升至上极限位置时,为防止吊钩等取物装置继续上升拉断起升钢丝绳,限位器能自动切断电源,使起升机构停止,避免发生重物跌落事故。

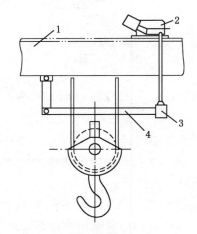

图 3-11　重锤式上升极限位置限制器
1——小车架;2——开关;3——重锤;4——碰杆

下降极限位置限制器在取物装置下降至最低位置时,能自动切断电源,使起升机构下降,运转停止,此时应保证钢丝绳在卷筒上余留的安全绕圈数不少于 3 圈。

（2）运行极限位置限制器

运行极限位置限制器由限位开关和安全尺式撞块组成。其工作原理是：当一起重机运行到极限位置后,安全尺触动限位开关的传动柄或触头,带动限位开关内的闭合触头分开而切断电源,起重机将在允许的制动距离内停车,即可避免撞止挡体对运行的起重机产生过度的冲击碰撞。凡是有轨运行的各种类型的起重机,均应设置运行极限位置限制器。

4）缓冲器

设置缓冲器的目的是吸收起重机的运行动能,以减缓冲击。当运行极限位置限制器或制动装置发生故障时,由于惯性的作用,起重机将运行到终点与止挡体相撞。缓冲器设置在起重机或起重小车与止挡体碰撞的位置,在同一轨道上运行的起重机之间,以及在同一起重机桥架上双小车之间也应设置缓冲器。

（1）缓冲器的类型

缓冲器类型较多,常用的缓冲器有弹簧缓冲器、橡胶缓冲器和液压缓冲器等。

（2）缓冲器的选择计算

缓冲器在碰撞前,一般应切断运行极限位置限制器的限位开关,使机构在断电且制动状况下发生碰撞,以减小对起重机的冲撞和振动。因此,行程开关设置的距离显得非常重要,需要设计计算后确定。缓冲器的选择计算如下。

① 缓冲器的冲击动能：

$$E = m v_p^2 / 2 - \sum P_r \cdot s \tag{3-1}$$

式中　　m——冲击物质量,kg；

　　　　s——缓冲距离,m；

　　　　$\sum P_r$——包括制动器作用的总运行阻力,N；

　　　　v_p——运行速度,m/s。

② 缓冲距离：

$$s = v_p^2 / a_{max} \tag{3-2}$$

式中　　a_{max}——允许的最大减速度,m/s²,通常取 4 m/s²。

已知 E、s、a_{max} 后,可以从缓冲器样本中选择合适的缓冲器型号。

5）防风防滑装置

露天工作的轨道式起重机（如门式起重机）,必须安装可靠的防风夹轨器或锚定装置,以防止起重机被大风吹走或吹倒而造成严重事故。

《起重机械安全规程》规定,露天工作的起重机应设置夹轨器、锚定装置或铁鞋。对于在轨道上露天工作的起重机,其夹轨器、锚定装置或铁鞋应能保证非工作状态下在最大风力时起重机不至于被吹倒。

（1）手动式夹轨器

手动式夹轨器包括垂直螺杆式夹轨器和水平螺杆式夹轨器（图 3-12）。手动式夹轨器结构简单、紧凑,操作维修方便,但由于受到螺杆夹紧力的限制,安全性能差,且遇到大风袭击时,往往不能及时上钳夹紧,仅适用于中小型起重机。

（2）电动式夹轨器

电动式夹轨器有重锤式、弹簧式和自锁式等类型。

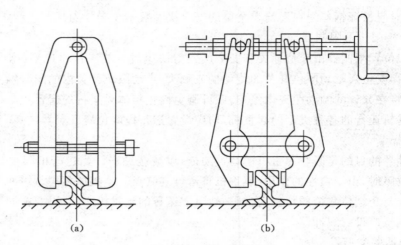

图 3-12　手动防风夹轨器

楔形重锤式电动夹轨器的优点是操作方便,工作可靠,易于实现自动上钳;其缺点是自重大,重锤与滚轮间易磨损。

重锤式自动防风夹轨器能够在起重状态下使钳口始终保持一定的张开度,并能在暴风突然袭击的情况下起到安全防护作用。它具有一定的延时功能,在起重机制动完成后才起作用,这样可以避免由于突然制动而造成的过大的惯性力。它与楔形重锤式夹轨器相比具有自重小、对中性好的优点,可以自动防风,安全可靠,应用广泛。

（3）电动手动两用夹轨器

电动手动两用夹轨器主要通过电动工作,同时也可以通过转动手轮使夹轨器上的夹钳夹紧。当采用电动机驱动时,电动机带动减速锥齿轮,通过螺杆和螺母压缩弹簧产生夹紧力使夹钳夹紧,电气联锁装置工作,终点开关断电,自动停止电动机运转。该夹轨器可以在运行机构使螺母退到一定行程后触动终点开关,运行机构方可通电运行。在螺杆上装有一手轮,当发生电气故障时,可以手动上钳或松钳。

（4）锚定装置

通常在轨道上每隔一段距离设置一个锚定装置,它的作用是将起重机与轨道基础固定。当大风袭击时,将起重机开到设有锚定装置的位置,用锚柱将起重机与锚定装置固定,起到抗风防滑、保护起重机的作用。

6）联锁装置

联锁装置（联锁开关）是防止起重机的运动部分在特定条件下运转的装置,设置在如下位置:从建筑物登上起重机司机室的门与大车运行机构之间;由司机室登上桥架主梁的舱口门或通道栏杆门与小车运行机构之间;当司机室设在运动部分时,联锁装置设置在进入司机室的通道口的门与小车运行机构之间。其作用是:在门开启状态,不能启动对应的机构运动;当机构运动时,如果对应的门开关被打开,就给出停机指令;只有当门开关闭合时,被联锁的机构才能运动。这样,当有人正处于起重机的某些部位或正跨入、跨出起重机的瞬间,在司机不知晓的情况下操作起重机时,可防止机构在运动过程中伤人。

7）零位保护

起重机必须设零位保护,在开始运转和失压恢复供电时,只有先将各机构控制器置于零位后,所有机构的电动机才能启动;只要有一个机构的控制器不在零位,所有机构都不能启动。

联锁装置、行程限位、零位保护、紧急开关等常常联合在起重机的控制电路中发挥作用,只要有一个装置处于非正常状态,起重机就不能启动。

桥式起重机的联锁保护电路由主电路和控制电路两部分组成。主电路包括刀开关、接触器主触头、过电流继电器线圈、电动机等。控制电路包括启动按钮、零位保护、紧急开关、安全联锁、过电流保护、接触器线圈、机构(如起升机构、小车和大车机构)运动的控制和安全限位等。其中,紧急开关、安全联锁和过电流保护构成一个串联回路。只有当控制电路中的接触器线圈通电,其电磁衔铁吸合,主电路接触器主触头闭合,各机构的电动机才能转动。只要接触器线圈失电,电动机就无法启动。

8)防碰撞装置

同层多台或多层设置的桥式起重机容易发生碰撞。在作业情况复杂、运行速度较快时,单凭司机判断避免事故是很困难的。为了防止起重机在轨道上运行时碰撞邻近的起重机,运行速度超过 120 m/min 时,应在起重机上设置防碰撞装置。其工作原理是:当起重机运行到危险范围时,防碰撞装置便发出警报,进而切断电源,使起重机停止运行,避免起重机之间的相互碰撞。

防碰撞装置有多种类型,均利用光或电波传播反射的测距原理,在两台起重机相对运动到设定距离时,自动发出警报,并可以同时发出停车指令。目前的防碰撞装置主要有激光式、超声波式(图 3-13)、红外线式和电磁波式等类型。

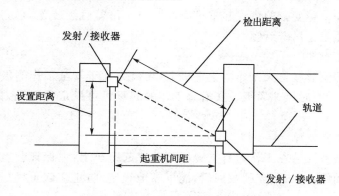

图 3-13　超声波防碰撞装置设计图

9)防偏斜装置

在运行过程中,当大跨度的门式起重机和装卸桥的两边支腿出现相对超前或滞后的现象时,起重机的主梁与前进方向就会发生偏斜,这种偏斜轻则造成大车车轮啃轨道,重则导致桥架被扭坏,甚至发生倒塌事故。为了防止大跨度的门式起重机和装卸桥在运行过程中产生过大的偏斜,应设置偏斜限制器、偏斜指示器或偏斜调整装置等,以保证起重机支腿在运行中不出现超偏现象,即通过机械和电器联锁装置,将超前或滞后的支腿调整到正常位置,以防桥架被扭坏。当桥架偏斜达到一定程度时,应能向司机发出信号或自动进行调整,当超过许用偏斜量时,应能使起重机自动切断电源,使运行机构停止运行,以保证桥架安全。

常见的防偏斜装置有以下几种:钢丝绳式防偏斜装置、凸轮式防偏斜装置、链式防偏斜装置和电动式防偏斜指示及自动调整装置等。

10)防止起重机臂触电安全装置

该装置是采用电磁感应原理制成的,由发射机和接收机两部分组成,发射机安装在起重机臂端,而接收机安装在司机室内。发射机的电源是自动控制的,当起重机臂抬起 10°时,电源自动接通,发射机处于工作状态。接收机的电源采用车体电源,只要司机接通动力,接收机即处于工作状态,同时与限位电磁阀连接。当起重机臂距电力线 1.5 m(220～380 V)时,则能发出警报,并且能切断继续向危险方向运动的动力源。

11) 其他安全防护装置

(1) 幅度指示器

流动式、塔式和门座式起重机应设置幅度指示器。幅度指示器是用来指示起重机吊臂的倾角(幅度)以及在该倾角(幅度)下的额定起重量的装置。它有两种形式:一种是电子幅度指示器,可以随时正确显示幅度;另一种是采用一个重力摆针和刻度盘,盘上刻有相应倾角(幅度)和允许起吊的最大起重量,当起重臂改变角度时,重力指针与吊臂的夹角发生变化,摆针指向相应的起重量,操作人员可按照指针指示的起重量安全操作。

(2) 水平仪

起重量大于或等于 16 t 的流动式起重机应设置水平仪。常用的水平仪多为气泡式水平仪。水平仪主要由本体、带刻度的横向气泡玻璃管和纵向气泡玻璃管组成。当起重机处于水平位置时,气泡均处于玻璃管的中间位置,否则应调整垂直支腿伸缩量。水平仪可以用来检查支腿支撑的起重机的倾斜度。

(3) 防止吊臂后倾装置

流动式起重机和动臂变幅的塔式起重机应设置防止吊臂后倾装置,它应保证当变幅机构的行程开关失灵时能阻止吊臂后倾。

(4) 风级风速报警器

风级风速报警器安装在露天工作的起重机上,当风力大于安全工作的极限风级时能发出报警信号,并应能显示瞬时风速风级。在沿海工作的起重机可设定为当风力大于 7 级时发出报警信号。

(5) 支腿回缩锁定装置

支腿回缩锁定装置安装在工作时打支腿的流动式起重机上,以保证起重作业支腿伸出承重时不发生"软腿"回缩现象;当支腿收回后,能可靠地锁定,防止在起重机运行状态下支腿自行伸出。

(6) 回转定位装置

流动式起重机在整机行驶时,回转定位装置能保证上车保持在固定的位置。

(7) 防倾翻安全钩

防倾翻安全钩安装在主梁一侧落钩的单主梁起重机上,以防止小车倾翻。

(8) 检修吊笼

检修吊笼用于高空中导电滑线的检修。其可靠性不应低于司机室。

(9) 扫轨板和支承架

扫轨板和支承架用来扫除起重机行进方向轨道上的障碍物。

(10) 轨道端部止挡

轨道端部止挡设置在轨道的端部,与运动结构上的缓冲器配合作用,具有防止起重机脱轨的安全性能。

(11) 导电滑线防护板

导电滑线防护板是用于防止人员意外接触带电滑线而引发触电事故而设的防护挡板。使用滑线的起重机,对易发生触电的部位都应装设该装置。例如,桥式起重机司机室位于大车滑线端时,通向起重机的梯子和走台与滑线间应设置防护板;桥式起重机大车沿线端的端梁下,应设置防护板,以防止吊具的钢丝绳与滑线意外接触;桥式起重机作多层布置时,下层起重机的滑线应沿全长设置防护板。

（12）倒退报警装置

流动式起重机向倒退方向运行时,倒退报警装置可发出清晰的报警音响信号和明灭相间的灯光信号,提示机后人员迅速避开。

（13）防护罩

起重机上外露的活动零部件,如开式齿轮、联轴器、传动轴、链轮、链条、传动带、皮带轮等,均应装设防护罩。露天工作的起重机,其电气设备应装设防雨罩。

3.3　起重机械易损零部件安全知识及重要部件报废标准

3.3.1　吊钩

吊钩是起重机最常使用的取物装置,与动滑轮组合成吊钩组,通过起升机构的卷绕系统将被吊物料与起重机联系起来。

吊钩在起重作业中受到冲击重载荷反复作用,一旦发生断裂,可导致重物坠落,造成重大人身伤亡事故。因此,要求吊钩有足够的承载力,同时要求要有一定韧性,避免发生突然断裂的危险,以保证作业人员的安全和被吊运物料不受损害。

1）概述

吊钩组是起重机上应用最普遍的取物装置,它由吊钩、吊钩螺母、推力轴承、吊钩横梁、滑轮、滑轮轴以及拉板等零件组成。

（1）吊钩的分类

目前,常用的吊钩按形状分为单钩和双钩,按制造方法分为模锻钩和叠片钩。

① 模锻吊钩为整体锻造,成本低,制造、使用都很方便,缺点是一旦破坏即要整体报废。模锻单钩在中小起重机（起重量 80 t 以下）上广泛采用。双钩制造较单钩复杂,但受力对称,钩体材料较能充分利用,主要在大型起重机（起重量 80 t 以上）上采用。

② 叠片式吊钩（板钩）由切割成形的多片钢板叠片铆接而成,并在吊钩口上安装护垫板,这样可减小钢丝绳磨损,使载荷能均匀地传到每片钢板上。叠片式吊钩制造方便,由于钩板破坏仅限于个别钢板,一般不会同时整体断裂,故工作可靠性较整体锻造吊钩高。其缺点是只能做成矩形截面,钩体材料不能充分利用,自重较大,主要用于大起重量或冶金起重机（如铸造起重机）上。

一般不允许使用铸造钩,因为在工艺上难以避免铸造缺陷;由于无法防止焊接产生的应力集中和可能产生的裂纹,不允许用焊接制造吊钩,也不允许用补焊的办法修复吊钩。

（2）吊钩材料

起重机吊钩除承受物品重量外,还要承受起升机构启动与制动时引起的冲击载荷作用,应具有较高的机械强度与冲击韧性。由于高强度材料通常对裂纹和缺陷敏感,吊钩一般采用优质低碳镇静钢或低碳合金钢,如 20 号优质低碳合金钢、16Mn、20MnSi、36MnSi 制造。

（3）吊钩的结构

吊钩的结构以锻造单钩为例说明。吊钩可以分为钩身和钩柄两部分。钩身是承受载荷的主要区段,制成弯曲形状,并留有钩口以便挂吊索。它最常见的截面形状是梯形,最合理的受力截面是 T 形(锻造工艺复杂)。钩柄常制有螺纹,便于用吊钩螺母将钩子支承在吊钩横梁上。

2) 吊钩的强度计算

计算载荷考虑起升载荷动载系数 Ψ_2。

吊钩危险断面如图 3-14 所示。下面按平面弹性曲杆理论对吊钩的受载状况进行受力分析。

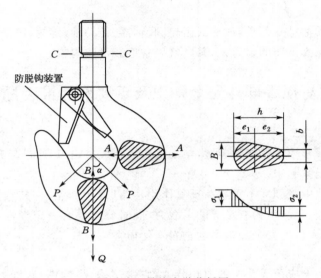

图 3-14　吊钩力学分析图

(1) 钩身水平断面 $A—A$

$A—A$ 断面受力最大。起升载荷 P_Q 对 $A—A$ 断面的作用为偏心拉力,在断面上形成弯曲和拉伸组合应力作用。断面内侧应力为最大拉应力 σ_1,断面外侧应力为最大压应力 σ_2,计算公式如下:

$$\sigma_1 = \Psi_2 Q 2e_1 / F_A K D \leqslant [\sigma] \tag{3-3}$$

$$\sigma_2 = \Psi_2 Q 2e_2 / F_A K (D+2h) \leqslant [\sigma] \tag{3-4}$$

式中　$[\sigma]$——吊钩许用应力;

　　　Ψ_2——起升载荷动载系数;

　　　Q——额定起重量的重力;

　　　e_1,e_2——断面形心至钩内、外侧的距离;

　　　F_A——$A—A$ 断面面积;

　　　K——曲梁断面的形状系数;

　　　D——钩口直径。

(2) 钩身垂直断面 $B—B$

$B—B$ 断面虽然受力不如 $A—A$ 断面大,却是吊索强烈磨损的部位。随着断面面积减小,承载能力下降,应按实际磨损的断面尺寸计算。危险受力情况是当系物吊索分支的夹角较大时,吊索每分支受力(符号含义见图 3-14)为:

$$P = Q / (2\cos\alpha) \tag{3-5}$$

分解此力,偏心拉力为 $P\sin\alpha=(Q/2)\tan\alpha_{max}$;切力为 $P\cos\alpha=Q/2$。偏心拉力产生与 A—A 断面相似的受力情况时按 $\alpha_{max}=45°$ 考虑,B—B 断面的内侧拉应力 σ_3 为:

$$\sigma_3=\varPsi_2 Q e_1/F_B KD \tag{3-6}$$

切应力为:

$$r=\varPsi_2 Q/F_B \tag{3-7}$$

式中　F_B——B—B 断面面积。

（3）钩柄尾部的螺纹部位 C—C 断面

螺纹根部应力集中,容易受到腐蚀,会在缺陷处断裂。螺纹的强度计算只验算拉应力:

$$\sigma_4=\varPsi_2 Q/F_C \tag{3-8}$$

式中　F_C——螺纹根部断面面积。

3）吊钩危险断面的力学分析方法

各种破裂面的形迹所处的空间位置,一般用结构面来表示。根据应变椭球体力学分析方法,形成三种不同力学性质的结构面分析图,如图 3-15 所示。工件在受力作用下,主要产生 3 种不同性质的结构面,即 rr 压性结构面、PP 张性结构面和 SS、$S'S'$ 扭性结构面。这 3 种结构面既可以由挤压、引张作用形成,也可以由力偶作用形成,当扭性结构面不以 45°角与压性或张性结构面相交时,可派生出压扭或张扭性结构面。各种结构面的形态特征和运动痕迹如下:

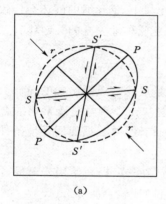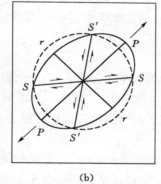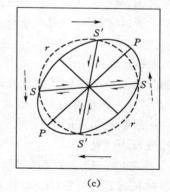

(a)　　　　　　　　　(b)　　　　　　　　　(c)

图 3-15　挤压(a)、引张(b)、力偶(c)作用下的应变椭球体

① 压性结构面。破裂面呈舒缓波状,垂直上分布斜冲擦痕。

② 张性结构面。破裂面曲折参差,粗糙不平,一般无擦痕。

③ 扭性结构面。破裂面平整光滑,常分布大量擦痕、擦沟。

④ 压扭性结构面。破裂面呈倾斜的舒缓波状,常分布反向倾斜的扭曲和斜冲擦痕。

⑤ 张扭性结构面。破裂面呈不明显的锯齿状但不平滑。

4）吊钩安全检查

经常和定期安全检查是保证吊钩安全的重要环节。安全检查包括安装使用前检查和在用吊钩的检查。危险断面是安全检查的重点。

（1）安装使用前检查

吊钩应有制造厂的检验合格证明(吊钩额定起重量和检验标记应打印在钩身低应力区),否则应该对吊钩进行材料化学成分检验和必要的机械性能试验(如拉力试验、冲击试验)。另外,还应测量吊钩的原始开口度尺寸。

（2）表面检查

通过目测、触摸检查吊钩的表面状况。在用吊钩的表面应该光洁、无毛刺、无锐角，不得有裂纹、折叠、过烧等缺陷。吊钩缺陷不得补焊。

（3）内部缺陷检查

主要通过探伤装置检查吊钩的内部状况。吊钩不得有内部裂纹、白点和影响使用安全的任何夹杂物等缺陷。必要时，应进行内部探伤检查。

（4）安全装置

必须安装防止吊物意外脱钩的安全装置。

5）吊钩的报废

吊钩出现下列情况之一时应予报废：裂纹；危险断面磨损达原尺寸的10％；开口度比原尺寸增加15％；钩身扭转变形超过10′；吊钩危险断面或吊钩颈部产生塑性变形；吊钩螺纹被腐蚀；片钩衬套磨损达原尺寸的50％时，应更换衬套；片钩芯轴磨损达原尺寸的5％时，应更换芯轴。

3.3.2 钢丝绳

钢丝绳强度高、自重轻、柔韧性好、耐冲击、安全可靠，在正常情况下使用的钢丝绳不会发生突然破断，但可能会因为承受的载荷超过其极限破断力而破坏。钢丝绳的破坏是有前兆的，总是从断丝开始，极少发生整条绳突然断裂。钢丝绳广泛应用在起重机上，钢丝绳的破坏会导致严重的后果。所以，钢丝绳既是起重机械的重要零件之一，也是保证起重作业安全的关键环节。

1）概述

（1）钢丝绳的构造

钢丝绳是由多层钢丝捻成股，再以绳芯为中心，由一定数量股捻绕成螺旋状的绳。

① 钢丝。钢丝绳起到承受载荷的作用，其性能主要由钢丝决定。钢丝是碳素钢或合金钢通过冷拉或冷轧而成的圆形（或异形）丝材，具有很高的强度和韧性，并根据使用环境条件不同对钢丝进行表面处理。

② 绳芯。它是用来增加钢丝绳弹性和韧性、润滑钢丝、减轻摩擦、提高使用寿命的。常用的绳芯材料有有机纤维（如麻、棉）、合成纤维、石棉芯（高温条件）或软金属等。

（2）钢丝绳的类型

按钢丝的接触状态及捻向不同可分为以下几种：

① 点接触钢丝绳。采用等直径钢丝捻制。由于各层钢丝的捻距不等，各层钢丝与钢丝之间形成点接触。受载时钢丝的接触应力很高，容易磨损、折断，寿命较低；其优点是制造工艺简单，价格低廉。点接触钢丝绳常作为起重作业的捆绑吊索，起重机的工作机构也可采用。

② 线接触钢丝绳。采用直径不等的钢丝捻制。将内外层钢丝适当配置，使不同层钢丝与钢丝之间形成线接触，使受载时钢丝的接触应力降低。线接触绳承载力高、挠性好、寿命较高。常用的线接触钢丝绳有西尔型、瓦林吞型（亦称粗细型）、填充型等。《起重机设计规范》推荐在起重机的工作机构中优先采用线接触钢丝绳。

③ 面接触钢丝绳。通常以圆钢丝为股芯，最外一层或几层采用异形断面钢丝，层与层之间是面接触，用挤压方法绕制而成。其特点是表面光滑、挠性好、强度高、耐腐蚀，但制造工艺复杂，价格高，起重机上很少使用，常用作缆索起重机和架空索道的承载索。

④ 交互捻钢丝绳（也称交绕绳）。其丝捻成股与股捻成绳的方向相反。由于股与绳的捻向相反，使用中不易扭转和松散，在起重机上广泛使用。

⑤ 同向捻钢丝绳(也称顺绕绳)。其丝捻成股与股捻成绳的方向相同,挠性和寿命都较交互捻绳要好,但因其易扭转、松散,一般只用来做牵引绳。

⑥ 不扭转钢丝绳。这种钢丝绳在设计时,使股与绳的扭转力矩相等,方向相反,克服了在使用中的扭转现象,常在起升高度较大的起重机上使用,并越来越受到重视。

2) 钢丝绳的选用

钢丝绳按所受最大工作静拉力计算选用,要满足承载能力和寿命要求。

钢丝绳承载能力的计算有两种方法,可根据具体情况选择其中一种。

① 公式法(ISO 推荐):

$$d = c\sqrt{S} \tag{3-9}$$

式中　d——钢丝绳最小直径,mm;

　　　c——选择系数,$\mathrm{mm/N^{\frac{1}{2}}}$;

　　　S——钢丝绳最大工作静拉力,N。

② 安全系数法:

$$F_O \geqslant Sn \tag{3-10}$$

$$F_O = k\sum S_{丝} \tag{3-11}$$

式中　F_O——所选钢丝绳的破断拉力,N;

　　　S——钢丝绳最大工作静拉力,N;

　　　n——安全系数,根据工作机构的工作级别确定(见表 3-5 和表 3-6);

　　　k——钢丝绳捻制折减系数;

　　　$\sum S_{丝}$——钢丝绳破断拉力总和,N,根据钢丝绳的结构查钢丝绳性能手册。

表 3-5　　　　　　　　　　　　　工作机构用钢丝绳的安全系数

机构工作级别	M1,M2,M3	M4	M5	M6	M7	M8
安全系数(n)	4	4.5	5	6	7	9

表 3-6　　　　　　　　　　　　　其他用途钢丝绳的安全系数

用途	支承动臂	起重机械自动安装	缆风绳	吊挂和捆绑
安全系数(n)	4	2.5	3.5	6

3) 钢丝绳的标记方法

钢丝绳技术参数的标记方法如下:

钢丝绳

$$\underset{①}{6} \times \underset{②③}{37} - \underset{④}{15.0} - \underset{⑤}{1550} - \underset{⑥}{1} - \underset{⑦}{甲} - \underset{⑧}{镀} - \underset{⑨}{右\ 交}$$

标记中　①——钢丝绳的股数。

　　　　②——钢丝绳的结构形式,点接触普通型,标记"×";线接触瓦林吞型(粗细式),标记"W";线接触西尔型(外粗型),标记"X";线接触填充型(密集式),标记"T"。

　　　　③——每股钢丝数。

　　　　④——钢丝绳的直径,mm。

⑤——钢丝的公称抗拉强度,N/mm²。

⑥——钢丝的韧性等级,根据钢丝的耐弯折次数分为三级。特级:用于重要场合,如载客电梯;1级:用于起重机的各工作机构;2级:用于次要场合,如捆绑吊索等。

⑦,⑧——钢丝表面镀锌处理,根据钢丝镀层的耐腐蚀性能分为三等级。甲级,用于严重腐蚀条件;乙级,用于一般腐蚀条件;丙级,用于较轻腐蚀条件。钢丝表面不做处理的,标记"光",或不加标记。

⑨——钢丝绳的捻制方式。右捻绳标记"右";左捻绳标记"左";交互捻标记"交";同向捻标记"同"。

4) 钢丝绳的固定与连接

钢丝绳与其他零构件连接或固定的安全检查应注意两个问题:

① 连接或固定方式与使用要求相符。

② 连接或固定部位达到相应的强度和安全要求。

常用的连接和固定方式有以下几种(图 3-16):

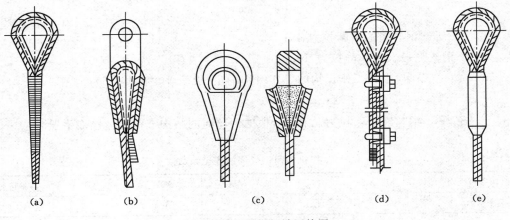

(a)　　　　(b)　　　　(c)　　　　(d)　　　　(e)

图 3-16　钢丝绳绳端固接图

① 编结连接,如图 3-16(a)所示。

编结长度不应小于钢丝绳直径的 15 倍,且不应小于 300 mm;连接强度不小于 75% 钢丝绳破断拉力。

② 楔块、楔套连接,如图 3-16(b)所示。

钢丝绳一端绕过楔,利用楔在套筒内的锁紧作用使钢丝绳固定。固定处的强度约为绳自身强度的 75%~85%。楔套应该用钢材制造,连接强度不小于钢丝绳破断拉力的 75%。

③ 锥形套浇铸法和铝合金套压缩法等的连接,如图 3-16(c)所示。

钢丝绳末端穿过锥形套筒后松散钢丝,将头部钢丝弯成小钩,浇入金属液凝固而成,其连接应满足相应的工艺要求,固定处的强度与钢丝绳自身的强度大致相同。

④ 绳卡连接,如图 3-16(d)所示。

绳卡连接简单、可靠,得到广泛的应用。用绳卡固定时,应注意绳卡数量、绳卡间距、绳卡的方向和固定处的强度。

a. 连接强度不小于钢丝绳破断拉力的 85%。

b. 绳卡数量应根据钢丝绳直径满足表 3-7 的要求。

表 3-7　　　　　　　　　　　　绳卡连接的安全要求表

钢丝绳直径/mm	7~16	19~27	28~37	38~45
绳卡数量/个	3	4	5	6

c. 绳卡压板应在钢丝绳长头一边,绳卡间距应不小于钢丝绳直径的 6 倍。

5) 钢丝绳的报废

钢丝绳受到强大的拉应力作用,通过卷绕系统时反复弯折和挤压易造成金属疲劳,并且由于运动引起与滑轮或卷筒槽摩擦,经一段时间的使用后,钢丝绳表层的钢丝首先出现缺陷,如断丝、锈蚀磨损、变形等,使其他未断钢丝所受的拉力更大,疲劳与磨损更厉害,从而使断丝速度加快。当钢丝绳的断丝数和变形发展到一定程度、钢丝绳无法保证正常安全工作时,就应该及时报废、更新。

钢丝绳使用安全程度由下述各项标准考核:断丝的性质与数量;绳端断丝情况;断丝的局部密集程度;断丝的增长率;绳股折断情况;绳径减小和绳芯折断情况;弹性降低;外部及内部磨损程度;外部及内部腐蚀程度;变形情况;由于热或电弧而造成的损坏情况;塑性伸长的增长率等。

① 钢丝绳在任何一段节距内断丝数达到表 3-8 的数值时,应当及时报废、更新。

表 3-8　　　　　　　　　　　　钢丝绳报废断丝数

钢丝绳结构 安全系数　断丝数	钢 丝 绳 结 构			
	绳 6×19		绳 6×37	
	一个节距中的钢丝数			
	交互捻	同向捻	交互捻	同向捻
<6	12	6	22	11
6~7	14	7	26	13
>7	16	8	30	15

注:① 表中断丝数是指细钢丝绳,粗钢丝每一根相当于 1.7 根细钢丝。

　　② 一个节距是指每股钢丝绳缠绕一周的轴向距离。

② 锈蚀磨损,断丝数折减。钢丝绳锈蚀或磨损时,应将表 3-8 所列断丝数按表 3-9 折减,并按折减后的断丝数报废。

表 3-9　　　　　　　　　　　　折减系数表

钢丝表面磨损或锈蚀量/根	10	15	20	25	30~40	>40
折减系数/%	85	75	70	60	50	0

③ 吊运危险品钢丝绳断丝数减半。吊运炽热金属或危险品的钢丝绳的报废断丝数应取一般起重机钢丝绳报废断丝数的 1/2,其中包括钢丝表面磨蚀进行的折减。

④ 绳端部断丝。当绳端或其附近出现断丝(即使数量较少)时,如果绳长允许,应将断丝部位切去,重新安装。

⑤ 断丝的局部聚集程度。如果断丝聚集在小于一个节距的绳长内，或集中在任一绳股里，即使断丝数比表 3-8 所列数值少，也应予以报废。

⑥ 断丝的增长率。当断丝数逐渐增加，其时间间隔趋短时，应认真检查并记录断丝增长情况，判明规律，确定报废日期。

⑦ 整股断裂。钢丝绳某一绳股整股断裂时，应予报废。

⑧ 磨损。当外层钢丝磨损达 40％，或由于磨损引起钢丝绳直径减小 7％。

⑨ 腐蚀。当钢丝表面出现腐蚀深坑，或由于绳股生锈而引起绳径增加或减小。

⑩ 绳芯损坏。由于绳芯损坏引起绳径显著减小、绳芯外露、绳芯挤出。

⑪ 弹性降低。钢丝绳弹性降低一般伴有下述现象：绳径减小；绳节距伸长；钢丝或绳股之间空隙减小；绳股凹处出现细微褐色粉末；钢丝绳明显不易弯曲。

⑫ 变形。是指钢丝绳失去正常形状而产生可见畸变，从外观上看可分为以下几种：波浪形、笼形畸变，绳股挤出，钢丝挤出，绳径局部增大、扭结，局部被压扁或弯折。

⑬ 过热。是指钢丝绳受到电弧闪络、过烧，或外表出现可识别的颜色改变等。电弧作用的钢丝绳外表颜色与正常钢丝绳难以区别，因而容易成为隐患。

钢丝绳破坏的表现形态各异，多种原因交错，每次检验均应对以上各项因素进行综合考虑，按标准把关。在更换新钢丝绳前，应弄清并消除对钢丝绳有不利影响的设备的缺陷。

6）钢丝绳的使用和维护

必须坚持每个作业班次对钢丝绳进行检查并形成制度。检查不留死角，对于不易看到和不易接近的部位应给予足够重视，必要时应做探伤检查。在检查和使用中应做到：

① 使用检验合格的产品，保证其机械性能和规格符合设计要求。

② 保证足够的安全系数，必要时使用前要进行受力计算，不得使用报废的钢丝绳。

③ 使用中避免两钢丝绳的交叉、叠压受力，防止打结、扭曲、过度弯曲和划磨。

④ 应注意减少钢丝绳弯折次数，尽量避免反向弯折。

⑤ 不在不洁净的地方拖拉钢丝绳，防止外界因素对钢丝绳的损伤、腐蚀，使钢丝绳性能降低。

⑥ 保持钢丝绳表面的清洁和良好的润滑状态，加强对钢丝绳的保养和维护。

3.3.3 卷筒

1）概述

卷筒是用来卷绕钢丝绳的部件，它承载起升载荷，收放钢丝绳，实现取物装置的升降。

（1）卷筒的种类

按筒体形状不同可分为长轴卷筒和短轴卷筒；按制造方式不同可分为铸造卷筒和焊接卷筒；按卷筒的筒体表面是否有钢丝绳的绳槽可分为光面卷筒和螺旋槽面卷筒；按钢丝绳在卷筒上卷绕的层数不同可分为单层缠绕卷筒和多层缠绕卷筒，一般起重机大多用单层缠绕卷筒，多层缠绕卷筒用于起升高度特大或机构要求紧凑的起重机，如汽车起重机。

（2）卷筒结构

卷筒由筒体、连接盘、轴以及轴承支架等构成。

卷筒的结构尺寸中，影响钢丝绳寿命的关键尺寸是卷筒的计算直径，按钢丝绳中心计算的卷筒允许的最小卷绕直径必须满足：

$$D_{Omin} \geqslant h_1 d \tag{3-12}$$

式中　D_{Omin}——按钢丝绳中心计算的滑轮和卷筒允许的最小卷绕直径，mm；

d——钢丝绳直径,mm;

h_1——卷筒直径与钢丝绳直径的比值。

2) 钢丝绳在卷筒上的固定

通常采用压板螺钉或楔块(图 3-17)利用摩擦原理固定钢丝绳尾部,要求固定安全可靠,便于检查和装拆,在固定处对钢丝绳不造成过度弯曲、损伤。

① 楔块固定法,如图 3-17(a)所示。此法常用于直径较小的钢丝绳,不需要用螺栓,适用于多层缠绕卷筒。

② 长板条固定法,如图 3-17(b)所示。通过螺钉的压紧力,将带槽的长板条沿钢丝绳的轴向将绳端固定在卷筒上。

③ 压板固定法,如图 3-17(c)所示。利用压板和螺钉固定钢丝绳,方法简单,固定可靠,便于观察和检查,是最常见的固定形式。其缺点是所占空间较大,因此,不能用于多层卷绕。从安全考虑,压板数至少为 2 个。

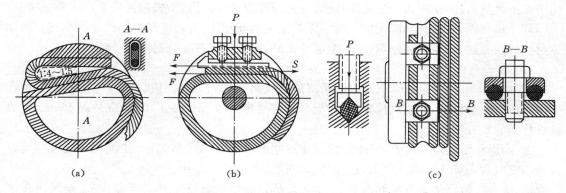

图 3-17　钢丝绳在卷筒上的固定

钢丝绳尾部拉力可按柔韧体摩擦的欧拉公式计算:

$$S = \Psi_2 S_{\max} / e^{\mu \alpha} \tag{3-13}$$

式中　$S_{\max}$——钢丝绳的最大拉力,一般指额定载荷时的钢丝绳拉力;

Ψ_2——起升载荷动载系数;

e——自然对数的底;

μ——摩擦系数,考虑有油,通常取 $\mu = 0.12$;

α——钢丝绳在卷筒上的包角。

为了保证钢丝绳尾固定可靠,减少压板或楔块的受力,在取物装置降到下极限面时,在卷筒上除钢丝绳的固定圈外,还应保留 2～3 圈安全圈,也称为减载圈,这在卷筒设计时已经给予考虑。在使用中,钢丝绳尾的圈数保留得越多,绳尾的压板或楔块的受力就越小,也就越安全。如果取物装置在吊载情况的下极限位置过低,卷筒上剩余的钢丝绳圈数少于设计的安全圈数,就会由于钢丝绳尾受力超过压板或楔块的压紧力而导致钢丝绳拉脱,重物坠落。

3) 卷筒安全使用要求

① 卷筒上钢丝绳尾端的固定装置应有防松或自紧的性能。对钢丝绳尾端的固定情况,应每月检查一次。在使用的任何状态,必须保证钢丝绳在卷筒上保留足够的安全圈。

② 单层缠绕卷筒的筒体端部应有凸缘。凸缘应比最外层钢丝绳或链条高出 2 倍的钢丝绳直径或链条的宽度。

③ 卷筒出现下述情况之一时应报废：

a. 起升卷筒有裂纹；

b. 起升卷筒有损害钢丝绳的缺陷；

c. 因磨损使绳槽底部减小量达到钢丝绳直径的 50％或筒壁磨损达到原壁厚的 20％；

d. 悬吊型卷筒外壳焊缝有开焊部分，悬挂吊板螺杆和吊杆连接孔磨损量达原尺寸的 10％。

3.3.4 制动器

由于起重机有周期性及间歇性工作特点，各个工作机构经常处于频繁启动和制动状态，制动器成为动力驱动的起重机各机构中不可缺少的组成部分，它既是机构工作的控制装置，又是保证起重机作业的安全装置。制动器是否完好可靠，这是安全检查的重点。

1）制动器的种类和用途

制动器的工作实质是通过摩擦副的摩擦产生制动作用。根据工作需要，或将运动动能转化为摩擦热能消耗，使机构停止运动；或通过静摩擦力平衡外力，使机构保持原来的静止状态。

其结构特点是：制动器摩擦副中的一组与固定机架相连，另一组与机构转动轴相连。当摩擦副接触压紧时，产生制动作用；当摩擦副分离时，制动作用解除，机构可以运动。

（1）制动器的作用

① 支持作用。使原来静止的物体保持静止状态。例如，在起升机构中，保持吊重静止在空中；在臂架起重机的变幅机构中，将臂架维持在一定的位置保持不动；对室外起重机起防风抗滑作用。

② 停止作用。消耗运动部分的动能，通过摩擦副转化为摩擦热能，使机构迅速在一定时间或一定行程内停止运动。例如，各个机构在运动状态下的制动。

③ 落重作用。制动力与重力平衡，使运动体以稳定的速度下降。例如，汽车起重机在下坡时匀速行驶。

（2）制动器的种类

根据构造不同制动器可分为以下 3 类：

① 带式制动器。制动钢带在径向环抱制动轮而产生制动力矩，如图 3-18 所示。

② 块式制动器。两个对称布置的制动瓦块，在径向抱紧制动轮而产生制动力矩，如图 3-19 所示。

③ 盘式与锥式制动器。带有摩擦衬料的盘式或锥式金属盘，在轴向互相贴紧而产生制动力矩。

2）带式制动器

带式制动器由制动带、制动轮和松闸器杠杆系统组成（图 3-20）。制动轮安装在机构的转动轴上，内侧附有摩擦衬料的制动钢带一端与机架固定部分铰连，另一端与松闸器杠杆铰连，并在径向环绕制动轮。松闸器的上闸力通过杠杆系统使制动带环抱接触并压紧在制动轮上，产生制动力矩。由于制动带的包角很大，因而制动力矩较大，相应的结构也紧凑。缺点是制动轮轴由于不平衡力作用而受弯曲载荷，制动带比压分布不均匀，使衬料的磨损不均，散热性不好。带式制动器主要用于对结构紧凑性要求较高的流动式起重机。

简单带式制动器制动力矩的计算式为：

$$M_z = (S_{max} - S_{min})D/2 \qquad (3-14)$$

根据柔性带的摩擦公式，因为：

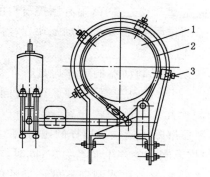

图 3-18 带式制动器

1——制动轮;2——制动带;3——限位螺钉

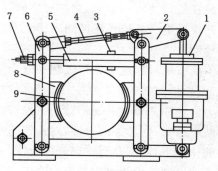

图 3-19 块式制动器

1——液压电磁铁;2——杠杆;3——挡板;

4——螺钉;5——弹簧架;6——制动臂;

7——拉杆;8——瓦块;9——制动轮

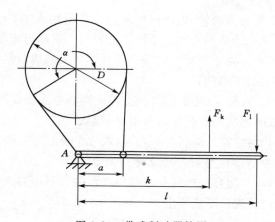

图 3-20 带式制动器简图

$$S_{max} = S_{min} e^{\mu \alpha} \tag{3-15}$$

所以:

$$M_z = S_{max} D \left(1 - \frac{1}{e^{\mu \alpha}}\right) / 2 \tag{3-16}$$

式中　M_z——制动力矩;

　　　　S_{max}——制动带最大张力,

　　　　S_{min}——制动带最小张力;

　　　　D——制动轮直径;

　　　　e——自然对数的底;

　　　　μ——摩擦系数;

　　　　α——钢丝绳在卷筒上的包角。

　　带式制动器的制动带内侧有摩擦垫片,其背衬钢带的端部与固定部分的连接应采用铰接,不得采用螺栓连接、铆接、焊接等刚性连接形式。

　　3) 块式制动器

　　块式制动器由制动瓦块、制动臂、制动轮和松闸器组成。常把制动轮作为联轴器的一个半体安装在机构的转动轴上,对称布置的制动臂与机架固定部分铰连,内侧附有摩擦材料的两个制动瓦块分别活动铰接在两制动臂上,在松闸器上闸力的作用下,成对的制动瓦块在径向抱紧制动轮而产生制动力矩。

下面以短行程电磁铁块式制动器为例(图 3-19),说明块式制动器的工作原理。在接通电源时,电磁松闸器的铁芯吸引衔铁压向推杆,推杆推动左制动臂向左摆,主弹簧压缩;同时,解除压力的辅助弹簧将右制动臂向右推,两制动臂带动制动瓦块与制动轮分离,机构可以运动。当切断电源时,铁芯失去磁性,对衔铁的吸引力消失,因而解除了衔铁对推杆的压力,在主弹簧张力的作用下,两制动臂一起向内收摆,带动制动瓦块抱紧制动轮产生制动力矩;同时,辅助弹簧被压缩。制动力矩由主弹簧力决定,辅助弹簧保证松闸间隙。块式制动器的制动性能在很大程度上是由松闸器的性能决定的。

块式制动器的特点是构造简单,安装方便,成对瓦块产生的压力平衡,使制动轮轴不受弯曲载荷作用,从而在起重机中得到广泛使用。

4)制动器的选择与使用

制动器通常安装在机构的高速轴(电动机轴或减速器的输入轴)上,有些制动器则装设在低速轴或卷筒上,以防传动系统断轴时物品坠落。前者由于制动力矩小,因而制动器的尺寸可以减小;后者可以增加安全性,防止传动系统受力零件损坏而造成物品坠落。在起重机安全检查过程中,对下列要求必须给予确认:

① 动力驱动的起重机,其起升、变幅、运行、旋转机构都必须装设制动器。

② 起升机构、变幅机构的制动器必须是常闭式制动器。

③ 吊运炽热金属或其他危险品的起升机构,以及发生事故可能造成重大危险或损失的起升机构,每套独立的驱动装置都应装设两套支持制动器。

④ 人力驱动的起重机,其起升机构和变幅机构必须装设制动器或停止器。

⑤ 制动器的制动力矩应满足下式要求:

$$M_z > kM \tag{3-17}$$

式中　　M_z——制动器的制动力矩;

　　　　M——制动器所在轴的传动力矩;

　　　　k——安全系数(表 3-10)。

表 3-10　　　　　　　　　　　　　　　制动器的安全系数

机构	使用情况	安全系数 k
起升机构	一般	1.50
	重要	1.75
	具有液压制动作用的液压传动	1.25
吊运灼热金属或危险物品的起升机构	装有两套支持制动器时,对于每一套制动器	1.25
	彼此有刚性联系的两套驱动装置,每套装置装有两套支持制动器时,对于每一套制动器	1.10
非平衡变幅机构		1.75
平衡变幅机构	在工作状态时	1.25
	在非工作状态时	1.15

5）制动器的检查与报废

（1）制动器的检查

正常使用的起重机,每个班次都应对制动器进行检查。检查内容包括:制动器关键零件的完好状况、摩擦副的接触和分离间隙、松闸器的可靠性、制动器整体工作性能等。每次起重作业（特别是吊运重、大、精密物品）时,要先将吊物吊离地面一小段距离,检验、确认制动器性能可靠后,方可实施操作。制动器安全检查的重点是:

① 制动轮的制动摩擦面不应有妨碍制动性能的缺陷或沾染油污。

② 制动带或制动瓦块的摩擦材料的磨损程度。

③ 制动带或制动瓦块与制动轮的实际接触面积不应小于理论接触面积的 70%。

④ 制动器应有符合操作频度的热容量,不得出现过热现象。

⑤ 控制制动器的操纵部位（如踏板、操纵手柄等）,应有防滑性能。

⑥ 人力控制制动器时,施加的力与行程不应大于表 3-11 的要求,超过要求就应做必要的调整。

表 3-11　　　　　　　　　　　人力控制制动器的控制力与行程

要求	操作手法	施加的力/N	行程/mm
宜采用值	手控	100	400
	脚踏	120	250
最大值	手控	200	600
	脚踏	300	300

（2）制动器的报废

制动器的零件出现下述情况之一时,应报废、更换或修整:

① 裂纹。

② 制动带或制动瓦块摩擦垫片厚度磨损达原厚度的 50%。

③ 弹簧出现塑性变形。

④ 铰接小轴或轴孔直径磨损达原直径的 5%。

（3）制动轮的报废

制动轮出现下述情况之一时应报废:

① 裂纹。

② 起升、变幅机构的制动轮,轮缘厚度磨损达原厚度的 40%。

③ 其他机构的制动轮,轮缘厚度磨损达原厚度的 50%。

④ 轮面凹凸不平度达 1.5 mm 时,如能修理,在修复后轮缘厚度应符合本条中第②、③项的要求。

3.3.5　起重机械其他构件的报废标准及检测

1）驱动装置——电动机的报废

① 电动机转子断条或转子铸铝条粗细不均造成电动机不转动或空载能转而有载不能转动时,电动机转子应报废。

② 电动机因绝缘性能差,定子绕组漆包线有外伤或匝间、相间、极间绝缘性能差,造成定子绕组出现烧包时,电动机定子应报废。

③ 电动机工作时过热现象严重,经常超过规定的发热标准,或频繁出现热保护装置动作,无法修复时应报废。E 级绝缘电动机温升不超过 115 ℃,F 级绝缘电动机温升不超过 155 ℃。

④ 因定转子间隙不均匀或不同心,经常出现转子扫膛,经修复仍有扫膛现象,电动机应报废。

⑤ 电动机有异常响声,多为硅钢片未压紧,如果无法修复,定子应报废;如果因轴承质量差或支撑保持架破碎等造成异响时,轴承应报废。

⑥ 绕线电动机滑环或电刷磨损严重,导致滑环或电刷机能失效时,滑环或电刷应报废、更换。

⑦ 锥形制动电动机的制动螺旋弹簧出现塑性变形或疲劳破坏,在规定压力下变形量超过规定值的 10 环时,弹簧应报废。

⑧ 锥形制动电动机的制动碟形弹簧出现塑性变形或疲劳破坏,在规定压力下变形量超过规定值的 10% 时,碟形弹簧应报废。

2）传动装置——减速器的报废

① 减速器漏油现象严重,几经修复仍不能有效解决漏油问题时,减速器应报废。

② 减速器箱体出现裂纹等损伤时,其箱体应报废。

③ 齿轮有裂纹时,齿轮应报废。

④ 齿轮有断齿时,齿轮应报废。

⑤ 齿面点蚀损伤达到啮合面的 30%,且深度达到齿厚的 10% 时,齿轮应报废。

⑥ 起升和变幅机构减速器的第一级啮合齿轮,当齿厚磨损量达到原齿厚的 10% 时,齿轮应报废;其他级啮合齿轮,当齿厚磨损量达到原齿厚的 20% 时,齿轮应报废。

⑦ 运行机构和旋转机构的第一级啮合齿轮,当齿厚磨损量达到原齿厚的 15% 时,齿轮应报废;其他级啮合齿轮,当齿厚磨损量达到原齿厚的 25% 时,齿轮应报废。

⑧ 运行机构、旋转机构和变幅机构用开式齿轮传动的,当齿厚磨损量达到原齿厚的 30% 时,齿轮、齿圈、齿条等应报废。

⑨ 吊运熔化金属或易燃易爆等危险品的起升机构的第一级啮合齿轮,当齿厚磨损量达到原齿厚的 5% 时,齿轮应报废;其他级啮合齿轮,当齿厚磨损量达到原齿厚的 10% 时,齿轮应报废。

3）抓斗的报废

① 抓斗斗体有裂纹时,斗体应报废。

② 抓斗闭合时,刃口板错位及斗口接触处的间隙超过 5 mm 或最大间隙长度超过 300 mm,经修复仍难达到要求时,斗体应报废。

③ 抓斗的各铰接点处的销轴和销孔磨损量达到原尺寸的 10% 时,销轴或带有销轴孔的零部件应报废。

4）滑轮的报废

① 滑轮有裂纹或有破损时应报废。

② 滑轮轮槽壁厚磨损量达到原壁厚的 20% 时应报废。

③ 滑轮轮槽不均匀磨损量达到 3 mm 时应报废。

④ 因磨损使滑轮轮槽底部直径减小量达到钢丝绳直径的 50% 时应报废。

⑤ 滑轮有损害钢丝绳的缺陷时应报废。

5）导绳器的报废

① 导绳器失去导绳作用,有乱绳发生时应报废。

② 导绳器压紧弹簧有较大塑性变形或断裂时,弹簧应报废。

③ 导绳器外圈有裂纹时,外圈应报废。

④ 导绳器磨损量超过钢丝绳直径的 30% 时应报废。

6) 车轮装置的报废

车轮装置主要是指车轮,有以下破坏或缺陷时车轮应报废:

① 车轮有裂纹时应报废。

② 车轮材料为球墨铸铁时,当车轮没有达到标准规定的球化要求,没有达到规定要求的硬度、强度和延伸率时应报废。

③ 车轮轮缘厚度磨损量达到原厚度的 50% 时应报废。

④ 车轮轮缘厚度弯曲变形量达到原厚度的 20% 时应报废。

⑤ 车轮踏面经磨损出现软点时应报废。

⑥ 车轮踏面磨损量达到原尺寸的 15% 时应报废。

⑦ 车轮踏面因疲劳而出现剥落时应报废。

⑧ 当运行速度不大于 50 m/min 时,车轮圆度误差达到 1 mm 时应报废;当运行速度大于 50 m/min 时,车轮圆度误差达到 0.5 mm 时应报废。

7) 旋转支撑装置的报废

① 柱式旋转支撑装置的滚轮磨损量达到原尺寸的 15% 时,滚轮应报废。

② 柱式旋转支撑装置的转动芯轴磨损量达到原尺寸的 15% 时,芯轴应报废。

③ 柱式旋转支撑装置的环形轨道磨损量达到原尺寸的 10% 时,环形轨道应报废。

④ 转盘式旋转支撑装置的锥形或圆柱形滚子的磨损量达到原尺寸的 10% 时,滚子应报废。

⑤ 转盘式旋转支撑装置的环形轨道磨损量达到原尺寸的 10% 时,环形轨道应报废。

8) 变幅装置的报废

变幅机构有运行小车式变幅和臂架摆动式变幅两种形式。

(1) 运行小车变幅装置的报废

主要依靠运行小车的水平移动来实现运行机构的运动时,变幅装置即为车轮装置,其报废同车轮装置的报废要求。

(2) 臂架摆动式变幅装置的报废

① 定长臂架摆动式变幅装置采用钢丝绳滑轮缠绕变幅形式,其中钢丝绳和滑轮的报废标准见相应的国家标准。

② 伸缩式臂架摆动变幅装置采用液压缸推杆式结构,主要由液压缸和活塞推杆组成,其液压缸和活塞推杆磨损到泄漏程度严重、又无修复价值时,液压缸和活塞推杆应报废。

③ 摆动臂架的铰接点处的销轴及销轴孔磨损量达到原尺寸的 10% 时应报废。

④ 起升链轮有裂纹或磨损量达到原尺寸的 20% 时应报废。

9) 其他构件的检测

(1) 限位限量及联锁装置

① 过卷扬限位器应保证吊钩上升到极限位置时(电动葫芦大于 0.3 m,双梁起重机大于 0.5 m),能自动切断电源。新装起重机还应有下极限限位器。

② 运行机构应装设行程限位器和互感限制器,保证 2 台起重机行驶至相距 0.5 m 时,以

及起重机行驶在距极限端 0.5～3 m(视吨位定)时自动切断电源。

③ 升降机(或电梯)的吊笼(轿厢)越过上、下端站 30～100 mm 时,越程开关应切断控制电路;当越过端站平层位置 130～250 mm 时,极限开关应切断主电源并不能自动复位。极限开关不许选用闸刀开关。

④ 变幅类型的起重机应安装最大、最小幅度防止臂架前倾、后倾的限制装置。当幅度达到最大或最小极限时,吊臂根部应触及限位开关,切断电源。

⑤ 桥式起重机驾驶室门外、通向桥架的舱口以及起重机两侧的端梁门上应安装门舱联锁保护装置;升降机(或电梯)的层门必须装有机械电气联锁装置,轿门应装电气联锁装置;载人电梯轿厢顶部安全舱门必须装联锁保护装置;载人电梯轿门应装动作灵敏的安全触板。

⑥ 露天作业的起重机械,各类限位限量开关与联锁的电气部分应有防雨雪措施。

(2) 停车保护装置

① 各种开关接触良好、动作可靠、操作方便。在紧急情况下可迅速切断电源(地面操作的电葫芦按钮盒也应装急停开关)。

② 起重机大、小车运行机构,轨道终端立柱四端的侧面,升降机(或电梯)的行程底部极限位置,均应安装缓冲器。

③ 各类缓冲器应安装牢固。采用橡胶缓冲器时,小车的厚度为 50～60 mm,大车为 100～200 mm;如采用硬质木块,则木块表面应装有橡皮。

④ 轨道终端止挡器应能承受起重机在满负荷运行时的冲击。50 t 及以上的起重机,宜安装超负荷限制器。电梯应安装负荷限制器,以及超速和失控保护装置。

⑤ 桥式起重机零位保护应完好。

(3) 信号与照明

① 除地面操作的电动葫芦外,其余各类起重机、升降机(含电梯)均应安装音响信号装置,载人电梯应设音响报警装置。

② 起重机主滑线三相都应设指示灯,颜色为黄色、绿色、红色。当轨长大于 50 m 时,滑线两端应设指示灯,在电源主闸刀下方应设司机室送电指示灯。

③ 起重机驾驶室照明应采用 24 V 或 36 V 安全电压。桥架下照明灯应采用防振动的深碗灯罩,灯罩下应安装 10 mm×10 mm 的耐热防护网。

④ 照明电源应为独立电源。

(4) PE 线与电气设备

① 起重机供电宜采用 TN—S 或 TN—C—S 系统,起重机轨道应与 PE 线紧密相连。

② 起重机上各种电气设备(设施)的金属外壳应与整机金属结构有良好的连接,否则应增设连接线。

③ 起重机轨道应采用重复接地措施,轨长大于 150 m 时应在轨道对角线设置两处接地。但在距工作地点 50 m 内已有电网重复接地时可不要求。

④ 起重机 2 条轨道之间应用连接线牢固相连。同端轨道的连接处应用跨接线焊接(钢梁架上的轨道除外)。连接线、跨接线的截面面积 S 要求:圆钢 $S \geqslant 30$ mm^2($\phi 6 \sim 8$ mm),扁钢 $S \geqslant 150$ mm^2(3 mm×50 mm 或 4 mm×40 mm)。

⑤ 升降机(电梯)的 PE 线应直接接到机房的总地线上,不许串联。

⑥ 电气设备与线路的安装符合规范要求,无老化、无破损、无电气裸露点、无临时线。

(5) 防护罩、防护栏、护板

① 起重机上外露的、有伤人可能的活动零部件,如联轴器、链轮与链条、传动带、胶带轮、凸出的销键等,均应安装防护罩。

② 起重机上有可能造成人员坠落的外侧均应装设防护栏杆。护栏高度 $H \geqslant 1\ 050$ mm,立柱间距 $s \leqslant 100$ mm,横杆间距为 $350 \sim 380$ mm,底部应装底围板(踢脚板)。

③ 桥式起重机大车滑线端的端梁下应设置滑线护板,防止吊索具触及(已采用安全封闭的安全滑触线的除外)。

④ 起重机车轮前沿应装设扫轨板,距轨面不大于 10 mm。

⑤ 起重机走道板应采用厚度 $H \geqslant 4$ mm 的花纹钢板焊接,不应有曲翘、扭斜、严重腐蚀、脱焊现象。室内不应留有预留孔,如无小物体坠落可能时,孔径 $d \leqslant 50$ mm。

(6)防雨罩、锚定装置

露天起重机的夹轨钳或锚定装置应灵活可靠,电气控制部位应有防雨罩。走道板应留若干直径 50 mm 的排水孔。

(7)安全标识、消防器材

① 应在醒目位置挂有额定起重量的吨位标志牌。流动式起重机的外伸支腿、起重臂端、回转的配重、吊钩滑轮的侧板等,应涂以安全标志色。

② 驾驶室、电梯机房应配备小型干粉灭火器,在有效期内使用,放置位置安全可靠。

(8)吊索具

① 吊索具应有若干个点位集中存放,并有专人管理和维护保养。存放点有吊索具规格与对应载荷的标签。

② 捆扎钢丝绳的琵琶头的穿插长度为绳径的 15 倍,且不小于 300 mm。

③ 夹具、卡具、扁担、链条应无裂纹、无塑性变形和超标磨损。

3.3.6 起重机械安全防护装置的报废

起重机安全防护装置如因磨损、疲劳、变形及老化、腐蚀等使破坏损伤达到规定程度时应报废,以防安全防护装置的安全保护机能失效而发生事故灾害。

1)限位器的报废

① 升降限位器开关触点有损伤,磨损量达到原尺寸的30%,或因损伤、磨损造成限位器机能失效时应报废。

② 重锤式起升限位器内的拉弹簧因疲劳失去弹力时,弹簧应报废。

③ 螺旋式起升限位器的螺杆或蜗杆磨损量达到原尺寸的20%时,螺杆或蜗杆应报废。

④ 运行行程开关动作失灵,触点磨损量达到原尺寸的30%,或不能可靠断电时应报废。

2)缓冲器的报废

① 弹簧缓冲器因碰撞疲劳造成弹簧失去弹性或断裂时弹簧应报废;壳体因碰撞冲击出现裂纹时,壳体应报废。

② 橡胶或聚氨酯缓冲器因老化失去弹性或因碰撞而破损时应报废。

③ 液压系统缓冲器因弹簧疲劳失去弹性或液压活塞及缸体磨损造成严重泄漏时应报废。

3)防碰撞装置的报废

激光式、超声波式、红外线式和电磁波式防碰撞装置,因剧烈碰撞造成损伤而失去光或电波传播反射的能力,经修复仍不能恢复原有的机能时应报废。

4)防偏斜装置的报废

钢丝绳式、凸轮式和链轮式防偏斜装置的钢丝绳、凸轮和链轮的磨损量达到原尺寸的

30％时应报废。

5）夹轨器与锚定装置的报废

① 夹轨器的螺杆因变形或磨损而严重影响夹紧力时应报废。

② 电动夹轨器的弹簧因疲劳而失去弹性时,弹簧应报废;因风力吹动造成夹轨器各零部件有疲劳、变形或裂纹伤害时,该零部件应报废。

③ 锚定装置的固定部分如有松动,经修复仍不能保证牢固固定而有脱销的危险或隐患时,锚定装置应报废。

6）超载限制器的报废

① 经修复仍不能灵敏可靠动作的超载限制器应报废。

② 超载限制器的综合误差大于 10％时应报废。

7）力矩限制器的报废

① 经修复仍不能灵敏可靠动作的力矩限制器应报废。

② 力矩限制器的综合误差大于 10％时应报废。

8）其他安全装置的报废

① 联锁保护开关的联锁机能失效时应报废。

② 登机信号按钮无显示,经检修仍不能恢复机能时应报废。

③ 倒退报警装置不能发出报警信号时应报废。

④ 扫轨板因碰撞障碍物而有严重变形或开裂损伤时应报废。

⑤ 止挡装置因碰撞造成固定连接焊缝开裂或固定连接螺栓松动变形而失去固定能力,或止挡装置有严重变形、破损等时,止挡装置应报废。

3.4 起重机械作业管理及检验

3.4.1 一般安全要求

起重机械在规定的整个使用期内,不得发生由于机械设备自身缺陷而引起的、目前已为人们所认识的各类危及人身安全的事故和对健康造成损害的职业病,避免给操作者带来不必要的体力消耗、精神紧张和疲劳。无论是起重机械预定功能的设计还是安全防护功能的设计,都应该遵循以下两个基本原则:选用适当的设计结构,尽可能避免危险或减小风险;通过减少对操作者涉入危险区的需要来减少人们所面临的危险。

对起重机械的一般安全要求主要有以下几种。

1）足够的抗破坏能力、良好的可靠性和对环境的适应性

（1）合理的机械结构形式

起重机械的结构形式一定要与其实现的预定功能相适宜,不能因结构设计不合理而造成机械正常运行时的障碍、卡塞或松脱;不能因元件或软件的瑕疵而引起微机数据的丢失或死机;不能发生任何能够预计到的与机械设备的设计不合理有关的事件。

（2）足够的抗失效破坏能力

起重机械的各组成受力零部件及其连接,应满足能够完成预定最大载荷的足够强度、刚度和构件稳定性的要求,在正常作业期间不应发生由于应力或工作循环而断裂破碎、疲劳破坏、过度变形或垮塌的情况;还必须考虑在此前提下起重机械设备的整体抗倾覆或防风抗滑的稳定性,特别是对于可在轨道或路面行驶的起重机械,应保证其在运输、运行、振动或外力作用下

不致发生倾覆,防止由于运行失控而产生不应有的位移。

（3）对使用环境具有足够的适应能力

起重机械必须对其使用环境（如温度、湿度、气压、风、雨雪、振动、负载、静电、磁场和电场、辐射、粉尘、微生物、动物、腐蚀介质等）具有足够的适应能力,特别是抗腐蚀或空蚀、耐老化磨损、抗干扰的能力,不致由于电气元件产生绝缘破坏而使控制系统零部件临时或永久失效,或由于物理性、化学性、生物性的影响而造成事故。

（4）提高机械的系统可靠性

可靠性是指机械或其零部件在规定的使用条件下和规定期限内,执行规定功能而不出现故障的能力。传统的机械设计只按产品的性能指标进行设计,而可靠性设计除要保证性能指标外,还要保证产品的可靠性指标,即产品的无故障性、耐久性、维修性、可用性和经济性等,可靠性是体现产品耐用和可靠程度的一种性能,与安全有直接关系。

2）不得产生超过标准规定的危害物质

（1）不得采用有毒危害物质

应采用对人无害的材料和物质（包括机械自身的各种材料、加工原材料、中间或最终产品、添加物、润滑剂、清洗剂,以及与工作介质或环境介质反应的生成物及废弃物）。对不可避免的毒害物（如粉尘、有毒物、辐射、放射性、腐蚀等）,应在设计时考虑采取密闭、排放（或吸收）、隔离、净化等措施。在人员合理暴露的场所,其成分、浓度应低于产品安全卫生标准的规定,不得对人体健康有危害,也不得对环境造成污染。

（2）预防物理性危害

机械产生的噪声、振动、过高和过低温度等指标,都必须控制在产品安全标准中规定的允许指标范围内,防止对人的心理及生理造成危害。

（3）防火防爆

有可燃气体、液体、蒸气、粉尘或其他易燃易爆物质的机械生产设备,应在设计时考虑防止跑、冒、滴、漏,根据具体情况配置监测报警、防爆卸压装置及消防安全设施,避免或消除摩擦撞击、电火花和静电积聚等,防止由此造成的火灾或爆炸危险。

3）有可靠有效的安全防护

任何机械都有这样那样的危险,当起重机械设备投入使用时,生产对象（各种物料）、环境条件以及操作人员处于动态结合情况下的危险性就更大。只要存在危险,即使操作者受过良好的技术培训和安全教育,有完善的规程,也不能完全避免发生机械伤害事故。因此,必须建立可靠的物质屏障,即在机械上配置一种或多种专门用于保护人的安全的防护装置、安全装置或采取其他安全措施。当设备或操作的某些环节出现问题时,可以靠机械自身的各种安全技术措施避免事故的发生,保障人员和设备安全。危险性大或事故率高的生产设备,必须在出厂时配备好安全防护装置。

4）满足安全人机工程学的要求

人机界面是指在机械上人、机进行信息交流和相互作用的界面。显示装置、控制（操纵）装置、人的作业空间和位置以及作业环境,应满足人体测量参数、人体的结构特性和机能特性、生理和心理条件,合乎卫生要求。其目的是保证人能安全、准确、高效、舒适地工作,减少差错,避免危险。

5）维修有安全性

（1）机械的可维修性

机械出现故障后,在规定的条件下,按规定程序或手段实施维修,可以保持或恢复其预定的功能,这就是机械的可维修性。设备故障会造成机械预定功能丧失,给工作带来损失,而危险故障还会引发事故。从这个意义上讲,解决危险故障,恢复安全功能,就等于消除了安全隐患。

（2）维修作业的安全

在按规定程序实施维修时,应能保证人员的安全。由于维修作业是不同于正常操作的特殊作业,往往采用一些超常规的做法,如移开防护装置,或者使安全装置不起作用。为了避免或减少维修伤害事故,应在控制系统设置维修操作模式;从检查和维修角度,在结构设计上考虑内部零件的可接近性;必要时,应随设备提供专用检查、维修工具或装置;在较笨重的零部件上,还应考虑方便吊装的设计。

3.4.2 安全管理措施

起重机械的安全管理,应从制造和使用两个方面加以控制和实施。

1）设备制造的质量控制

为保证起重机的安全使用,对起重机设备本身的质量必须严加控制。

① 起重机械制造厂应对起重机的金属结构、零部件、外购件、安全防护装置等的质量全面负责,产品质量应不低于专业标准和其他有关标准的规定。

② 对于自制或改造的起重机械,应该先提出设计方案、图纸、计算书和所依据的标准、质量保证措施,报主管部门审批,同级安全部门备案后,方可投入制造或改造。

③ 起重机械制造或改造后,应按《起重机械型式试验规程》的要求试验合格。

④ 起重机械的专业制造厂,必须具备保证产品质量所必需的设备、技术力量、检验条件和管理制度,起重机械产品应向安全部门委托的单位登记,检验并取得合格证。

⑤ 起重机械发生重大事故,如确属设计、制造原因引起的,制造厂应承担责任。对产品不能满足安全要求的制造厂应吊销合格证。

2）设备的购置与管理

（1）购置要求

购置起重机时,应遵守下列要求:

① 必须在指定的并有安全部门发给合格证的制造厂选购。

② 起重机的安全防护装置应齐全、完善,并有产品合格证。

（2）规程与制度

使用单位应根据所使用的起重机种类、复杂程度以及使用的具体情况,严格执行《特种设备注册登记与使用管理规则》等,并建立如下管理制度和制定相关规程,主要包括:

① 交接班制度。

② 设备档案制度。

③ 设备检修制度。

④ 安全技术操作规程。

⑤ 绑挂指挥规程。

（3）金属标牌

在起重机的明显位置应有清晰的金属标牌,标牌须有下列内容:

① 起重机名称、型号。

② 额定起重能力。

③ 制造厂名、出厂日期。

④ 其他所需的参数和内容。

（4）起重机与建筑物（固定设备）的间隙

起重机无论在停止或进行转动状态下，与周围建筑物或固定设备等均应保持一定的间隙。凡有可能通行的间隙不得小于 400 mm。

3）设备的检验与检查

（1）设备检验

遇有下列情况，应按《起重机械型式试验规程》的要求试验合格：

① 正常工作的起重机，每两年进行一次。

② 经过大修、新安装及改造过的起重机，在交付使用之前。

③ 闲置时间超过一年的起重机，在重新使用之前。

④ 经过暴风、大地震、重大事故后，可能使速度、刚度、构件的稳定性、机构的重要性能等受到损害的起重机。

（2）经常性检查

经常性检查应根据工作繁重、环境恶劣的程度确定检查周期，但不得少于每月一次。一般应包括：

① 起重机正常工作的技术性能。

② 所有的安全、防护装置。

③ 线路、罐、容器、阀、泵、液压或气动部件的泄漏情况及其工作性能。

④ 吊钩、吊钩螺母及防松装置。

⑤ 制动器性能及零件的磨损情况。

⑥ 钢丝绳磨损和尾端的固定情况。

⑦ 链条的磨损、变形、伸长情况。

⑧ 捆绑、吊挂链、钢丝绳及其他辅具等。

（3）定期检查

定期检查应根据工作繁重、环境恶劣程度确定检查周期，但不得少于每年一次。一般应包括：

① 上述经常性检查所包括的各项内容。

② 金属结构的变形、裂纹、腐蚀及焊缝、铆钉、螺栓等连接情况。

③ 主要零部件的磨损、裂纹、变形等情况。

④ 指示装置的可靠性和精度。

⑤ 动力系统和控制器等。

4）设备维修

（1）起重机械的维修要求

① 维修更换的零部件应与原零部件的性能和材料相同。

② 结构件需焊修时，所用的焊条材料等应符合原结构件的要求，焊接质量应符合安全规定。

③ 起重机处于工作状态时，不得进行保养、维修及人工润滑。

（2）维护时的注意事项

① 将起重机移至不影响其他机械设备的位置。因条件限制，不能达到以上要求时，应有

可靠的保护措施,或设置监护人员。

② 将所有的控制器手柄置于零位。

③ 切断主电源、加锁或悬挂标志牌,标志牌应放在有关人员能看清的位置。

5）岗位责任制

(1) 起重机司机岗位责任制的主要内容

① 严格遵守各项规章制度、岗位职责及设备安全操作规程。

② 树立良好的职业道德,服从领导,听从指挥,团结协作,完成任务。

③ 当班司机应严守工作岗位,不得无故擅自离开起重机。

④ 起重机司机应密切注意起重机的运行和吊装状况,若发现机件、零件、吊具、索具、安全装置等有故障或异常现象,应及时设法排除故障或进行维修,必要时应立即向单位领导或检修人员报告,待查清原因,排除故障后方可继续操作。

⑤ 起重机司机发现起重机有较大隐患、危及人身安全时,应停止起重作业。

⑥ 起重机司机要认真钻研业务技术,懂得设备的构造、原理,了解设备维修基本知识,学习诊断、处理所操作机型的一般故障。

⑦ 精心维护、保养设备,开机前对设备进行认真检查。

⑧ 认真填写交接班记录和操作留言,操作中的隐患、故障及存在的问题,一定要填写清楚,并当面将有关问题向接班者交代清楚。

(2) 起重指挥人员和司索人员岗位责任制的主要内容

① 严格遵守各项规章制度、岗位职责及岗位(工种)安全技术操作规程。

② 树立良好的职业道德,统一指挥,团结协作。

③ 当班起重、司索人员应坚守工作岗位,不得擅自离开工作场所。

④ 起重人员要认真钻研业务技术,懂得起重设备、工具、吊具的基本构造、原理和操作方法,做到熟练操作,作业前对吊具、索具和设备进行认真检查。

⑤ 重大吊装作业应按起重吊装技术方案进行操作,不盲目指挥,不盲目起吊,尊重科学,确保安全。

⑥ 起重作业人员发现起重设备和吊具、索具有较大隐患,危及人身安全时,应停止起重作业。

⑦ 起重作业人员应密切注意起重机的运行和吊装状况,若发现机件、零件、吊具、索具、安全装置等有故障或异常现象,应及时设法排除或进行维修,必要时应向单位领导或检修人员报告,待查清原因、排除故障后方可继续作业。

⑧ 认真维护保养起重机具、吊具、索具等,使起重机具、工具处于良好的运行状态。

⑨ 认真填写交接班记录、操作留言,当面将有关问题向接班者交代清楚。

6）起重作业交接班制度

(1) 交接班项目

起重作业人员应认真执行交接班制度。交接班包括填写日常工作记录、交班记录。交班记录中应有如下内容:设备检查情况,设备运转状态,设备维护保养情况,发生的人身、设备、操作事故或未遂事故情况以及隐患整改情况等。交班人员应签名,并注明日期、班次。

(2) 交班内容

起重作业结束后,交班起重作业人员应认真向接班者交班,讲清本班起重作业状况、任务完成情况、安全生产情况、设备运转状况、维护保养及故障情况等。

（3）接班内容

接班人员应认真听取上一班工作情况介绍，主动问清情况，了解上一道工序情况，阅读检查上一班交班记录和工作留言；检查起重设备操纵系统、制动装置等是否良好，检查吊具、索具等的隐患情况，进行空载运转等，发现问题，双方要立即共同讨论研究。在上述交接班检查中，双方认为正常无误，接班人在交接班记录上签字或双方口头交接认可后，交班人员方可正式离开岗位或现场。

3.4.3 安全技术检验与监测

起重机械的安全技术检验与监测，分为起重机械产品、在用起重机械和新安装起重机械的安全技术检验与监测。

1）起重机械产品的安全技术检验与监测

起重机械的制造单位对所生产产品的安全技术性能进行自检，合格后，向所在地区的省级主管部门申请安全技术监督检验。

检验内容包括：原材料自检资料，金属结构安全技术要求，电气、液压及控制系统安全技术要求，安全防护装置及主要零部件的安全技术要求，运行试验和载荷试验等。

2）在用起重机械的定期安全技术检验与监测

由特种设备检测部门负责检验在用起重机械的安全性能、安装修理的安全质量，并对安全认证进行检查。负责起重机械检验的人员，必须经专业培训、考核，取得省级或省级以上主管部门签发的起重机械检验员证后才可出具检验报告。检验包括：

① 正常工作的起重机，每两年一次。

② 经过大修、新安装、改造过的起重机，在交付使用前。

③ 闲置超过一年的起重机，在重新使用前。

④ 经过自然灾害或重大事故，可能使构件和机构的重要性能等受到损害的起重机。

检验项目包括技术档案（如产品合格证和说明书、验收资料、检验和试验记录、人身或设备事故记录）、主要零部件和安全装置、金属结构的主要受力构件、电气和电路保护、安装及作业环境等。同时，还要进行载荷试验（空载、静载和动载）以确认各组成部分和机构的工作可靠性。

在用起重机械的运行试验和载荷试验可只做空载和额定载荷试验，其中额定载荷试验可两个检验周期进行一次；经安装和重大修理后的起重机械的质量检验，其运行和载荷试验必须按有关标准进行。

3）新安装起重机械的安全技术检验与监测

新安装起重机械的安全监测包括以下内容：

① 一般要求。整机外观、标牌、额定起重量标志，作业环境，技术档案资料。

② 金属结构安全技术要求。桥架、臂架、塔架、升降机导轨架等主要受力构件及其连接，司机室、平台、走台、梯子、栏杆。

③ 机构及主要零部件安全技术要求。起升、运行、回转、变幅、伸缩等机构的安全性能，其中的主要部件包括吊钩、钢丝绳等吊辅具，卷筒，滑轮组，制动器，开式齿轮，联轴器，车轮及钢轨等。

④ 液压系统安全技术要求。防止过载和液压冲击的安全装置，平衡阀、液压锁、管路及其连接，操作及控制装置。

⑤ 电气及控制系统检查。包括馈电装置，保护装置，控制装置，导线及其敷设，照明、信号

系统,接地、绝缘等。

⑥ 安全防护装置检验。

⑦ 运行试验和载荷试验。

3.4.4 质量监督与安全监察

1) 起重机械产品质量监督与安全监察

起重机械产品质量监督与安全监察主要涉及设计、制造和安装 3 个环节。起重机械的安全主要是由设计决定的,设计是安全保障的源头;制造是实现产品的工艺过程,是质量保证的关键环节;安装是制造的延续,是起重机由商品转入使用的中间过渡环节。在这些阶段的安全监察,主要是针对设计、制造和安装起重机械单位的资质进行安全认证,对起重机械产品市场准入进行安全认证。

① 起重机械的设计单位及其设计人员应对所设计的起重机械的安全性能负责。应将主要安全技术资料报所在地区的省级主管部门备案。

② 起重机械的制造、安装及修理单位必须取得有关部门的安全认可,有关部门核发安全认可证书。安全认可证书有效期为 3 年,每 3 年进行一次复审。

③ 对生产出来的起重机械产品的安全技术性能经自检合格后,还须经过主管安全技术部门的监督检验,取得起重机械安全技术监督检验合格证书。起重机械出厂时,必须将起重机械安全技术监督检验合格证书列入随机文件。

2) 起重机械设备使用的质量监督与安全监察

对起重机械设备的使用,从保证起重机械安全状态、操作人员的安全教育培训和建立安全管理规章制度 3 个方面进行安全监察。

① 起重机械使用单位必须购置有安全技术监督检验合格证书的产品。

② 安装后的起重机械必须经过安全技术检验机构的安全检验,检验合格并取得准用证后方可投入使用。

③ 使用单位必须建立起重机械安全管理规章制度;起重机械作业人员必须持有主管部门考核后签发的安全操作证。

④ 对在用起重机械及其安全防护装置的安全性能,还必须经过安全技术检验机构每两年一次的定期监督检验,核发起重机械准用证后再继续使用。

3) 起重机械作业人员的考核与发证

起重机械作业人员属于特种作业人员,实行持证上岗制度。对特种作业人员的考核与发证实施国家监察。有关部门对取得合格证者每两年复审一次,未按期复审或复审不合格者,操作证自行取消。需要特别指出的是,流动式(汽车式、轮胎式)起重机司机,除按规定考取驾驶执照外,还必须取得起重机司机操作证才能上岗。

3.5 起重机械安全操作技术与要求

3.5.1 起重作业中的危险性及危险要素

起重作业属于特种作业,起重机械属于危险的特种设备。

从安全角度看,与一人一机在较小范围内的固定作业方式不同,起重机械的功能是将重物提升到一定空间进行装卸吊运。为满足作业需要,起重机械具有特殊的机构和结构形式,使起重机和起重作业方式本身存在诸多危险因素。

1）吊物具有很高的势能

被搬运的物料个大体重（一般物料为十几或几十立方米，均达数吨重）、种类繁多、形态各异（包括成件、散料、液体、固液混合等物料），起重搬运过程是重物在高空中的悬吊运动。

2）起重作业是多种运动的组合

四大机构组成多维运动，体形高大的金属结构整体移动，大量结构复杂、形状不一、运动各异、速度多变的可动零部件，形成了起重机械的危险点多且分散的特点，增加了安全防护的难度。

3）作业范围大

起重机横跨车间或作业场地，在其他设备、设施和施工人群的上方，起重机带载后可以部分或整体在较大范围内移动运行，使危险的影响范围加大。

4）多人配合的群体作业

起重作业的程序是地面司索工捆绑吊物、挂钩；起重司机操纵起重机将物料吊起，按地面指挥，通过空间运行将吊物放到指定位置摘钩、卸料。每次吊运循环，都必须由多人合作完成，无论哪个环节出问题，都可能发生意外。

5）作业条件复杂多变

在车间内，地面设备多，人员集中；在室外，受气候、气象条件和场地的影响，特别是流动式起重机还受到地形和周围环境等诸多因素的影响。

总之，重物在空间的吊运、起重机的多机构组合运动、庞大金属结构整机移动，以及大范围、多环节的群体运作，使起重作业的安全问题尤显突出。

3.5.2 起重机械安全操作要求与规程

1）安全操作的一般要求

（1）起重机安全操作的基本要求

① 起重作业人员班前、班中严禁饮酒，起重作业人员操作时必须精神饱满、精力集中，操作时不准吃东西、看书报、闲谈、打瞌睡、开玩笑等。

② 起重作业人员接班时，应进行例行检查，发现装置和零部件不正常时，必须在操作前排除。

③ 开车前，必须鸣铃或报警；操作中起重机接近人时，亦应给以断续铃声或报警。

④ 操作应按指挥信号进行，对紧急停车信号，不论何人发出，都应立即执行。

⑤ 非起重机司机不准随便进入起重机司机室，检修人员得到起重机司机许可后，方可进入司机室。

⑥ 当确认起重机上或其周围无人时，才可以闭合主电源，如电源断路装置上装锁或有标牌时，应由有关人员摘掉后才可以闭合主电源。

⑦ 闭合主电源前，应将所有的控制器手柄置于零位。

⑧ 起重机上有两人工作时，若事先没有互相联系和通知，起重机司机不得擅自开动或脱离起重机。

⑨ 驾驶起重机时应使用手柄操作，停起重机时不要用安全装置关机，不许用人体其他部位去转动控制器，以防在异常工作时来不及采取紧急安全措施。

⑩ 工作中遇到突然停电时，应将所有的控制器手柄扳回零位，在重新工作前应检查起重机动作是否正常；因停电重物悬挂半空时，起重作业人员应通知地面人员紧急避让，并立即将危险区域围起来，不准任何人进入危险区。

（2）起重机停止作业时的安全操作要求

① 起重机停止作业时，应将重物稳妥地放置于地面。

② 多人挂钩操作时，驾驶人员应服从预先确定的指挥人员的指挥；吊运中发生紧急情况时，任何人都可以发出停止作业的信号，驾驶人员应紧急停车。

③ 起重机起吊重物时，一定要进行试吊，试吊高度 $H < 0.5$ m，经试吊发现无危险时方可进行起吊。

④ 在任何情况下，吊运重物不准从人的上方通过，吊臂下方不得有人。

⑤ 在吊运过程中，重物一般距离人头顶 0.5 m 以上，吊物下方严禁站人，在旋转起重机工作地带，人员应站在起重机动臂旋转范围之外。

⑥ 在轨道上露天作业的起重机，当工作结束时，应将起重机锚定住。

⑦ 起重作业人员进行维护保养时，应切断主电源并挂上标志牌或加锁，如有未消除的故障应通知接班人员。

⑧ 控制器应逐步开动，不要将控制器手柄从顺转位置直接猛转到反转位置（特殊情况下例外），而应先将控制器转到零位，再转到反方向，否则吊起的重物容易晃动摇摆或因销子、轴等受力过大而发生事故。

⑨ 起重机工作时不得进行检查和维修，不得在有载荷的情况下调整起升、变幅机构的制动器。

⑩ 不准利用极限位置限制器停车，无下降极限位置限制器的起重机，吊钩在最低工作位置时，卷筒上的钢丝绳必须保证《起重机设计规范》（GB/T 3811—2008）所规定的安全圈数。

（3）起重机作业时的安全操作要求

① 起重机作业时，臂架、吊具、索具、辅具、缆风绳及重物等与输电线的最小距离必须符合有关规定。

② 自行式起重机，工作前应按使用说明书的要求平整停车场地，牢固可靠地打好支腿。

③ 对无反接制动性能的起重机，除紧急情况外，不准利用打反车进行制动。

④ 用两台或多台起重机吊运同一重物时，钢丝绳应保持垂直；各台起重机的升降、运行应保持同步；各台起重机所承受的载荷均不得超过各自的额定起重能力。如达不到上述要求，应降低至额定起重能力的 80%；对细高件吊装时，每台起重机的起重量降至额定起重量的 75%。

⑤ 有主、副 2 套起升机构的起重机，主、副钩不应同时开动（对于设计允许同时使用的专用起重机除外）。

2）起重操作"十不吊"

① 指挥信号不明或乱指挥不吊。

② 物体质量不清或超负荷不吊。

③ 斜拉物体不吊。

④ 重物上站人或有浮置物不吊。

⑤ 工作场地昏暗，无法看清场地、被吊物及指挥信号不吊。

⑥ 工件埋在地下不吊。

⑦ 工件捆绑、吊挂不牢不吊。

⑧ 重物棱角处与吊绳之间未加垫衬不吊。

⑨ 吊具、索具达到报废标准或安全装置失灵不吊。

⑩ 钢铁水包过满不吊。

3）安全操作的特殊要求

起重作业人员除了执行起重作业一般要求及本企业、本机型安全技术操作规程外，还要执行安全操作特殊要求。起重作业安全操作特殊要求主要是：

① 接受吊装任务前，必须编制起重吊装技术方案，作业前应进行技术交底，强调安全操作技术，全面落实安全措施。

② 对使用的起重机械、机具、工具、吊具和索具进行检查，确认符合安全要求后方可使用，必要时要经过验证或试验认可。

③ 起重作业人员在操作中要登高作业前，必须办理登高作业安全许可证，并采取可靠的安全措施后再进行。

④ 两人以上从事起重作业时，必须有一人任起重指挥，现场其他起重作业人员或辅助人员必须听从起重指挥统一指挥，但在发生紧急危险情况时，任何人都可以发出符合要求的停止信号和避让信号。

⑤ 起重作业时，起重吊具、索具、辅具等一律不准与电气线路交叉接触。

⑥ 运输吊运大型、重型设备时，事先要测量道路是否安全无阻，对道路上空和两侧的输电线、架空管道、地下设施、道路两侧的建筑物必须采取有效的安全措施。

⑦ 严禁将钢丝绳、缆风绳拴在易燃易爆、有毒的管道，化工受压容器，电气设备，电线杆等物体上。

⑧ 吊起的重物在空中运行时不准碰撞任何其他设备或物体，禁止物体冲击式落地，吊物不得长时间在空中停留。

⑨ 运输的重物要在道路中停放时，停放位置不能堵塞交通，夜间要设置红灯信号；重物要通过铁道道口时，事先要与有关部门和看道人员取得联系并得到许可后，方可在规定时间内通过。

⑩ 运输重物上、下坡时，要有防滑措施。运输板材、管材或超长物体时，要有安全标志和防惯性伤害的安全措施。搬运易碎物品应使用专用工具，小心轻放。装运易燃、易爆物品时严禁吸烟和动用明火，不得穿带有铁钉的鞋，必须轻装、轻卸，不得猛烈撞击，不得乱抛乱扔。在石油化工区内从事起重作业，必须遵守厂区内的其他各项安全规定。认真穿戴好个人防护用品，作业前必须戴好安全帽。

4）执行设备（岗位）安全技术规程

每个企业因其性质、生产特点、经营方式和设备状况不同，设备复杂程度不同等因素，在安全技术操作规程基本一致的前提下，个别地方可能不尽相同，这是根据各厂情况决定的。但不论什么安全技术规程，也不论如何表达，都必须要有利于安全操作，有利于预防事故。各企业颁布的安全技术规程要不断修改完善，并认真贯彻执行。

3.5.3　安全操作技术

安全操作技术是对人的行为的规范，是保证起重机使用安全的重要环节。要提高作业人员对安全重要意义的认识，熟练掌握操作技能，养成良好的劳动习惯，遵守劳动纪律。在起重作业的安全操作技术中，特别是在有较大危险的操作环节，应对有关人员进行有针对性的培训和考核，不留安全死角。

1）吊运前的准备

① 正确佩戴个人防护用品，包括安全帽、工作服、工作鞋和手套。高处作业还必须佩戴安

全带和工具包。

②检查清理作业场地，确定搬运路线，清除障碍物。室外作业要了解当天的天气情况。流动式起重机要将支撑地面垫实垫平，防止作业中地基沉陷。

③对使用的起重机和吊装工具、辅件进行安全检查。不使用报废零部件和装置，不留安全隐患。

④熟悉被吊运物品的种类、数量、包装状况及其与周围的联系，根据有关技术数据(如质量、几何尺寸、精密程度、变形要求)进行最大受力计算，确定吊点位置和捆绑方式。

⑤编制作业方案。对于大型、重要的物件的吊运或多台起重机共同作业的吊装，事先要在有关人员参与下，由指挥、起重机司机和司索工共同讨论，编制作业方案，必要时报请有关部门审查批准。

⑥预测可能出现的事故，采取有效的预防措施，选择安全通道，制定应急对策。

2) 起重机司机通用安全操作要求

①有关人员应认真交接班，对吊钩、钢丝绳、制动器、安全防护装置的可靠性进行安全检查，发现异常情况及时报告。

②开机作业前，应确认以下情况处于安全状态方可开机：所有控制器是否置于零位；起重机上和作业区内是否有无关人员，作业人员是否处于安全区；起重机运行范围内是否有未清除的障碍物；起重机与其他设备或固定建筑物的最小距离是否在 0.5 m 以上；电源断路装置是否加锁或有警示标志；流动式起重机是否按要求平整好场地、牢固可靠地打好支腿。

③开车前，必须鸣铃或示警；操作中接近人时，应给断续铃声或示警。

④司机在正常操作过程中，不得有下列行为：利用极限位置限制器停车；利用打反车进行制动；起重作业过程中进行检查和维修；带载调整起升、变幅机构的制动器，或带载增大作业幅度；吊物从人头顶上通过，吊物和起重臂下站人。

⑤严格按指挥信号操作，对紧急停止信号，无论何人发出，都必须立即执行。

⑥吊载接近或达到额定值，或起吊危险品(液态金属、危害物、易燃易爆物)时，吊运前认真检查制动器，并用小高度、短行程试吊，确认没有问题后再吊运。

⑦起重机各部位、吊具索具及辅助用具与输电线的最小距离应满足安全要求。

⑧有下述情况时，司机不应操作：起重机结构或零部件(如吊钩、钢丝绳、制动器、安全防护装置等)有影响安全工作的缺陷和损伤；吊物超载或有超载可能，如吊物质量不清、埋置或冻结在地下、被其他物体挤压等；吊物捆绑不牢，或吊挂不稳，重物棱角与吊索之间未加衬垫；被吊物上有人或浮置物；作业场地昏暗，看不清场地、吊物情况或指挥信号。

⑨工作中突然断电时，应将所有控制器置零，关闭总电源。重新工作前，应先检查起重机工作是否正常，确认安全后方可正常操作。

⑩有主、副两套起升机构的起重机，不允许同时利用主、副钩工作(设计允许的专用起重机除外)。

⑪用两台或多台起重机吊运同一重物时，每台起重机都不得超载。吊运过程中应保持钢丝绳垂直，保持运行同步。吊运时，有关负责人员和安全技术人员应在场指导。

⑫露天作业的轨道起重机，当风力大于 6 级时，应停止作业；当工作结束时，应锚定住起重机。

3) 司索工安全操作要求

司索工主要从事地面工作，如准备吊具、捆绑挂钩、摘钩、卸载等，多数情况还担任指挥任务。司索工的工作质量与整个搬运作业安全关系极大,其安全操作要求如下。

(1) 准备吊具

对吊物的质量和重心估计要准确,如果是目测估算,应增大 20％来选择吊具。每次吊装都要对吊具进行认真的安全检查,如果是旧吊索应根据情况降级使用,绝不可侥幸超载或使用已报废的吊具。

(2) 捆绑吊物

① 对吊物进行必要的归类、清理和检查,吊物不能被其他物体挤压,被埋置或被冻结在地下的物体要完全挖出。切断与周围管线的一切联系,防止造成超载。

② 清除吊物表面或空腔内浮摆的杂物,将可移动的零件锁紧或捆牢,形状或尺寸不同的物品不经特殊捆绑不得混吊,防止坠落伤人。

③ 吊物捆扎部位的毛刺要打磨平滑,尖棱利角应加垫物,防止起吊吃力后损坏吊索。表面光滑的吊物应采取措施来防止起吊后吊索滑动或吊物滑脱。

④ 捆绑吊挂后余留的不受力绳索应紧系在吊物或吊钩上,不得留有绳头悬索,以防在吊运过程中挂着人或物。

⑤ 吊运大而重的物体时应加诱导绳,诱导绳的长度应能使司索工既可握住绳头,同时又能避开吊物正下方,以便发生意外时司索工可利用该绳控制吊物。

(3) 挂钩起钩

① 吊钩要位于被吊物重心的正上方,不准斜拉吊钩硬挂,防止提升后吊物翻转、摆动。

② 吊物高大需要垫物攀高挂钩、摘钩时,脚踏物一定要稳固垫实,禁止使用易滚动物体(如圆木、管子、滚筒等)做脚踏垫物。攀高时必须佩戴安全带,防止人员坠落跌伤。

③ 挂钩要坚持"五不挂":超重或吊物质量不明不挂;重心位置不清楚不挂;尖棱利角和易滑动工件无衬垫物不挂;吊具及配套工具不合格或报废不挂;包装松散捆绑不良不挂。将安全隐患消除在挂钩前。

④ 当多人吊挂同一吊物时,应由一专人负责指挥,在确认吊挂完毕,所有人员都离开并站在安全位置以后,才可发出起钩信号。

⑤ 起钩时,地面人员不应站在吊物倾翻、坠落可波及的地方;如果作业场地为斜面,则应站在斜面上方(不可在死角处),防止吊物坠落后继续沿斜面滚移伤人。

(4) 摘钩卸载

① 吊物运输到位前,应选择好安放位置,卸载不要挤压电气线路和其他管线,不要阻塞通道。

② 针对不同吊物种类应采取不同措施加以支撑、楔住、垫稳、归类摆放,不得混码、互相挤压、悬空摆放,防止吊物滚落、侧倒、塌垛。

③ 摘钩时应等所有吊索完全松弛后再进行,确认所有吊索从钩上卸下后再起钩,不允许抖绳摘索,更不许利用起重机抽索。

(5) 搬运过程的指挥

① 无论采用何种指挥信号,必须规范、准确、明了。

② 指挥者所处位置应能全面观察作业现场,并使司机、司索工都能清楚看到。

③ 在作业进行的整个过程中(特别是重物悬挂在空中时),指挥者和司索工都不得擅离职守,应密切注意观察吊物及周围情况,发现问题及时发出指挥信号。

3.6 起重机械安全技术及检查

3.6.1 桥式起重机安全技术

桥式起重机都以桥形主梁的金属结构作为主要承载构件,通过起升机构、小车运行机构、大车运行机构等三个工作机构的组合运动,使起重机在固定跨度的盒形空间内完成物料搬运作业任务。

桥架类型起重机的主要技术参数有起重量 G、起升高度 H、跨度 S、工作速度 v(包括起升速度 v_q、大车运行速度 v_k、小车运行速度 v_2)、起重机工作级别等。

桥式起重机的桥形主梁通过两个端梁直接支承在固定于建筑物的轨道上,常见的有单梁电动葫芦起重机和双梁桥式起重机,其中以双梁桥式起重机使用量最大,广泛地用于车间、仓库或露天堆料场地。

1)桥式起重机工作机构

(1)起升机构

起升机构是桥架式起重机的重要组成部分。绝大多数起重坠物的重大事故都与起升机构及其主要构成零部件的安全状态有直接关系,因此起升机构是安全检查的重点,在保证工作性能时,必须满足安全要求。

起升机构由电动机、减速器和转动轴、卷绕系统、取物装置、制动器及安全装置等组成(图3-21)。卷绕系统一般采用带螺旋槽的单层缠绕卷筒、双联钢丝绳滑轮组;最常用的取物装置是吊钩;安全装置包括超载限制器。

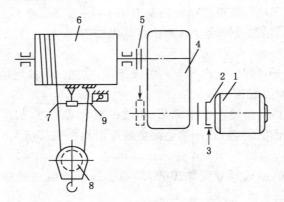

图 3-21　起升机构传动简图

1——电动机;2,5——联轴器;3——制动器;4——减速器;
6——卷筒;7——钢丝绳;8——吊钩或滑轮组;9——上升极限位置限制器

制动器是关系安全的关键装置,起升机构使用的电动式制动器应是常闭式支持制动器,它的制动轮必须装在与传动装置刚性连接的轴上。起升机构的每套独立驱动装置至少装设一个制动器,对于吊运炽热金属危险品的起升机构,每套独立的驱动装置至少装设两个制动器,每个制动器的安全系数均不得低于规定的数值。

一般起重机只装配一套起升机构,当起重量大于 10 t 时,为提高工作效率,常设主、副两套起升机构,可充分发挥副起升机构起重量小、速度快,主起升机构起重量大的优势。

(2)小车运行机构

小车运行机构多为集中驱动自行式结构,由电动机、减速机、联轴器和转动轴、制动器、车轮组和轨道以及安全装置等组成。由于运行轨距较小,使用单轮缘车轮,方钢或扁钢形状的钢轨直接铺设在金属结构上。采用立式减速机将驱动部分和行走车轮布置在起重小车上、下两个层面上。小车安全装置有行程限位开关、缓冲器和轨道端部止挡,防止小车超行程运行时脱轨。

（3）大车运行机构

大车运行机构按转动形式不同分为集中驱动和分别驱动两类。当起重机跨度小于16.5 m 时,可以采用集中驱动或分别驱动;跨度大于 16.5 m 时,一律采用分别驱动。大车运行机构采用双轮缘车轮,驱动力靠主动车轮轮压与轨道之间摩擦产生的附着力。因此,必须进行主动轮的打滑验算,以确保足够的驱动。

大车运行机构的安全装置有行程限位开关、缓冲器和轨道端部止挡。室外起重机必须配备夹轨器、扫轨板和支承架,以及暴露的活动零部件防护罩。

2）轨道运行常见的问题

（1）小车运行的问题

小车运行常见问题是过轨道接头时的冲击,小车"三条脚"现象,运行偏斜造成夹轨或车轮与轨道不安全接触,严重时发生脱轨。小车"三条脚"现象是指在运行过程中,小车的四个车轮不能同时与轨道接触,形成只有三个车轮与轨道接触的现象。其主要原因是两个轨道的平行度和平面度、轨道的垂直下挠和水平弯曲以及轨道接头的高度差超过标准要求,这些问题与起重机金属结构直接相关,小车车轮的制造、安装误差与磨损也是重要原因。

（2）大车运行的问题

大车运行的主要问题是"啃道"。"啃道"是指在运行过程中,在水平侧向力作用下,车轮轮缘与轨道头部侧面摩擦,造成接触面磨损的现象,多发生在大跨度、重型、冶金起重机上。"啃道"会增加运行阻力,使车轮或轨道降低使用寿命而加速报废,破坏轨道与基础的联系,并对基础强度产生不良影响,严重时会造成起重机脱轨。"啃道"的原因是多方面的,概括起来有:轨道在安装或使用中产生的缺陷,轨道基础的破坏、下沉或变形,车轮尺寸或装配偏斜超差,桥架变形等。这应通过安全检查及时发现问题,针对具体原因采取相应对策解决。

3.6.2　门式起重机安全技术

稳定性是指起重机在自重和外载荷作用下抵抗翻倒的能力,以及室外轨道起重机防风抗滑的能力。门式起重机和装卸桥要进行抗倾覆稳定性和防风抗滑安全性验算。

抗倾覆稳定性是指在最不利的载荷组合条件下,起重机抗倾覆的能力。稳定条件是包括自重在内的各项载荷对倾覆边的力矩之和大于或等于零（$\sum M \geqslant 0$）,计算时运算符号为:起稳定作用的力矩为正;使起重机倾覆的力矩为负。考虑各种载荷对稳定性的实际影响程度,在进行起重机抗倾覆校核时,不同工况的各载荷力矩应分别乘以相应的载荷系数,如表 3-12 所列。

表 3-12　　　　　　　　　　　　　　　　载荷系数

工况特征	自重	系数	水平惯性力(包含起吊物)	风力
无风静载		1.4	0	0
有风动载	0.95	1.2	1	1
暴风袭击下的非工作状态		0	0	1.5

1) 纵向稳定性

纵向稳定性是指起重机在垂直轨道方向的稳定性,验算无风静载和有风动载两种工况,如图 3-22(a)所示。

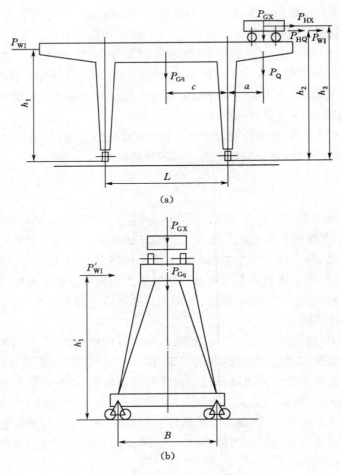

图 3-22　门式起重机稳定性分析图

(a) 起重机满载时垂直轨道方向的稳定性;(b) 起重机沿轨道方向的稳定性

① 无风静载纵向稳定性是指满载小车在桥架悬臂端位置,不考虑水平惯性载荷和风载荷的稳定性,其验算公式为:

$$0.95P_{Gq}c - 1.4(P_Q + P_{GX})a \geqslant 0 \tag{3-18}$$

式中　P_{Gq}——桥架自重载荷;

　　　P_{GX}——小车自重载荷;

　　　P_Q——额定起升载荷;

　　　c——桥架自重重心到倾覆边的距离;

　　　a——小车自重和吊载重心到倾覆边的距离。

② 有风动载纵向稳定性是指满载小车在桥架悬臂端制动,考虑风载荷和水平惯性载荷的稳定性,其验算公式为:

$$0.95P_{Gq}c - 1.2(P_Q + P_{GX})a - P_{HX}h_3 - (P_{HQ} + P_{W\text{Ⅱ}})h_2 - P_{W\text{Ⅰ}}h_1 \geqslant 0 \tag{3-19}$$

式中 P_{HX}——小车运行中启制动时的水平惯性力；

h_3——小车重心至大车轨道顶面的高度；

P_{HQ}——小车运行中启制动时引起吊重的水平惯性力；

$P_{WⅠ}$——作用在桥架与小车侧面的工作状态时的最大风力；

$P_{WⅡ}$——作用在吊重上的工作状态时的最大风力，$P_{WⅠ}$ 和 $P_{WⅡ}$ 按工作状态计算风压；

h_1——桥架与小车侧面的迎风面积形心至大车轨道顶面的高度；

h_2——起升定滑轮组至大车轨道顶面的高度；

其他符号含义同前。

2）横向稳定性

横向稳定性指起重机在沿轨道方向的稳定性，验算非工作状态下最大风力时的自重稳定性如图 3-22（b）所示，其验算公式为：

$$0.95(P_{Gq}+P_{GX})0.5B-1.15P'_{WⅠ}h'_1 \geqslant 0 \tag{3-20}$$

式中 $P'_{WⅠ}$——作用在桥架与小车侧面的工作状态下的最大风力，按非工作状态计算风压；

h'_1——桥架端面与小车的迎风面积形心至大车轨道顶面的高度；

B——起重机大车轮距；

其他符号含义同前。

3.6.3 塔式起重机安全技术

塔式起重机又称为塔机、塔吊，是现代工业和民用建筑中主要的施工机械之一。其主要特点是起升高度高，工作幅度大，幅度利用率高，工作速度快，具有良好的调速性能，全回转，服务范围广，装、运方便，适应频繁转移工地的需要，适应性好。应用最多的是自升附着式。

塔机结构主要由起重臂、塔身、平衡臂、转台、塔帽、顶升套架、附墙装置等组成。塔机结构一般采用空间桁架结构，具有自重轻、承受风载荷小的优点。

据不完全统计，在塔机事故中，1998～2000 年我国一次死亡 3 人以上的重大事故就有 25 起，共造成 76 人死亡，18 人重伤。又据国内权威部门对 1 200 例塔机事故的调查分析发现，塔机倾翻和断臂等事故占到塔机事故的 70%，这些事故的主要原因是超载和违章作业，当然与塔机的制造质量差、安全装置不全或失灵也有直接关系。

1）塔机非工作状态与工作状态的区分

已安装架设完毕的塔机，不吊重，所有机构停止运动时，切断动力电源，并采取防风保护措施，称为非工作状态。塔机处于司机控制之下进行作业，包括吊重运转、空载运转或间歇停机，称为工作状态。

2）塔机检验规则的分类

① 型式检验。按规定的检验方法对产品样品进行检验，以证明样品符合指定标准或技术规范的全部要求，一般由生产厂家或国家和地方质量监督机构进行。

② 出厂检验。产品交货、用户验收时进行，包括性能试验、安全装置检验、连续作业试验。

③ 常规检验。用户正常使用时进行，包括每次转移工地，安装后在同一地点工作，每年进行一次，但安全装置每半年进行一次。重大故障修复后也要进行常规检验。常规检验包括性能试验、安全装置检验。

3）塔机性能试验内容

包括安装拆卸试验、绝缘试验、空载试验、载荷试验（额定载荷、超载 25% 静载荷、超载 10% 动载荷试验）、操作试验。

4）塔机的安全装置

包括起重力矩限制器、起重量限制器、小车变幅断绳保护装置和断轴保护装置、起升高度限位器、幅度限位器、回转限位器、行走限位器、夹轨器、风速仪、吊钩与卷筒防脱绳装置等。

5）风速的规定

我国标准规定,塔机安装、拆卸、爬升或顶升作业中,最大安装高度时风速不大于 13 m/s,相当于 6 级风。而从法国引进的 F0/23B 塔机使用说明规定:在风速超过 16.6 m/s(相当于 7 级风)的情况下塔机不得顶升(安装手册)。

6）塔身垂直度的规定

① 塔机安装后,在空载无风状态下,塔身轴心线对支承面的侧向垂直度为 4/1 000,同时要测量互成 90°的两个方向。应该注意的是,测量时起重臂与被测塔身必须在同一平面内,即垂直起重臂时测量塔身在起重平面内的垂直度,对着起重臂测量塔身在起重平面外的侧向垂直度。

② 塔机附着后,附着点以下,塔身垂直度偏差不大于 2/1 000,附着点以上仍为 4/1 000。

③ 对于内爬式塔机,在上下两支承装置间测量时,其塔身对基准面的垂直度偏差不大于 2.5/1 000。

④ 塔机在起升额定载荷时,起重臂根部水平静位移 Δx 应不大于 $h/100$,其中 h 对移动式塔机为塔身与起重臂连接处至直接支持整个塔身的作用平面的垂直距离,对附着式塔机为塔身与起重臂连接处至最高一个附着点的垂直距离。Δx 按下式计算:

$$\Delta x = [1/(1-F_n/F_e)] \cdot \Delta m \tag{3-21}$$

式中　F_n——在额定起升载荷作用下,塔身与臂架连接处以上的所有垂直力;

　　　F_e——欧拉临界载荷;

　　　Δm——额定起升载荷对塔身中心线的弯矩引起的塔身与起重臂连接处的水平位移。

有的单位为了简化计算,对附着式塔机 Δx 同样使用 $h/100$,h 定为塔身与起重臂连接处至最高一个附着装置之间的垂直距离。显然,这样计算出来的数值偏大。

3.6.4　流动式起重机安全技术

流动式起重机属于旋转臂架式起重机,由于靠自身的动力系统驱动,也称为自行式起重机,其中采用充气轮胎装置的被称为轮式起重机。流动式起重机可以长距离行驶,灵活转换作业场地,机动性好,因而得到广泛应用。

流动式起重机主要有汽车起重机、轮胎起重机和履带式起重机,它们的主要特性如下。

1）汽车起重机

汽车起重机使用汽车底盘,具有汽车的行驶通过性能,行驶速度高。其缺点是运行时不能负载,起重时必须打支腿。但其机动灵活、可快速转移的特点,使之成为我国流动式起重机中使用量最多的起重机。

2）轮胎起重机

轮胎起重机采用专门设计的轮胎底盘,轮距较宽,稳定性好,可前后左右四面作业,在平坦的地面上可不用支腿负载行驶。在国外,轮胎起重机,特别是越野轮胎起重机,使用越来越广泛,大有取代汽车起重机的趋势。

3）履带式起重机

履带式起重机是用履带底盘,靠履带装置行走的起重机。与轮式起重机相比有其突出的特点:履带与地面接触面积大,可在松软、泥泞地面上作业;牵引系数高、爬坡度大,可在崎岖不平的场地上行驶;履带支承面宽大,稳定性好,一般不需要设置支腿装置。其缺点是笨重,行驶速度慢,对路面有损坏作用,制造成本较高。

以上3种类型的起重机在安全技术上有共性。下面以汽车起重机为例,介绍流动式起重机的有关安全技术。

4)流动式起重机安全技术检验

解决流动式起重机的安全问题应该从设备和使用两个环节入手。通过对起重机的安全检查和监管来保证设备的安全状态;在使用环节,加强对人员的安全培训与考核,制定安全操作规程,通过技术手段来化解使用风险。

(1)技术资料审查

技术资料审查对象包括产品合格证,验收资料(如安全技术档案、使用许可证等),安装、使用、维护说明书,历次检查试验记录,人员、设备事故记录等。

(2)载荷试验检查

通过无负荷试验、静载试验、动载试验,检查起重机金属结构和连接处的承载能力、主要零部件的性能,以及是否报废、工作机构的性能及运转、电气系统和液压系统工作情况等。

(3)安全防护装置及措施

按规定装设的安全装置应该齐备,性能可靠,信号灯和警示安全标志醒目、清晰;起重特性曲线或起重性能标牌应配备在司机室内,便于操作人员使用。

3.6.5 起重机工作机构安全技术

1)起升机构

(1)起升机构组成

起升机构由驱动装置、传动装置、卷绕系统、取物装置、制动器及其他安全装置等组成,不同种类的起重机需匹配不同的取物装置,其驱动装置也有不同,但布置方式基本相同。

起重量小、超过10 t时,常设两个起升机构:主起升机构(大起重量)与副起升机构(小起重量)。一般情况下两个机构可分别工作,特殊情况下也可协同工作。副钩起重量一般取主钩起重量的20%～30%。

① 驱动装置。大多数起重机采用电动机驱动,布置、安装和检修都很方便。流动式起重机(如汽车起重机、轮胎起重机等)以内燃机为原动力,传动与操纵系统比较复杂。

② 传动装置。包括减速器和传动器。减速器常用封闭式的卧式标准两级或三级圆柱齿轮减速器,起重量较大者有时增加一对开式齿轮以获得低速大力矩。为补偿吊载后小车架的弹性变形给机构工作可靠性带来的影响,通常采用有补偿性能的弹性柱销联轴器或齿轮联轴器,有些起升机构还采用浮动轴(又称补偿轴)来提高补偿能力、方便布置并降低磨损。

③ 卷绕系统。它指的是卷筒和钢丝绳滑轮组。单联滑轮组一般用于臂架类型起重机。

④ 取物装置。根据被吊物料的种类、形态不同,采用不同种类的取物装置。取物装置种类繁多,使用量最大的是吊钩。

⑤ 制动器及安全装置。制动器既是机构工作的控制装置,又是安全装置,因此是安全检查的重点。起升机构的制动器必须是常闭式的。电动机驱动的起重机常用块式制动器,流动式起重机采用带式制动器,近几年采用了盘式制动器。一般起重机的起升机构只装配一个制动器,通常装在高速轴上(也有装在与卷筒相连的低速轴上);吊运炽热金属或其他危险品,以及发生事故可能造成重大危险或损失的起升机构,每套独立的驱动装置都要装设两套支持制动器。制动器经常利用联轴器的一个半体兼做制动轮,即使联轴器损坏,制动器仍能起安全保

护作用。

此外,起升机构还配备起重量限制器、上升极限位置限制器、排绳器等安全装置。

(2)起升机构的工作原理

电动机通过联轴器(和传动轴)与减速器的高速轴相连,减速器的低速轴带动卷筒、吊钩等取物装置与卷绕在卷筒上的省力钢丝绳滑轮组连接起来。当电动机正反两个方向的运动传递给卷筒时,通过卷筒不同方向的旋转将钢丝绳卷入或放出,从而使吊钩与吊挂在其上的物料实现升降运动,这样,将电动机输入的旋转运动转化为吊钩的垂直上下的直线运动。常闭式制动器在通电时松闸,使机构运转;在失电情况下制动,使吊钩连同货物停止升降,并在指定位置上保持静止状态。当滑轮组升到最高极限位置时,上升极限位置限制器被触碰而动作,使吊钩停止上升。当吊载接近额定起重量时,起重量限制器及时检查出来,并给予显示,同时发出警示信号,一旦超过额定值及时切断电源,使起升机构停止运行,以保证安全。

2)运行机构

起重机运行机构由驱动装置、运行支承装置和安全装置组成。

(1)运行驱动装置

运行驱动装置包括原动机、传动装置(传动轴、联轴器和减速器等)和制动器。大多数运行机构采用电动机,流动式起重机为内燃机,有的铁路起重机使用蒸汽机。自行式运行机构的驱动装置全部设置在运行部分上,驱动力主要来自主动车轮或履带与轨道或地面的附着力。牵引式运行机构采用外置式驱动装置,通过钢丝绳牵引运动部分,因此可以沿坡度较大轨道运行,并获得较大的运行速度。

(2)运行支承装置

轨道式起重机和小车的运行支承装置主要是钢制车轮组和轨道。车轮以踏面与轨道顶面接触并承受轮压。

大车运行机构多采用铁路钢轨,当轮压较大时采用起重机专用钢轨。小车运行机构的钢轨采用方钢或扁钢直接铺设在金属结构上。

车轮组由车轮、轴与轴承箱等组成,为防止车轮脱轨而带有轮缘,以承受起重机的侧向力。车轮的轮缘有双轮缘、单轮缘及无轮缘3种。一般起重大车主要采用双轮缘车轮,一些重型起重机,除采用双轮缘车轮外还要加装水平轮,以减轻起重机歪斜运行时轮缘与轨道侧面的接触磨损。轨距较小的起重机或起重小车广泛采用单轮缘车轮(轮缘在起重机轨道外侧)。如果有导向装置,可以使用无轮缘车轮。在大型起重机中,为了降低车轮的压力、提高传动件和支承件的通用化程度、便于装配和维修,常采用带有平衡梁的车轮组。无轨式起重机运行支承装置是轮胎或履带装置。

单主梁门式起重机的小车运行机构常见有垂直反滚轮和水平反滚轮的结构形式,车轮一般是无轮缘的。为防止小车倾翻,必须装有安全钩。

(3)安全装置

运行机构的安全装置有行程限位开关、防风抗滑装置、缓冲器和轨道端部止挡,以防止起重机或小车超行程运行脱轨,防止室外起重机被强风刮跑造成倾覆。

(4)运行机构的工作原理

电动机的原动力通过联轴器和传动轴传递给减速器,经过减速器的减速增力作用,带动车轮转动,驱动力靠主动车轮轮压与轨道之间的摩擦产生的附着力,因此,必须要验算主动轮的最小轮压,以确保足够的驱动力。运行机构的制动器使处于不利情况下的起重机或小车在限定的时间内停止运行。

3）旋转机构

旋转机构是臂架起重机的主要工作机构之一。旋转机构的作用是使旋转部分相对于非旋转部分转动，达到在水平面上沿圆弧方向搬运物料的目的。旋转机构与变幅机构、运行机构配合运行，可使起重作业范围扩大。旋转式起重机的旋转速度随其用途而定。

旋转式起重机的旋转机构由旋转支承装置与旋转驱动装置两大部分组成。旋转支承装置用来将起重机旋转部分支承在固定部分上，为旋转部分提供必要的回转约束，并承受起重载荷所引起的垂直力、水平力与倾翻力矩。旋转驱动装置用来驱动起重机旋转部分相对于固定部分进行回转。

旋转支承装置主要有转柱式、定柱式和转盘式。

转柱式旋转支承装置的特点是具有一个与起重机转动部分做成一体的大转柱，转柱插入固定部分，借上、下支座支承并与起重机转动部分一起回转。

定柱式旋转支承装置有一个牢固安装在非旋转部分上的定柱，带起重臂的旋转部分通过空心的钟形罩套装在定柱上。

转盘式旋转支承装置类型很多，其结构的共同特征是起重机的旋转部分装配在一个大圆盘上，转盘通过滚动体（如滚轮、滚珠或滚子）支承在固定部分上，并与转动部分一起回转。滚动轴承转盘式是目前常用的一种类型，广泛用于各种臂架起重机。其结构特点是：整个旋转支承装置是一个大型滚动轴承，由良好密封和润滑的座圈和滚动体构成。滚动体可以是滚珠或滚子，旋转驱动装置的大齿圈与座圈制成一体，与小齿轮内啮合或外啮合。借助螺栓的连接，内座圈与转台相连构成旋转部分，底架与外座圈相连构成起重机的固定部分。

典型的旋转驱动装置通过电动机、减速器、制动器以及最后一级大齿轮，使旋转部分实现回转运动。

4）变幅机构

（1）变幅机构的分类

不同种类的臂架起重机的变幅机构有多种类型。根据作业要求不同，变幅机构分为调整性变幅机构与工作性变幅机构两种；根据变幅方式不同，分为运行小车式变幅机构和俯仰臂架式变幅机构；根据在变幅过程中臂架中心是否升降，还可进一步分为平衡性变幅机构和非平衡性变幅机构。

① 调整性（也称为非工作性）变幅机构的主要任务是调整工作位置，仅在空载条件下变幅到适宜的幅度，在升降物料的过程中幅度不再变化。例如，流动式起重机受稳定性限制，吊载过程当中不允许变幅。其工作特征是变幅次数少、速度低。

② 工作性变幅机构可带载变幅，从而扩大起重作业面积。其主要特征是变幅频繁，变幅速度较高，对装卸生产率有直接影响，机构的驱动功率越大，机构相对越复杂。

③ 运行小车式变幅机构的小车可以沿臂架往返运行，变幅速度快，装卸定位准确，常用于工作性变幅。它又可分为小车自行式和牵引小车式两种。长臂架的塔式起重机常采用牵引小车式变幅机构。

④ 俯仰臂架式变幅机构通过臂架绕固定铰轴在垂直平面内俯仰来改变倾角，从而改变幅度，它被广泛用于各类臂式起重机。按动臂和驱动装置之间的连接方式不同，又可分为钢丝绳滑轮组牵引的挠性变幅机构和通过齿条或液压缸驱动的刚性变幅机构。液压汽车起重机的臂架还制成可伸缩的，使变幅范围扩大。

⑤ 非平衡性变幅机构通过摆动臂架完成水平运移物品时,臂架和物品的中心都要升高或降低,需要耗费很大的驱动功率;而在增大幅度时,则引起较大的惯性载荷,影响使用性能。因此,非平衡性变幅机构大多在非工作性变幅时应用。

⑥ 平衡性变幅机构。工作性变幅采用各种方法,使起重机在变幅过程中所吊运物品的中心沿水平线或近似水平线移动,而臂架系统自重由活动平衡重所平衡。这样节约驱动功率,并使操作平衡可靠。

(2) 变幅机构的变幅阻力

变幅机构计算是以不同工况下的变幅阻力分析为基础的,变幅阻力有:

① 变幅过程中被吊物品非水平位移所引起的变幅阻力。

② 臂架系统自重未能完全平衡引起的变幅阻力。

③ 吊载的起升绳偏斜产生的变幅阻力,考虑风载荷,离心力,变幅和回转启、制动所产生的惯性力等在物品上的综合作用。

④ 作用在臂架系统上的风载荷引起的变幅阻力。

⑤ 臂架系统在起重机回转时的离心力引起的变幅阻力。

⑥ 起重机轨道坡度引起的变幅阻力。

⑦ 变幅过程中臂架系统的径向惯性力引起的变幅阻力。

⑧ 臂架铰轴中的摩擦和补偿滑轮组的效率引起的变幅阻力。

在计算变幅驱动器机构时,这些阻力在变幅全过程中的各个不同幅度位置上是变化的。

(3) 变幅驱动机构的计算原则

① 电动机的选择。变幅机构的电动机根据正常工作状态下各种工况的均方根等效阻力矩的最大值计算等效功率,根据等效功率和该机构的接电持续率初选电动机,然后校验电动机的过载和发热。等效变幅阻力矩为正常工作状态下根据相应起重量在变幅全过程中各个不同幅度位置上的变幅阻力矩和相应幅度区间计算的均方根值。变幅阻力矩由未平衡的起升载荷和臂架系统自重载荷、作用于臂架系统上的风力、吊重绳偏摆角引起的水平力、臂架系统的惯性力、起重机倾斜引起的坡道阻力以及臂架系统在变幅时的摩擦阻力等产生。

② 制动器的选择。与起升机构一样,变幅机构的制动器应采用常闭式。对于平衡变幅机构,其制动安全系数在工作状态下取 1.25,非工作状态下取 1.15。对于重要的非平衡变幅机构应装有两个支持制动器,其制动安全系数的选择原则与起升结构相同。

③ 零件的受力计算。综合考虑的变幅阻力折算到计算的某一零件上。由于变幅阻力在变幅全过程中的各个不同幅度位置上是变化的,应该对若干个幅度位置计算这些阻力,比较取其大者作为零件的受力值。

3.6.6 桥架类型起重机的安全检验

对起重机实施有效的安全检查,对其性能进行试验鉴定,是保证起重设备安全状态的重要环节。安全技术检验适用于桥架型起重机的产品制造、安装和使用等各环节,包括技术鉴定和负荷试验。其目的是综合检验起重设备的运转质量,及时发现和消除起重设备在设计、制造、装配和安装等环节造成的缺陷,保证达到设计的技术性能和安全要求。

为了防止机械设备的隐蔽缺陷在检验中造成重大事故,必须遵守先单机后联机、先空载后负载、先低速后高速、运行时间先短后长的原则,强化维护、检查的安全措施,并建立必要的记录制度,检查结果应存档。

1) 技术鉴定

　　技术鉴定是负荷试验前的技术检验,目的在于检查起重设备的基本状况是否正常,发现和消除设备存在的某些隐蔽缺陷,保证后续检查工作的安全。技术鉴定合格后,方能进行负荷试验。

　　(1) 工作机构部分

　　① 检查各零部件和装置是否齐备、完好,磨损程度如何,是否需要报废。重点零部件(如制动器、吊钩、钢丝绳、滑轮和卷筒、减速器、车轮等)的磨损程度。

　　② 检查各部分的安装、连接、配合和固定是否可靠。

　　③ 检查各机构的运转是否正常、平稳,装置的动作是否灵敏,有无异响和润滑情况如何。

　　(2) 金属结构部分

　　① 检查主要受力构件的变形或失稳情况,结构主梁的刚度变形(下挠度和水平旁弯)、主梁腹板的稳定性(局部翘曲或塌陷)、桥架对角线超差变形等。

　　② 检查各结构的高强度螺栓的连接情况,焊缝是否开裂,主要受力构件断面腐蚀情况,必要时,对主梁焊缝进行无损探伤。

　　③ 检查轨道的平直度、平行度,接头的高度差,与轨道基础的连接,轨道自身的磨损和缺陷。

　　(3) 电气部分

　　检查电气元件、电气保护装置的性能和可靠性,接地和接地电阻,绝缘和绝缘电阻,电气照明和信号灯等。

　　(4) 安全防护装置和措施

　　① 检查安全防护装置是否齐全,装置的动作是否灵敏、可靠。

　　② 检查安全标记是否清晰,是否符合标准要求。

　　2) 负荷试验

　　(1) 空载试验

　　空载试验的目的在于进一步试验工作机构的状态和运转的可靠性,各连接部分的工作性能。空载试运转期间,还应检查润滑和发热情况,运转是否平稳,有无异常的噪声和振动,各连接部分密封性能或紧固性等。若有异常现象,应立即停车检查并加以排除。检查的技术要求及测试方法包括:

　　① 对各运行机构先用手转动无卡塞现象,再通电从慢速到额定速度运行,应无冲击、无振动地平稳运行。

　　② 大车和小车沿全行程往返 3 次,检查其运行机构情况。不得有卡轨现象,主动轮应在轨道全长上接触。

　　③ 试验各种安全开关,包括上升、下降、运行机构的极限开关,各机构的联锁开关及紧急开关等。

　　(2) 静载试验

　　静载试验的目的是检验起重机金属结构的承载能力和工作性能指标,检查变形情况。检查的技术要求及测试方法包括:

　　① 超载试验测量主梁永久变形。在跨中起升 1.25 倍的额定载荷,离地面 100～200 mm,停悬 10 min 后卸载,如此重复 3 次,主梁不应产生永久变形。各部分不得有裂纹和连接松动等缺陷。

　　② 空载测量主梁实际上拱值。经超载试验无永久变形后,将空载小车开至跨端,检查实

际上拱值。

③ 测量主梁静刚度(跨中下挠度)。小车在跨中负荷额定载荷,检查主梁跨中的下挠度。对于一般桥架类型起重机,当小车处于跨中起升额定载荷时,主梁跨中的下挠度值在水平线下达到跨度的 1/700 时,如不能修复,则应报废。

3.7 典型事故案例分析及防范

3.7.1 起重机械事故典型案例分析

通过收集近年来各行业起重机械(包括桥架类、臂架类和流动式起重机等)的典型事故案例,对事故案例进行深入细致的分析,查找原因,并有针对性地提出预防措施和教训;同时,对事故中违反的相应标准、规定、规程等条款以及所触犯的刑法应承担的责任进行列举。

1)起重机吊物撞人事故

(1)事故经过

2008 年 5 月 7 日 11 时 05 分,某电厂一名起重工秦某(正式职工)在一期 220 kV 开关室内吊运备用电压互感器(高 3.1 m,重 1 t),吊车司机杨某按要求缓慢提升主钩,当防滑钢丝绳扣受力后,电压互感器重心偏移向西倾倒,秦某躲避不及被互感器击倒在地。电检班长付某立即联系医务人员和地区医院 120 人员救助,11 时 35 分,秦某经抢救无效死亡。后经法医鉴定,死亡原因为胸腹部负荷性损伤,脏器破裂,创伤失血性休克。

(2)事故原因分析

从直接原因和间接原因两个方面进行分析。

① 直接原因。互感器直立地面,高 3 m,重量较大,直径偏小,起吊点设在底部油箱盖下方(距地面约 0.4 m),在预吊阶段,在钢丝绳预紧过程中,吊互感器四个吊耳的钢丝绳松紧度不一致,加之上部固定和防脱扣措施未实施,致使互感器重心偏移,侧向倾倒撞击起重人员身体要害部位,造成死亡。

② 间接原因:

第一,备用电压互感器移位是一项较常规起重作业,因此班长没有按书面交底有关要求进行,仅向派出人员做了口头交代,即"吊装绳绑扎牢固,套管上部防倾倒"。

第二,虽然作业人员已将两条安全绳捆扎在互感器上部第 8、第 9 瓷柱片上,但没有在钢丝绳预紧前用安全绳对钢丝绳进行绑扎,缺少防倾倒措施,因此给互感器侧向倾倒时无法控制而留下隐患。

第三,作业地点过于狭窄,不利逃离。

第四,起重作业缺少现场监护人(司索工、指挥员是同一人)。

第五,对吊装对象作业环境分析不够,未充分考虑站位。

(3)防范措施

① 事故发生后,厂部立即组成事故调查处理领导小组,下设事故调查处理工作小组、安全生产保障组、善后处理组。

② 事故发生后,当天 15 时厂部紧急召开部门负责人以上人员会议,及时通报事故情况,并对安全稳定工作进行布置,厂部下令检修,现场停止作业,进行全厂全员安全学习,各部门会后及时召开班长以上人员会议,传达、落实厂部会议精神,各主要承包单位作业现场停工整改。

③ 本次人身死亡事故给该电厂造成了极大的负面影响。为吸取教训,该厂组织全厂生产

人员分析该事故,开展一次防人身伤害的安全大检查活动,强化"三不伤害"的安全意识,提高"三不伤害"的自觉性,完善防止人身伤害的各项规章制度,尤其是进一步加强危险点分析和预控的管理,完善危险点预控的规章制度。

④ 严格执行起重作业有关规定,严格执行各项规章制度,加强操作监护。

⑤ 加大对安全生产的检查、监督、考核力度,发现违章及时处理。

2)塔机超载事故

(1)事故经过

2003 年 3 月 5 日 10 时许,杭州某建筑工地一台正在吊运钢管的塔式起重机突然发出了沉闷的响声,人们举目望去,只见往日笔直的塔机歪了,发生事故的塔机是 QTZ5012 型自升式塔式起重机(下面简称塔机),该塔机起重臂装了 46 m 长,塔身已升至 90 m 高,装有 6 道附着装置,最高一道附着装置距起重臂杆铰点 22 m。发生事故的现象是:在最高一道附着装置上,3 根附着杆中的 1 根的调节丝杆被扭弯,调节丝杆上连接耳板也被扭弯,但这两点都没有断,造成塔身被拉向建筑物,使得这一道附着框梁上方的塔身严重歪斜,塔顶位置偏离垂线达 0.90 m 之多。当时塔机的作业任务是吊运脚手架的钢管,将建筑物楼顶面的钢管吊运至 12 层的裙房楼面上,起吊点在起重机臂杆 12 m 处,卸料点在起重机臂杆 38 m 处,起吊的钢管质量估计为 2.5 t。塔机倾斜后,塔机的吊钩上还吊着一捆钢管,悬空在 12 层的裙房楼面上方。

(2)事故原因分析

① 该塔机的起重特性表上表明,在吊 2.5 t 物料时的幅度控制应在 26 m 之内,要吊至 38 m 处是严重超载的。若超载,塔机的起重力矩限位器应该起保护作用,经检查,起重力矩限位器是完好的,在超出限定力矩范围时,能切断吊钩向上、小车变幅向外的电源,保证不超载。经检查,塔机的小车制动器失效。正常时,当力矩限位器切断小车向上的电源,小车制动器制动,小车就会停下。

② 起重臂的方向正好与塔身标准节成 45°角,是塔机受力最不利的方向,弯矩产生的载荷主要作用在一根附着杆上,超载形成的巨大压力使此附着杆的应力急剧增大,超过屈服应力,最后,在最薄弱的危险断面——附着杆的调节丝杆上发生了上侧塑性变形弯曲,造成了事故。

塔机设计参数:载荷力矩为 630 kN·m。

46 m 处设计载荷力矩为 598 kN·m,事故时实际载荷力矩达 920 kN·m,超载率达 53.8%。

调节丝杆为 M42 合金钢,材料为 45#钢,经调质处理,屈服强度为 360 N/mm²。超载引起附着杆的压力增大,经检验丝杆的制作、热处理有缺陷,达不到应有的强度;耳板的制作、焊接质量也有缺陷,先发生塑变弯曲再引起丝杆弯曲。因有两点弯曲,一点先塑性变形,起重臂杆更倾斜,力矩加大,加剧另一点的弯曲,经观察,后者的因素更大些。

事故形成示意:起吊—同时变幅—力矩超载—力矩限位器动作—变幅小车制动失效—小车滑向起重机臂端—力矩超载加剧—附着杆受力增加—附着杆调节丝杆、耳板弯曲—塔机弯曲。

(3)事故处理

① 整机检查,其余无异常。

② 第 5 道附着框梁的标准节垫铁适度松开。

③ 人工卸载,一根根卸去吊钩上的钢管,使载荷逐步减少。

④ 拆卸第 6 道变形弯曲的附着杆,拆换附着杆调节丝杆,装附着杆,调节丝杆长度,纠正

塔身倾斜后,此附着杆上复合角钢焊接加固。

⑤ 调整第5道附着装置。

⑥ 修复变幅小车制动装置。

⑦ 挂垂线监视观察塔身垂直度情况,偏差约8 cm,小于标准规定的塔高的4‰,其余正常。

⑧ 试吊1 t左右的重物,检查各运动机构和保护装置,检查第5、6道附着装置,结果正常,塔机恢复工作。

（4）事故责任分析与教训

① 塔机操作司机估计能力不足,违章超载。

② 塔机指挥司索工不到岗,不能控制起吊重量和幅度。

③ 塔机缺陷,变幅小车制动器失效。

④ 塔机缺陷,附着杆调节丝杆、耳板强度不够。

虽然事故没有造成人员伤亡,机械修复的成本也不大,但事故本身是极其危险的,附着杆调节丝杆弯曲后如折断,附着杆上部的塔身、起重臂、平衡臂、塔帽将倾覆,就是一起塔机倒塌的大惨剧,教训是深刻的,大型建筑机械的安全工作万万不可忽视。从这一事故总结经验有以下几点:

① 塔机转场后要加强检修,保证各运动机构、各部件的完好,不使机械带病运转。

② 严格执行塔机等大型建筑机械安装后的验收制度。

③ 坚持检查制度,发现故障及时解决。

④ 严格管理,加强安全宣传教育,提高操作人员的安全意识,执行塔机安全操作规程。

3）歪拉斜吊事故

（1）事故概况及经过

2001年3月6日中午,鄂西山区某化工公司一分厂检修工班长严某和维修工饶某、王某3人根据车间主任殷某的安排,对二号炉检修现场进行清理,严某违章安排无证人员饶某在三楼顶端操作行车,王某和严某在二楼接放被吊运的物品。当吊运第3只电击大套时,由于行车已经到位,3人虽采用歪拉斜吊但仍无法使大套落到理想地点,严、王两人在没有取掉挂钩的情况下,强行推拉重达800多千克的大套,此时大套尾部着地,头部悬空使钢索已成20°的斜拉状态,在外力作用下,大套产生巨大的反弹力将严某拍伤,被紧急送往县医疗中心接受治疗。经医院诊断,严某左大腿内侧粉碎性骨折。

（2）事故原因

这起事故是人为违章操作所致,属责任事故。一是操作者本人违章蛮干;二是当班领导没有对安全问题进行班前安排和要求;三是现场管理人员没有进行有效监督、认真履行职责,管理有死角;四是班组现场管理工作不到位,习惯性违章操作是这起事故的根本原因。

（3）整改措施

① 组织干部职工在事故发生地点开现场会,认真分析发生事故的原因,使干部职工吸取教训,引以为戒。

② 用一个月的时间深化安全规程教育,使所有一线管理人员和职工对安全规程再一次进行系统地掌握,并进行专项闭卷考试,不及格的不得上岗工作。

③ 每个生产岗位职工写一篇对安全生产的认识,相互约定违规责任,使安全生产在每个人身上都得到体现和保证。

④ 着重查责任制的落实情况,查运行和即将运行的设施设备、生产现场,查人的思想认识和人的操作行为,若发现对人身和财物有较大影响和威胁的隐患,必须整改后才能生产。

⑤ 对事故责任者和负有直接管理责任的领导及现场管理人员按照"四不放过"的原则由集团公司安全保卫部会同有关部门进行严肃处理。

4)起吊货物坠落事故

1991年6月9日上午,上海港某集装箱装卸公司302组班长韩某某带班在本公司的2号泊位卸货时,违反《申海港大件设备装卸保管工作暂行规定》的操作规则中关于操作工人"应做到按大件起吊标志和重心标志套好钢丝绳,钢丝绳的负荷、长短、撑架等规格,必须与大件的重量、体积、外形相适应,严禁超负荷起吊"的规定,凭经验将其中一根截面封口重"1.64万余公斤"锅炉钢管误看成"1 644公斤",指挥工人用一根负载5 t的钢丝绳单支起吊。当钢管吊至距舱口数米处时,钢丝绳断裂,钢管坠入舱底,将一台进口的三轴五坐标数控龙门铣床B2工作台砸坏。经鉴定,该铣床全部报废,造成直接经济损失84.3万元。

上海市虹口区人民检察院认为,韩某某身为装卸班班长,且经过专门培训,在起吊大件时违反规章制度进行操作,造成严重后果,其行为已触犯《中华人民共和国刑法》(下面简称《刑法》)相关规定,构成重大责任事故罪,依法提起公诉。虹口区人民法院于1992年5月21日,以重大责任事故罪判处韩某某有期徒刑2年,缓期2年执行。

5)起重机翻倒事故

(1)事故概况及经过

1960年6月27日20时35分,郑州铁路局某工程处在吊装洛河大桥桥孔片梁时,发生架桥起重机翻机事故,造成44人伤亡,其中死亡10人,伤34人。

某工程处担任洛河大桥架桥任务,该桥位于洛宜铁路洛阳至龙门段,全长4 910 m,共15孔,跨度为27.7 m,系单线钢筋混凝土预应力桥。每片桥梁重9 t,采用58型130 t架桥机施工,在进行第二片梁吊装时,发现梁的重心线向右偏出线路中心160~200 mm,在架第三片梁时,技术员冯某发现梁向右偏大约300 mm,即向工程师唐某反映,唐某拟用重锤法测量,因当时风大无法进行,仅用目测法发现前后机臂端点和中间人字架顶端三点不在一条直线上。6月27日20时35分,在吊装第四片梁时,前机臂虎口突然发出"喀嚓"一声巨响,大臂与梁向右甩出轨道外,机上电灯当即熄灭,整个架桥机几乎同时猛然向右倾翻140°,倒于路基右侧边坡上。由于翻机过程前后不过2~3 s,因此机上工作人员大部分未能跳出,均被甩在路基下面,位于前后卷扬机右侧的操作人员,大部分被机身压住不幸牺牲。

(2)事故原因分析

这次架桥起重机翻机是由于架桥机本身设备有缺陷,前大臂向右偏头达到315 mm,使前后点与中间人字架顶点不在一条直线上,产生横向拉力使起重机倾翻。机臂的两臂焊间横向连接薄弱,致使大臂偏头将机身下台车右侧8个小架16个铆钉剪断,使大臂更加偏斜,拉断了风撑的角铁造成翻机。

另外,在发现架桥机有缺陷后,未能及时采取果断措施,以致发生不幸重大伤亡和设备事故。

6)吊车超重刹车失灵工人坠落身亡事故

(1)事故概况及经过

某市一建工程公司塔吊司机王某忽视安全,违反操作规程,导致吊车刹车失灵,造成1人死亡,1人受伤。依据《刑法》相关规定,以重大责任事故罪,判处王某拘役6个月,缓刑1年。

1980 年 5 月 14 日 8 时 50 分,王某驾驶 2～6 t 塔式起重机在某工地组装本吊车平衡箱中,严重忽视安全,操作中,不认真检查松紧架的松紧程度,也没有调整刹车调整螺杆。当平衡箱吊到与塔身成 90°角,组对塔帽与平衡箱连接的拉板时,刹车失灵。这时,王某没有采取有效措施,致使平衡箱由慢到快下滑撞击塔身,使在平衡箱上作业的起重工曹某坠落到地面,当即死亡;起重工王某受到撞击,鼻梁骨、左眼眶骨、左小臂骨骨折,造成脑震荡。

(2)事故原因分析

忽视安全,违章操作。王某身为塔吊司机,不认真执行塔式起重机的操作规定,不认真对塔吊功能进行安全检查。当出现刹车失灵时,又不采取有效措施,是导致人身伤亡的主要原因。

(3)防止同类事故的措施

加强安全教育,认真遵守塔吊司机的操作规程。塔吊司机要时刻注意安全起吊,操作前,要认真检查吊车的功能是否正常,发现问题要及时解决,操作中要严守程序、安全操作,以防发生事故。

7)塔吊倒塌事故

(1)事故概况及经过

1987 年 11 月初,中国建筑第二工程局某公司机械加工队,承接某核电站部分塔吊安装工程,由武某负责具体安装指挥。1988 年 1 月 13 日上午,十号塔吊的前后臂和配重块以及主要部件已基本安装完毕。塔吊回转以上部分未与塔身连接,靠爬身套架支撑,塔吊处于顶升准备状态。为安装平台围栏接板,武某违反塔吊不准斜吊的规定,让起重工王某指挥用配合安装的九号塔吊牵引十号塔吊前臂转动,致使十号塔吊套架处弯折,向南倒塌,拴在前臂上的九号塔吊钢丝绳被拉断,站在前臂端的起重工王某随前臂倒塌被砸死,平台上的电气技术员索某被摔死,塔基南面的起重工杜某被配重块压死,路过现场的职工方某被砸断腿,正在塔上安装的工人胡某等 4 人随塔吊倒下受轻伤,九号塔吊司机田某因钢丝绳被拉断而受伤,直接经济损失76 万余元。

(2)事故原因分析

事故发生后,深圳市人民检察院依法立案进行侦查,并请有关专家对事故原因进行了分析鉴定。鉴定认为十号塔吊倒塌的原因是:

① 安装塔吊上部时,旋转台只安放在塔身标准节上端,没有把上、下两端的销钉孔用销钉锁住固定,塔吊处于极不稳定状态,为事故埋下了隐患。

② 塔吊前臂长 29 m,只伸出 17.9 m,臂重 9.8 t;塔吊后臂长 7.5 m,臂重 6 t,加上配重22.5 t,共 28.5 t。前后臂不平衡,产生了后倾力。

③ 塔吊处于准备顶升状态,上、下部分没有用销钉连接紧,在这种情况下,塔吊只能承受压力,不能承受拉力。用九号塔吊(在上)拉十号塔吊前臂(在下),必然产生 3 个力:向上的拉力使之增加后倾;作用于塔身的推力;施转力使后臂往外套架危险的开口处扭转。在这 3 个力的作用下,塔吊迅速向南弯折倒塌。这是由于安装的程序不对,改变了塔吊的受力状态而发生的倒塌,而不是塔吊本身的质量不好而引起的倒塌。

深圳市人民检察院认为,按照塔吊安装规定,当顶升套架被升起或正在升起时,严禁回转塔臂,严禁移动变幅小车,严禁起落吊钩。但武某在塔吊回转上部分安装在套架上,未与塔身标准节相连接,处于顶升状态时,违章指挥操作,同意王某指挥塔臂转动,以致酿成 3 死、6 伤的重大伤亡事故。武某对此负有直接责任,其行为触犯《刑法》相关规定,构成重大责任事故罪。

（3）对事故责任者的处理

深圳市人民检察院将此案交由宝安县人民检察院依法提起公诉。鉴于案发后武某能主动承担责任，有悔罪表现，宝安县人民法院以重大责任事故罪判处武某有期徒刑2年，缓期2年执行。

8）提升料盘坠落事故

（1）事故概况及经过

1990年3月12日17时48分，河南省焦作市某建筑分公司在某家属楼施工，该施工队队长张某、提升司机张某、瓦工张某准备上六层去，他们不从楼梯上，而违章乘提升料盘上。这时，提升机操作手王某正准备从四层往六层上运木料，司机张某走过去，将提升架由四层落下，让王某送他们上六层。王某不同意，说"提升架不能乘人"。张某见王某不给开，就强行让旁边的于某给开（于某非操作司机）。于某开机前，看见提升料盘上已站着张某等3人，于某将提升架升到二层停了一下，架上的人向上摆手，于某又将提升架升到三层停一下，架上的人又向上摆手，当升到六层时，提升架被一根施工架杠挡住，停机的同时，钢丝绳被拉断，提升架突然坠落，造成3人死亡。

（2）事故原因分析

① 施工现场管理不善，制度不落实，缺乏应有的维修保养，为事故埋下了隐患。

② 职工安全素质差，非操作工违反"非司机不准开机"、"料盘上不准上下人"的规定，这是发生事故的直接原因。

（3）对事故责任者的处理

① 于某本人是看场员，不会操作提升机，在张某强逼下，违章操作提升机，是事故直接责任者，交司法部门处理。

② 建筑分公司经理对职工安全教育不够，忽视安全生产，施工现场管理不善，负有直接领导责任，给予经济处罚300元，并全区通报批评。

（4）防止同类事故发生的措施

① 强化安全教育，完善安全责任制和各种安全制度。

② 定期对各种设备进行维修、保养，确保各种设备处于良好工作状态，严禁设备带病工作。

9）钢丝绳断裂事故

（1）事故经过

2003年1月28日下午，某厂大修车间组织职工吊运43号电解槽的阴极内衬。根据测算，阴极内衬重约6.2 t。14时30分，吊车吊起阴极内衬，当重物被起吊到4 m高时，移动到了东风卡车上方。此时，系挂阴极内衬的钢丝绳突然断了，阴极内衬重重地砸在了卡车后厢板上，致使厢板以及汽车大梁严重变形，汽车报废。当时，破碎物四处飞溅，幸亏在场的职工注意力比较集中，四处散开，才没有造成人员伤亡。

（2）事故原因

43号电解槽进行大修工作时已临近春节，大修车间现场安全生产管理工作十分松懈。对于吊运阴极内衬这样重要的工作，车间既没有按照惯例通知安全管理部门和设备管理部门派人到现场监督，也没有安排起重专业工人到现场进行指挥，竟然让没有从业资格的临时工在现场系挂钢丝绳，指挥起吊。临时工不懂起重专业技术，采用了错误的钢丝绳系挂方法，作业中本应该使用 4 根钢丝绳,实际却只用了 2 根,而且钢丝绳之间的夹角也过大,造成应力集中。天车操作工的技术水平也较低,没有能够发现、纠正错误。车间领导疏于管理,对工作细节问题根本没有过问。

所以,当阴极内衬被移动到东风卡车上方时,系挂阴极内衬的钢丝绳承受不了过大的应力,突然断掉,造成车辆报废。

(3) 防范措施

① 起重作业从业人员必须要经过严格认真的安全培训,一定要持证上岗。通过这起事故可以看出,许多起重作业人员对钢丝绳系挂等基础知识还没有完全掌握,有关管理部门一定要严把培训质量关。

② 在进行重大起重作业前,一定要有施工方案,必须要有安全与设备管理人员在现场进行监督。而且,在施工前,要进行事故预想,制定应急预案。

经验证明,节假日前后正是事故的多发期,在此期间更应该加强对生产现场的安全生产管理,提高职工的安全意识,防止事故发生。

10) 塔吊倾倒事故

(1) 事故概况及经过

1993 年 9 月 23 日 7 时 15 分,山东省龙口市某建筑公司在某电厂施工过程中,塔吊司机柳某和刘某争开塔吊,在未把吊钩起升到一定高度脱离障碍物的情况下,即操纵吊臂右转向,致使吊钩挂住脚手架,造成塔吊东南方向地锚钩被拉直,西南方向钢丝绳拉脱,塔吊向东北方向倾倒,在塔吊上的 2 名操作工当场摔死,正在东墙北楼处施工的 2 名工人被吊臂砸伤,经抢救无效死亡,造成 4 人死亡的事故。

(2) 事故原因分析

在塔吊上作业的 2 名操作工因急于为本队作业(两施工队共用一台塔吊),当三队司机柳某放吊钩准备起吊时,十四队司机刘某在未把吊钩起升到一定高度脱离障碍物的情况下即操纵吊臂右转向,致使吊钩挂住了脚手架,造成 3 根脚手架钢管脱离,2 个钢管卡子断裂,吊身严重超负荷,东南方向地锚钩被拉直,西南方向风缆绳接头拉脱,塔吊倾倒。

(3) 对事故责任者的处理

① 刘某未经批准,擅自无证开吊,对事故的发生应负直接责任。因本人已死亡不予追究。

② 十四队队长戚某对施工现场管理不善,应负领导责任。给予撤销队长职务处分,并罚款 1 000 元。

③ 修理工郑某,未按规程要求安装塔吊,对事故应负重要责任。给予行政记大过处分,罚款 1 000 元。

④ 三队队长万某违章指挥;安排柳某无证上岗作业,对事故应负重要责任。给予行政记大过处分,罚款 1 000 元。

11) 吊耳断裂事故

(1) 事故经过

1993 年 12 月 26 日 10 时,某造船厂在制造一艘 80 客位交通艇的过程中,由指挥员朱某指挥两台门座式起重机协调共同起吊该艇的 604 分段,同步由南至北向主船体移动。当进行约有 50 m,在越过船台上正在制造的一艘拖轮时,其一侧吊索的吊耳突然断裂,致使 604 分段倾斜坠落,砸在拖轮上并将正在作业的装配工虞某砸伤致死,另一名工人宋某亦被砸成重伤。

(2) 事故主要原因

① 违章操作。安全操作规程中明文规定,吊物不准从人头上方通过。作为指挥员和吊车司机都应清楚这一规定,当所吊的 604 分段越过拖轮之前,应连续鸣铃将其上作业人员"驱散",以使其远离危险区,如此就不会发生以上悲剧。

② 不讲科学。自制的吊耳纯属粗制滥造,仅用 8.5 mm 厚的钢板制造,未对其拉力、剪力及焊缝强度等方面进行科学计算就盲目使用。这种无视安全、野蛮生产的作风是这次事故的又一主因。经核算该吊耳的剪应力和拉应力均远远超过该材料的许用应力值,根本就不能使用,船体车间领导有不可推卸的责任。

(3) 事故应吸取的教训

① 作业人员必须严格遵守安全操作规程。

② 起重机下面的作业人员应随时注意自我保护,远离危险区,不可心存侥幸。

③ 自制吊具未经科学计算,不得随意使用,经检定合格后方可使用。

12) 龙门吊同地两度垮塌事故

(1) 事故经过

2008 年 5 月 30 日 0 时 20 分,位于浦东大道上的某公司发生意外,两架约 60 m 高、总重 1 200 t 的龙门吊在吊运一只 900 t 左右的风盘时倾斜至垮塌,事故造成 3 名工人当场身亡,1 人受伤。

据了解,这座龙门吊在发生本次事故的 7 年前倒塌过。2001 年 7 月 17 日 8 时,在该公司船坞工地上,大型龙门吊在吊装过程中,突然发生整体倒塌事故,3 000 多吨的起重机构件在十几秒中砸向地面,造成 36 人死亡,另有 3 人在事故中受重伤。惨祸发生时,他们均站在八九十米高的龙门起重机下,面对猛烈而迅速的倒塌,他们根本没有任何地方也没有任何时间逃难。据调查,两次事故同发一地。与 2001 年事故不同的是,2001 年是整个龙门吊整体翻倒,2008 年的事故是单边垮塌,所造成的伤亡较小。

事故发生后,上海市政府有关领导及上海市公安、消防、安监局等部门立即赶赴现场进行处置。上海市安监局等有关方面成立了事故调查小组,该公司也成立了善后处理小组。

(2) 两次事故原因分析

① 龙门吊的一根柔性腿断裂,造成整个龙门吊单边垮塌。

② 盲目自信,想当然办事。起重总指挥以前在一次指挥起重吊装作业中发生过相似事件。

③ 违章指挥。现场起重总指挥严重违反了安装技术方案中的应急准备与相应措施方案,没有及时上报,擅自做出错误决定。

④ 技术漏洞。制度不严密,主梁在升起的全过程中有缆风绳碍事的问题,而在编制、审查、批准的层层关卡下没有被发现,竟然获得了通过。

⑤ 缺乏严谨的科学态度和安全意识,技术管理很混乱。松缆风绳时不通知,现场未及时撤人,使得在腿子下工作的 23 名工人遇难。

(3) 重点检查和治理项目

① 对起重机械安全防护装置进行检查和全面修复、完善。

② 对起重机械钢结构焊接及螺栓连接进行检查。对发现存在焊缝缺陷的,应及时拿出焊接和热处理方案,进行补焊。

③ 加强对龙门吊轨道的检查、调整,特别是对已影响龙门吊安全运行和加剧行走轮磨损的道轨应及时进行调整,必要时淘汰、更新部分破损严重的道枕、道轨。

④ 对起重机械两车抬吊、安装拆卸等危险性较大的作业过程的措施、作业指导书进一步细化,考核执行情况。

⑤ 对大型机械事故应急预案进一步修订、完善,并做好培训和演练。

⑥ 对检查中提出的问题在规定期限内及时进行举一反三的整改。

⑦ 熟悉现场情况。责成有关人员绘制详细的现场平面图;对重要的吊装机具、液压机械进行载荷测试,做好准备工作的同时还应认真做好记录;对所有参加人员进行吊装方案的安全技术交底、技术培训学习。

⑧ 组织编制吊装方案。吊装方案应有三个以上,吊装方案必须具备以下基本内容:详细的计算说明(包括吊装机具、设备本身、地锚、地面承压);详细的经济成本分析;详细的施工图样;吊装工艺说明(包括吊装完成后的机具拆卸工作);吊装用机具、材料清单、人员的安全措施;领导名单与分工说明;各单位协调工作方案;执行吊装工艺的劳动纪律;应急准备与相应措施方案。

⑨ 对优选的、经上级审批同意的吊装方案做更细致的技术准备工作。应用计算机三维动画技术反复模拟吊装的全过程;按比例制作设备模型,反复模拟吊装全过程;对模拟吊装全过程中出现的问题进行方案修改;再次模拟吊装工作;此项工作反复进行直到无问题为止。

3.7.2 起重事故的防范

事故会给国家和人民的生命、财产造成巨大的损失,给受害者及其家人造成巨大的痛苦,在社会上造成不良影响,同时也破坏企业的正常生产秩序。因此,作业中的安全涉及社会的安全、企业的正常生产和个人家庭幸福等各个方面。预防伤害事故的发生是国家建设的需要,是企业发展生产的需要,也是千家万户职工家庭的共同愿望。起重伤害事故的原因是多方面的,通过上述案例的分析可知,这些事故是由于物的不安全状态和人的不安全行为共同作用而引发的。

1) 物的不安全状态

物的不安全状态主要指设备未按要求进行设计、制造、安装、维修和保养,特别是未按要求进行检验,带"病"运行;设备安全保护装置未装或失效,如起升高度限位器、起重量限制器、力矩限制器、吊钩防脱钩装置、运行极限限位器等未装或失效,设备接地或接零不可靠,漏电保护不可靠等。

2) 人的不安全行为

人的不安全行为主要是由于管理者或使用者心存侥幸、省事和逆反等心理原因而产生非理智行为。主要表现为:领导不重视安全,安全法规贯彻不力,管理混乱;操作者违反操作规程,违章指挥和违反劳动纪律等"三违"行为。

3) 综合防范措施

针对起重机事故的各种起因,使用单位应与制造、安装和维修单位以及起重机械监察部门、监督检验机构密切配合,加强管理工作,贯彻各项检验制度,消除安全隐患,最大限度地减少事故发生的可能性,使用单位必须做好以下几个方面:

① 认真贯彻"安全第一、预防为主、综合管理"的安全方针。切实加强安全思想工作,从安全工作人员到操作、维修和检查人员都要培养安全意识,自觉避免不安全行为。

② 加强安全管理。建立健全"七类安全生产检查制度"、"八类安全生产规章制度"、"九类安全生产教育制度"和"十项安全生产监督管理制度";严禁"三违";严格执行"三同时";大力开展"三无"和"三交代"活动;强化"四全管理"和"五新教育"及"六有培训";建立"三位一体综合防灾系统",从而使安全工作达到"三化五结合"的效果。

③ 加强起重司索、指挥作业人员的安全管理和培训,不断提高培训质量。对操作人员进行特种作业培训、考核,要求全员持证上岗。树立遵章守法作业的良好作风。

④ 起重作业现场施工必须设立"一图七牌"及必须设专职安全监督员,环视整个施工现场,综观全面,随时发现和消除不安全因素,制止不安全行为。

⑤ 起重作业人员本身应加强对安全的重视。增强自我保护意识和群体相互保护意识,在作业中各司其职,密切协作,相互关照,达到"四不伤害"。

⑥ 建立科学的设备维护保养和检查制度,保证设备处于良好的运行状态。

本 章 小 结

本章以经济建设中常用起重机械的类型、性能、技术参数和分类为基础,详细介绍起重机的基本结构、安全防护装置设计及应用、常见安全装置及主要零部件的故障和报废标准、起重机械的作业管理及安全操作技术、常用起重机械的安全技术,并对起重机械常见的典型事故案例进行了剖析。通过以上内容的学习和掌握,使学生能够在起重作业现场制定出安全作业管理制度、安全操作技术规程、安全检查要求及安全检验标准。

复习思考题

1. 起重机械由哪几部分组成?
2. 起重机械的主要技术参数有哪些?各表示什么含义?
3. 起重机械的起升机构有什么作用?
4. 起重机械的运行机构有什么作用?
5. 起重机械的变幅机构有什么作用?
6. 起重机械的旋转机构有什么作用?
7. 起重机械的安全防护装置有哪些?它们各起什么作用?
8. 对桥架类型起重机大车运行存在"啃道"的原因进行分析。
9. 对桥架类型起重机小车运行存在"三条腿"的原因进行分析。
10. 门式起重机的日常安全检查、维护内容有哪些?
11. 塔式起重机金属结构的报废标准是什么?
12. 起重机械的一般安全要求是什么?

本章参考文献

[1] 孙桂林,袁化临.起重与机械安全工程学[M].北京:北京经济学院出版社,1991.
[2] 徐格宁,袁化临.机械安全工程[M].北京:中国劳动社会保障出版社,2008.
[3] 杨国平.现代工程机械技术[M].北京:机械工业出版社,2006.
[4] 袁化临.起重与机械安全[M].北京:首都经贸大学出版社,2000.
[5] 张质文,虞和谦,王金诺,等.起重机设计手册[M].北京:中国铁道出版社,1998.

4 提升机械安全技术

本章学习要求：

1. 了解提升机械的分类、构成及其各部分功能。
2. 掌握提升机械安全保护装置的结构、工作原理及防护功能。
3. 掌握提升机械常见事故类型及防范要求。
4. 了解矿井摩擦提升机的分类、构成及其安全保护装置的工作原理。
5. 掌握矿井摩擦提升机的常见故障、事故及防范要求。

4.1 提升机械的分类及其构成

4.1.1 提升机械的分类

所谓提升机械，就是指依靠固定导向，实现将人员或货物提升、下放到不同高度的装备，并配有一套完整的辅助系统。

提升机械按应用场合不同主要分为建筑用提升机械、生活用提升机械和矿井用提升机械。

1) 建筑用提升机械

建筑用提升机械主要是指在建筑生产中使用的施工升降机，常见的有齿轮齿条式升降机和钢丝绳牵引式升降机两种类型。

(1) 齿轮齿条式升降机

齿轮齿条式升降机通过嵌在导轨架上的齿条与安装在吊笼上的齿轮的啮合实现吊笼的上下运行。导轨架通过附壁架与建筑物连为一体，吊笼上的齿轮与其上的电动机带动的减速器相连，导轨架顶部设有天轮，搭放在天轮上的钢丝绳一端连接在吊笼上，另一端连接在配重上。一个导向架上可设置单吊笼和双吊笼。

(2) 钢丝绳牵引式升降机

钢丝绳牵引式升降机由导轨架上的滑轮组和提升钢丝绳组成，钢丝绳的一端由设在地面上的小稳车(卷扬机)拉动，另一端通过滑轮连接在吊笼上。其导向轨是单轨或双轨，导轨架通过外套架升降，也可以把上述两种型式放在同一导轨架上使用。

2) 生活用提升机械——电梯

电梯作为人们日常生活不可或缺的通行工具，已成为高层建筑必备的配套设备。电梯按用途不同分为：

① 乘客电梯。乘客电梯是专门为运送乘客而设计的，其设计上要求可靠性高、运行平稳、安全舒适。

② 载货电梯。载货电梯是专门为运输货物而设计的，提升能力大，轿厢结构便于货物装卸。

③ 人货混装电梯。人货混装电梯是既可以载人又可以载货的电梯，在电梯轿厢的结构上

兼顾通用性。

④ 住宅电梯。住宅电梯是高层住宅必须配备的升降工具，其设计兼顾人员、货物运送的要求。

⑤ 观光电梯。观光电梯是现代建筑的一个亮点，同时具备了登高远望的功能，因此在功能设计上，不仅要保证运行平稳、舒适的要求，还要满足轿厢壁为透明材料、轿厢美观的要求，如图 4-1 所示。

3）矿井用提升机械

在矿井生产中，既要把矿井井下的矿物提升到地面，又要把地面的设备、材料、人员下放到井下。当资源埋藏较深时，需要采用垂直提升系统实现矿井上下的运输。为实现矿井上下的运输，目前广泛使用的矿井提升机分为单绳缠绕式提升机和多绳摩擦式提升机两大类。

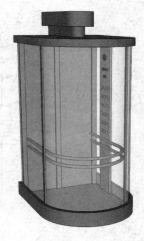

图 4-1　观光电梯轿厢示意图

（1）单绳缠绕式提升机

单绳缠绕式提升机利用钢丝绳缠绕在提升机的滚筒上，依靠滚筒转动方向的不同实现缠绕钢丝绳的收放。提升钢丝绳的一端缠绕在滚筒上并固定，另一端绕过天轮连接在容器上，当滚筒转动收绳时，把容器从井底提起；当滚筒转动放绳时，把容器下放。单绳缠绕式提升机按滚筒的数目不同分为单滚筒提升机和双滚筒提升机两种类型。如图 4-2 所示，单滚筒提升机中，当只提升一个罐笼时，滚筒提升重量是罐笼自重、首绳重量与所提货物重量之和，在这种提升方式下，绞车的提升力矩较大；如图 4-3 所示，双滚筒提升机中，连在一起的双滚筒正、反向缠绕钢丝绳，两根钢丝的另一端分别连着一个罐笼（平衡锤），两个罐笼的自重被相互抵消，使提升机的提升能力增大。

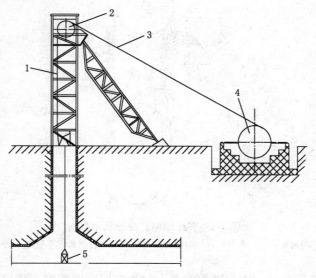

图 4-2　单滚筒提升机示意图

1——井架；2——天轮；3——钢丝绳；4——提升机；5——罐笼

单绳缠绕式提升机用于深井提升时，由于所需提升绳绳径大、长度长，需要滚筒的容绳量增加，势必导致滚筒加长、滚筒直径增大。当井深达到一定程度时，单绳缠绕式提升机将会受

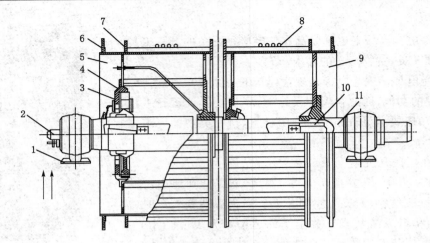

图 4-3 双滚筒提升机示意图

1——主轴承;2——密封头;3——调绳离合器;4——尼龙套;5——游动滚筒;6——制动盘;

7——挡绳板;8——衬木;9——固定滚筒;10——导向键;11——主轴

到限制。

(2) 多绳摩擦式提升机

多绳摩擦式提升机把多根首绳(2~8 根)搭在摩擦轮上,首绳两端分别连接容器和平衡锤。此类提升机用于深井时,不仅减小了提升机首绳直径,还使提升机尺寸减小很多,如图 4-4 所示。

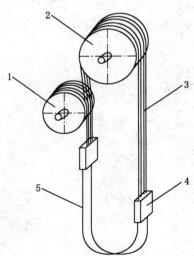

图 4-4 多绳摩擦式提升机示意图

1——导向轮;2——摩擦轮;3——提升首绳;4——提升容器或平衡锤;5——尾绳

此类提升机是依靠提升首绳与摩擦滚筒上衬垫之间的摩擦力来传递动力的。其布置方式有井塔式和落地式两类。落地式与井塔式相比,建设工期短,绞车围包角大。因此,新建矿井中落地式绞车越来越多,只有当矿井所在地的冬天温度较低,落地式绞车的提升首绳受外界条件影响时才选择建设井塔式绞车。

多绳摩擦式提升机以其适用于深井提升、运行速度高等优点,已在新建矿井中得到了广泛应用,其提升系统首绳一般为 4 根绳或 6 根绳,2 根绳或 8 根绳应用较少;在特大型矿井中,一般选用 6 根绳。

4.1.2 提升机械的构成

提升机械要完成所需的功能,必须具备以下 6 大部分:动力拖动部分、制动部分、控制部分、导向部分、厢体及运动部分、安全保护部分。

1) 动力拖动部分

提升机械的动力部分是提升机的动力源,按采用动力不同,一般分为电动和液动两种。根据提升机械提升能力不同,所用动力功率大小差别很大。在建筑上使用的施工升降机及电梯,由于其上下运送物体(人员)的载荷较小,所需动力部分较小;而在矿井提升中所用提升机,要完成大物件的上下运输,其功率较大。如图 4-5 所示为电梯的动力部分与矿井提升机的动力部分示意图。

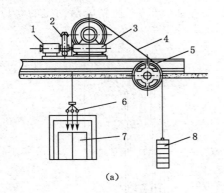 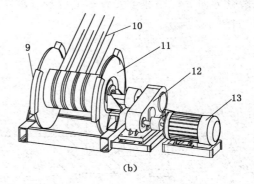

(a) (b)

图 4-5 动力拖动部分示意图

(a) 电梯动力拖动部分;(b) 矿井提升机动力拖动部分

1,13——电动机;2——制动器;3,12——减速器;4——制动绳;5——导向轮;6——绳头组合;7——轿厢;
8——对重;9——制动闸;10——提升绳;11——摩擦滚筒

随着交—直变频、交—交变频技术的日趋成熟,利用变频直接控制电动机提供提升动力的应用越来越多,在电梯及矿井提升机中已显示出其优越性。

2) 制动部分

制动是提升机械重要的控制部分。动力部分给提升机提供动力,而动力的安全与合理使用必须要与其相匹配的制动部分相配合,否则提升系统将会发生事故。

制动部分的动力通过电动、液压、弹性力、重力来实现,制动方式主要有鼓式、盘式两种,其中盘式制动器示意图如图 4-6 所示。对于大型矿山提升机械,制动是一套复杂的系统,不仅有制动体,还有动力系统、控制系统、监控系统、散热系统等;对于一般的提升机械,基本上采用电液控制,由电液控制

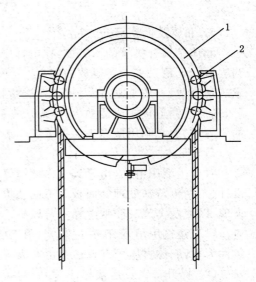

图 4-6 矿用绞车盘式制动器示意图

1——摩擦轮;2——盘式制动闸

的制动闸对高速轴进行制动。

3）控制部分

提升机械的控制部分是保证提升机可靠运行的关键部分,由控制柜与电气控制部分构成,电气控制柜包含电源变压器、整流装置、继电器、接触器、控制系统、调速系统等。随着控制技术的发展和计算机 PLC 智能逻辑控制技术的完善,控制技术越来越先进,变频调速技术在提升机械上的应用越来越广泛,其中交—交变频技术的应用使提升机械控制技术得到很大提高。

4）导向部分

导向部分是提升机械中厢体平稳可靠、高速运行的保证。只有依靠可靠的导向才能使提升的厢体在运行过程中承受各种侧向冲击力的作用,从而保证在高速、变速运行状态下安全可靠地运行。导向方式主要有钢丝绳导向、轮式导向、钢轨滑靴导向等。

钢轨滑靴导向方式是在低速运行中常用的一种导向方式。例如,电梯运行中就多采用钢轨滑靴导向。在轿厢上安装的滑靴沿着钢轨运行,来抵抗外部冲击力,使轿厢沿固定的轨道运行,如图 4-7 所示。

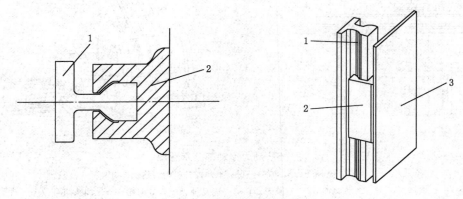

图 4-7 钢轨滑靴导向示意图

1——轨道;2——滑靴;3——轿厢

5）厢体及运动部分

厢体是提升机械的承载体,在电梯中称为轿厢,在建筑提升中称为吊笼,在矿井提升中称为容器。无论是乘人还是载物均有一个用来提升的载体,一般来说,对运送升降人员的厢体要求美观舒适、材质上乘,而对用于运送货物的厢体的要求相对低一些。其中厢体与首绳、连接环、平衡重锤连接构成运动部分,对于提升高度大、首绳较重的提升机,为了平衡首绳本身引起的张力差,通常利用尾绳来保持系统平衡。

（1）厢体

对于生活用电梯,由于其工作环境好,又是日常生活中的通行工具,因此厢体采用人性化设计、不锈钢特殊处理的面板及不同装饰,特别是具有一定观光作用的厢体,厢体常采用钢化玻璃,以便既美观又能乘电梯一览风景。

对于建筑用吊笼、矿井用罐笼,由于受工作条件限制,其结构及所采用的材料以满足使用条件为主,厢体材质既有普通钢也有为了适应张力要求而采用的铝合金或不锈钢。

（2）提升首绳及连接部件

提升首绳是提升机械中重要的传力元件。提升机的运动是依靠钢丝绳传递力为基础的。无论是采用缠绕式提升方式还是摩擦式提升方式,钢丝绳在传动中都是传递和承载的受力体。

钢丝绳通常按捻向、使用要求、结构来分类,对于提升机械中使用的钢丝绳都有其特殊要求。

① 提升首绳及尾绳。

多绳摩擦提升机中各钢丝绳的受力平衡十分重要,它直接关系到钢丝绳的受力大小及磨损量。如果各绳间受力不均,伸长量不同,可能导致个别绳受力偏大,不仅使摩擦轮的磨损量加快,很可能造成此钢丝绳过早疲劳而断绳。因此,选用摩擦提升首绳时,要求采用同一厂家、同一批钢质的钢丝绳,不同捻向的钢丝绳交替设置,其目的是尽量减少钢丝绳本身存在的本质差别。

尾绳用来平衡两侧张力差。采用尾绳后,因提升位置不同而引起两侧首绳的重力变化可以用尾绳平衡。

② 连接部件。

钢丝绳与厢体的连接是保证安全的关键。连接部件主要采用绳夹和楔形体,对于绳径大、使用场合重要的连接,必须采用专门设计的连接器,其目的是保证钢丝绳与连接部件的可靠连接。

6) 安全保护部分

提升机械是完成人员、货物上提和下放任务的装备,在垂直提升中,除了要具备地面运输设置的安全保护外,还要增加特殊的安全保护,如松绳保护、断绳保护、过卷保护、防蹾保护等。因此,垂直提升比水平运输、斜面运输的安全要求更高更复杂。

(1) 制动安全要求

在提升机提升过程中,制动系统是可靠工作的保证。提升机制动系统不仅要控制被制动系统,还要保证制动阻力满足提升系统张力差要求。因此,对提升机械制动必须有特殊的规定。

在电梯制动中,采用的制动形式有瞬时式和渐进式。由于提升速度相对低,因此其制动要求也相对低一些。

(2) 限速保护

提升机械在提升过程中的速度控制,是提升驱动部分与提升制动部分双重作用的结果。在提升中驱动部分停止,制动部分就要投入制动,从而保证提升机械按照要求的提升速度曲线运行。一旦出现速度超过允许量,提升系统设置的速度控制进行保护,使驱动系统断电,令制动系统投入制动。如果仍不能控制超速,后备保护投入,那么就必须对系统进行非正常提升状态控制。

(3) 过载保护

过载保护是保证提升系统安全运行的前提,一旦载荷超过提升能力,就存在潜在危险,有可能导致货物拉动提升机反向下滑造成飞车。另外,超载也可能导致提升系统损坏、制动失效的恶性事故。因此,过载保护是安全提升的重要保证。过载保护在不同的提升机械中采用的方式为:

① 在电梯提升中,提升首绳与轿厢连接点,由压力传感器测知轿厢装载是否超限,一旦超限,轿厢有报警功能提醒并拒绝关闭厢门。

② 在建筑用提升机中,主要是依靠操作人员的判断来确定是否超重,但这种操作误差大,容易造成超限事故。通过提升机电动机的电流大小变化,也可以判断出提升载荷情况。

③ 矿井提升超载是导致矿井提升事故的重大隐患。因此,矿井提升系统中必须设置过载保护装置。

（4）断、松绳保护

断、松绳保护是对于单绳提升机而言的。在提升系统中，如果出现松绳，首绳将会产生"打卷"。在此状况下，厢体再拉首绳时容易导致断绳，使提升到一定高度的厢体及载物呈自由落体下坠，加速下落，导致人员伤亡、设备毁坏，后果十分严重。为防止此类事故发生，必须在提升系统中设置防坠器，当出现断、松绳时，防坠器可以直接把厢体抓在导向体上或防坠绳上，使厢体不至于坠落。

（5）过卷保护

过卷在电梯中称为冲顶，是指提升机械中的轿厢或罐笼提升到上限位时，没有停下而继续上行引发的事故。此种事故轻则冲顶撞坏设施，人员冲上厢顶；重则拉断提升首绳，厢体下落，造成人员伤亡。过卷保护的目的就是在出现此情况时，把厢体缓冲停下，并保证使其不坠落。

过卷保护缓冲装置有液压阻尼式、摩擦式两种，其原理是利用液压阻尼或摩擦产生的能量消耗掉提升系统的能量，使其平稳停下。

（6）防蹾保护

蹾罐在电梯中称为蹾底，是指提升机的轿厢或罐笼提升到下限位时，没有停下而继续下行蹾在底上发生的事故。此种事故轻则造成人员受伤、设备受损，重则可造成井底设备全部损坏、人员伤亡。

防蹾保护与过卷保护有相同的地方，都是对失控轿厢或罐笼进行制动。因此，防蹾制动同样有液压阻尼式、弹性缓冲式、摩擦式等多种形式。由于提升机不同，在电梯、建筑用提升机、矿井提升机中，所用防蹾保护也不同。对于低速、小载荷的电梯，可以用液压阻尼式缓冲或弹性缓冲；而在矿井提升机中，其速度超过 15 m/s，采用液压阻尼或弹性缓冲，已不能满足保护要求，因此，矿井提升系统通常采用摩擦式保护装置，通过把提升系统的动能转化为摩擦热能而消耗掉，使提升系统避免出现蹾罐事故。

（7）安全层门与厢门闭锁保护

提升机在不同水平的安全层门、厢体厢门的开闭是保证人员、货物进出安全的必要前提。为保证人员、货物进出安全，提升系统必须实现厢体不到位，厢门不打开，层门不打开。为保证相互的闭锁关系，无论在电梯、建筑用提升吊笼还是矿井用罐笼上，都采用很多方法加以控制，其目的是既保证厢体运行中的安全，又可以防止人员误入不到层的厢体。

4.2 提升机械安全保护装置

提升机械安全保护装置是提升安全的重要保证。提升机的功能是把人员或货物运送到不同的高度，与一般的运动机械有很大不同。在不同高度，提升机的运动系统有一定的势能，而运动系统有一定速度，本身又具有一定动能。由于运动系统的质量大，在不同运动状态下运动系统具有巨大能量，都是发生事故的重大隐患。对存在的不安全因素必须设置安全保护装置，以确保提升系统的安全。提升机械安全保护装置主要有过速保护装置、过载保护装置、防坠保护装置、过卷过放缓冲制动保护装置、防蹾缓冲保护装置、轿厢门闭锁保护装置、层门闭锁保护装置、轿厢安全窗、紧急报警装置等。

4.2.1 过速保护装置

提升速度是提升机的重要参数，指最大提升速度，是提升循环占用时间的重要数据。根据提升高度、工作性质不同，最大提升速度也不同，因而对提升加减速度都有严格的要求。一个提升动作过程是指：从速度为零开始，提升机给系统加速；当加速到最大提升速度后，运动系统以此速度全速运行；当接近停车位置一定距离时，提升机减速；减速到某一速度时，运动系统以此低速运行；当达到停止位置前，使容器准确地定位在所停位置。以电梯为例，由于每次开启时停车的位层不一定相同，提升机运行的控制是从速度为零开始；启动加速达最大速度后，运动系统全速运行；在要到达预停层一定距离时开始减速；在到达层位前，以爬行速度精确定位停下。在这个提升过程中，如果运动系统运行速度超过设定的最大提升速度，提升系统一旦超速，达到最大速度115％，必须对提升系统中运行系统进行过速保护。过速保护除从电气动力方面断电外，制动系统也必须及时投入，对超速的运动系统进行制动。超速的产生有多种原因：一种是可控状态，属于动力系统所提供动力在加速阶段过高，最大速度限定不到位所致，此种状态通过提升机电气部分工作，并由制动系统协助可以控制；一种是运动系统本身的张力差引起的重力作用使运动系统不断加速，此时制动系统的制动力满足制动要求就可以制止超速，如果制动系统达不到制动效果，必然发生超速，最终导致事故；此外，也可能因提升首绳断绳、制动闸失灵、电气控制故障而发生超速，此类超速必须采用防坠制动方式对轿厢采取紧急制动。

提升系统一般采用限速装置来防止超速事故的发生，电梯的限速装置是指在轿厢运行过程中，获取超速信号，对提升系统断电进行紧急制动的一种装置。提升机中的限速装置主要有惯性式限速装置、离心式限速控制装置、旋转编码器、速度检测装置等。

1）电梯的限速装置

电梯的限速装置是依靠一套传动绳把运动轿厢与限速装置连接起来的，轿厢运行状况可通过同速移动的限速器实时检测运动情况。当出现超速时，限速装置动作，进行断电紧急制动；如果速度继续上升，限速装置则拉动轿厢上的制动装置进行非常制动，从而保证提升安全。下面以离心式限速控制装置为例介绍其工作过程。

离心式限速器的结构如图4-8所示，与轿厢的断绳防坠制动器连接的限速绳10，通过限速器轮2，在另一端与张紧轮配重连接。正常提升时，限速器内两个离心块5在离心调力弹簧3作用下，其离心量不能超过外控制点。但当转速达到最大提升速度115％时（超速限）离心块在离心力作用下拨动紧急断电开关1，紧急断电开关断电后，制动闸投入制动。如果此时运行速度减小，限速装置转速降低，超速即被控制；但如果拨动紧急开关1后，提升速度还增加，限速装置中离心块5被更大的离心力作用，其离开的距离更大，当达到最大速度120％～140％时，离心块拨动卡绳机构开关6，开关6动作使限速装置的钢丝绳被卡住，限速装置的钢丝绳10被转动夹绳块7压住，其压绳力的大小完全由压力弹簧8实现。当限速装置二次限速并启动夹绳块7后，被卡住的限速绳在夹绳阻止下与轿厢运动不同，其不同运动量启动轿厢上防坠制动装置投入紧急制动，实现在轿厢超速时的安全制动过程。此超速制动对轿厢断绳、松绳坠落及首绳滑绳状态均可以满足制动要求，但上述限速装置动作完成后必须手工使其复位。

2）建筑升降机的限速装置

建筑升降机的吊笼沿导轨运行，而导轨通过内附壁架与建筑物连接为一体。对齿轮齿条式升降机，其限速装置可以直接安装到吊笼上，其结构如图4-9所示。

在正常运行转速内，与运动轴相连的齿轮1带动限速装置内离心块3产生的离心量不能带动内齿轮。当吊笼运行速度超过限定速度而达到正常速度的115％时，离心块3被离心力推到与内齿轮啮合位置，内齿轮在离心块作用下转动。此时，内齿轮转动开启了紧急制动开关7，使提升系统断电制动，同时限速器内齿轮转动。由于齿轮与外壳是锥面摩擦，在推动作用下，内齿轮转动使阻力越来越大，对吊笼产生制动。

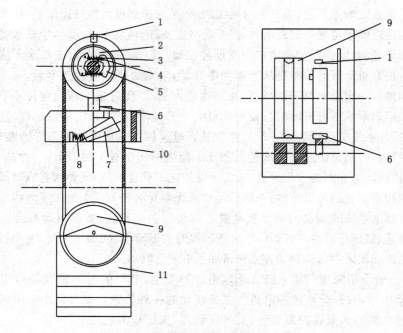

图 4-8　电梯限速装置结构示意图

1——超速断电开关;2——限速器轮;3——离心调力弹簧;4——离心块回转轴;5——离心块;
6——超速启动制动开关;7——夹绳块;8——夹绳块压力弹簧;9——超速齿轮;10——限速绳;11——配重体

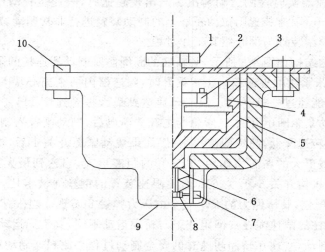

图 4-9　建筑提升机限速装置结构示意图

1——齿轮;2——吊笼壁板;3——离心块;4——内制动齿轮;5——耐磨材料;
6——碟形弹簧;7——紧急制动开关;8——调整螺母;9——外底盖;10——连接螺栓

4.2.2　过载保护装置

提升机械过载保护装置是安全提升的保证。无论是电梯、矿井提升机还是建筑升降机,提升载荷超载是引发事故的重要原因。如果载重超过限定量,必然导致张力差超限,同时使系统制动性能、提升首绳安全性、加减速度控制存在事故隐患,而有些特大事故的发生就是超载导致的。为防止在提升中发生过载,需采用过载保护装置进行控制。例如,电梯提升时,为了防止过载,一般采用过载电子报警系统,无论是从哪一层进入轿厢,只要超过限定量,轿厢均会报警并不闭合厢门,只有所载载荷减到允许量才能进入正常提升程序。

4.2.3 防坠保护装置

在垂直提升中,一旦发生轿厢、罐笼坠落将会导致重大恶性事故,不仅造成设备损坏,井筒设施破坏,甚至会造成人员伤亡,因而防止容器坠落是保证提升安全的重要部分。在不同的提升方式中,虽然采用的防止坠落形式不同,但其功能均为当提升系统出现故障时防止容器坠落。

1) 矿井单绳提升断绳防坠装置

在提升首绳为单绳的提升系统中,一旦出现首绳断绳,容器将做自由落体运动,为保证在出现首绳断绳、松绳时能使容器制动在相应位置,必须设置防坠装置。

（1）BF 系列防坠抓捕器

BF 系列防坠抓捕器是为满足单绳提升矿井中断、松绳而设计的。

BF 系列防坠抓捕器由缓冲器、防坠制动绳、缓冲器、连接器等组成,其制动是依靠两个楔形制动体来实现的。钢丝绳与楔形体间的摩擦系数大于楔形体与楔背体间的滚动摩擦系数,抓捕器是自锁式抓捕,因而在一定力作用下夹持防坠绳的两楔形体,以自锁状态抓住防坠绳。这种抓捕绳的自锁式抓捕,如果没有缓冲作用,对于高速坠落的容器,其所需制动能量大,将会造成制动绳拉断或设备损坏。如果提升容器中乘有人员,没有缓冲制动,其制动减速度过大也会造成人员伤亡。因此,BF 系列防坠抓捕器在每根防坠制动绳上端连接一个缓冲器。缓冲器的作用就是以一定的减速度来缓冲容器,将其制动减速度控制在允许范围内,从而保证制动安全。

BF 系列防坠抓捕器如图 4-10 所示,罐笼上抓捕器的楔形制动体在提升首绳拉力作用下远离制动绳,同时拉伸复位弹簧。当出现松绳、断绳时,提升首绳失去拉力,复位弹簧把楔形制动体推到抓绳位置,楔形制动体以自锁状态抓住制动绳,制动绳通过连接器拉动缓冲绳,缓冲绳在缓冲器作用下给出缓冲力,此缓冲力对坠落的罐笼进行缓冲制动。

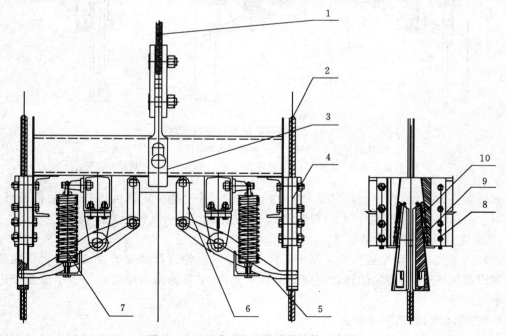

图 4-10 BF 系列防坠抓捕器结构示意图

1——提升首绳;2——防坠制动绳;3——容器主拉杆;4——容器;5——拨叉;6——连板;
7——抓捕器动作弹簧;8——防坠器盒体;9——抓捕楔体;10——滚柱

（2）钢轨防坠抓捕器

在提升中，钢轨导向可以采用 BF 系列防坠抓捕器，但这种方式需要另外设置一套缓冲系统：防坠制动绳、缓冲器、缓冲绳，不仅投资费用高，增加项目多，而且施工工期长。钢轨防坠抓捕器为钢轨导向提升矿井防坠问题提供了一种便利、安全的手段。

钢轨防坠抓捕器由主拉杆、拨叉、复位弹簧、自适应拉刀组成，如图 4-11 所示。主拉杆 1 被提升绳拉起时，主拉杆 1 的两侧通过连板 6 把拨叉 5 拉起，同时拨叉 5 另一端把两副拉刀拉到最低位置，此位置是拉刀离开钢轨的最远距离，此时两组复位弹簧 4 被拉长，当出现断绳、松绳时，主拉杆失去拉力，复位弹簧 4 把拨叉 5 拉到上位。两组拉刀被拨叉 5 推向钢轨道，拉刀切入轨道，由于拉刀切入轨道的切削量被限定，定量的拉削阻力被用来作为防坠制动的制动力，此拉刀的自适应功能保证对不同磨损状态下的钢轨都能完成定量切削。此防坠器质量轻，制动阻力大，制动平稳，不用增加额外的设备，但只适用于轨道对称布置的容器。

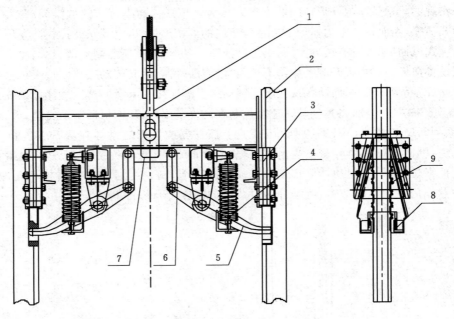

图 4-11　钢轨防坠抓捕器结构示意图

1——主拉杆；2——钢轨；3——钢轨抓捕器盒体；4——复位弹簧；
5——拨叉；6——连板；7——主拉杆底板；8——拨叉头；9——拉刀制动体

钢轨防坠抓捕器，在制动后只要主拉杆给出拉力，并上提一定高度，钢轨防坠器便可自动恢复原位。由于拉刀的功能，钢轨被拉削后，不仅拉削量很小，且仍为光滑表面。

2）齿轮齿条式提升防坠装置

齿轮齿条式提升防坠装置是采用锥形转子制动内齿轮进行制动的建筑提升机限速装置。当吊笼出现坠落时，内齿轮的转动使制动阻力增大，其增加的阻力做功量与下落能量守恒，使吊笼平稳停下。

3）电梯超速、防坠制动装置

电梯的超速、防坠制动采用制动钳。其原理与单绳防坠器类似，但根据各自结构不同，各种形式有其自身的特点。电梯制动钳根据制动时制动力是有限力还是无限力，分为瞬时式安全钳和渐进式安全钳两种。

（1）瞬时式安全钳

瞬时式安全钳在出现坠落或超速信号时,安全钳启动,通过自锁的制动力制动轿厢。此制动力瞬间增大直到把轿厢卡住,其制动时冲击力大,尤其是高速时,产生的冲击力更大,甚至会冲坏安全钳。因此,瞬时式安全钳只适用于低速制动。

（2）渐进式安全钳

渐进式安全钳在投入制动后,其加到被制动体(轨道)上的制动阻力是变力。这不仅使制动进入时制动阻力的增加有一个过程,最重要的是其制动力达到某一最高限度时不再增加,被制动体(轿厢)匀减速运动,制动平稳可靠。

瞬时式、渐进式安全钳制动力与减速度如图 4-12 所示。

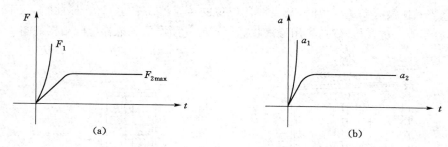

图 4-12 瞬时式、渐进式安全钳制动力与减速度图

（a）制动力图;（b）制动减速度图

F_1——瞬时式安全钳制动力;F_2——渐进式安全钳制动力;

a_1——瞬时式安全钳制动减速度;a_2——渐进式安全钳制动减速度

4.2.4 过卷、过放缓冲制动保护装置

1）过卷缓冲制动保护装置

过卷又称为冲顶,是提升系统中厢体在提升到上限位置没有可靠停车而导致厢体上冲的事故。上冲顶事故轻则造成设备受损、人员受伤;重则造成厢体提升绳断掉、厢体坠落、人员伤亡。

过卷缓冲制动实际是对提升运动系统增加辅助的制动功能,制动原理是把提升运动系统的动能转化为其他形式的能量释放,从而使提升运动系统在一定距离内停下。下面对电梯中常用的液压阻尼式过卷缓冲装置进行说明。

液压阻尼式过卷缓冲装置利用液体在高压下通过阻尼孔产生的阻尼力作为缓冲力。在预先装好油的缸体内,活塞受到压缩时,缸体内油达到一定压力,此时,缸体内的油从缸体泄油孔中泄出。由于泄油孔的布置形式、数目多少直接影响对活塞的阻力大小,对于高速冲击进行缓冲,此种阻尼中冲击力与冲击速度有关,因而对于高速冲击缓冲液压阻尼式缓冲用得较小,应用较多的场合是电梯提升。

如图 4-13 所示,当厢体冲到缓冲垫上时,迫使活

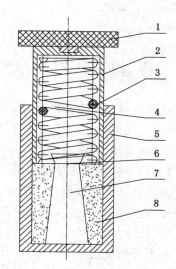

图 4-13 液压阻尼式过卷缓冲
装置结构示意图

1——缓冲垫;2——活塞;3——复位弹簧;
4——活塞空腔;5——缸体;6——托盘座;
7——油孔柱;8——液压缓冲油

塞下压,此时缸体内的油由油孔侧空隙进入活塞空腔,进油多少与厢体冲击速度有关,同时与油孔柱与活塞油腔的进油孔大小有关。活塞缓冲力的大小,除与缓冲孔柱进油孔面积大小有关外,还与冲击速度有关,随着活塞向下运行,缓冲阻尼力随油孔柱的增大而增大,最后当两个面积相等时缓冲停止。

2）过放（蹾底）缓冲制动保护装置

过放在电梯中称为蹾底。过放缓冲与过卷缓冲有很多相同点,因而很多过卷缓冲装置可以直接利用到过放缓冲上。

4.2.5 层门安全保护装置

层门安全保护装置是利用位置传感器感知厢体是否到达层位,从而实现对各层位置的安全闭锁控制。当厢体没有到达层位时,其设在此层位的传感器没有感知信号,此时,人工开启层门是不允许的,工作人员在检修时,利用检修状态可控制开闭层门。电梯层门结构如图 4-14 所示。

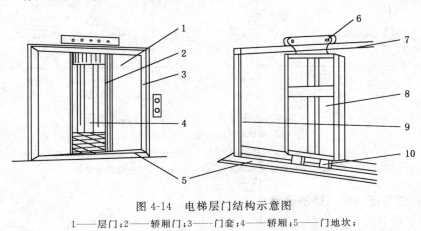

图 4-14 电梯层门结构示意图

1——层门；2——轿厢门；3——门套；4——轿厢；5——门地坎；
6——门滑轮；7——层门导轨架；8——门扇；9——厅门门框立柱；10——门滑块

4.3 提升机械安全作业管理

提升机械的安全必须建立在对人员的规范管理和对设备的正确使用、合理操作、按时保养、维护的基础之上。从设计阶段开始,对设备的安全提出要求,从设备安装、使用到设备拆除,时时有安全保证,只有这样才能使设备在生命周期内安全可靠地工作。

4.3.1 提升机械安全使用管理

为了保证提升机械安全使用,必须建立安全使用管理制度,包括岗位责任制、交接班制度、安全操作管理制度、设备完好管理制度、技术档案管理制度。下面以电梯为例进行介绍。

1）岗位责任制

在提升机械使用过程中,保证设备完好运行的重要人员是司机和维护保养人员。对司机和维护保养人员的工作范围、承担的责任及在岗位上完成工作的质量进行规范、管理,是其工作到位、操作认真的保证。其工作范围规定得越具体、责任越明确就越有利于具体工作的执行和落实。所制定的责任制与具体的设备、环境条件、人员素质有一定关系,但必须以安全运行为宗旨,把安全的要求落实到具体工作细节上,使司机和维护人员明确工作范围及操作细则。

① 学习在岗设备的工作原理、操作要求、安装情况、使用方法、维护知识等。司机和维护

保养人员必须能读懂设备使用说明书、电气原理图、安装布置图,会使用维护指导书,在上岗前通过上岗培训并拿到相应的合格证方能上岗。

② 对设备的备品备件,要认真清理、建档、登记管理,对易损备件有详细的明细记录,并及时采购备品备件。

③ 对设备的技术文件进行建档,对设备在安装、调试、试验等过程中的情况以及设备本身的技术资料归档管理,以便在使用过程中,对各设备情况进行了解。

④ 依据单位具体情况以及设备使用环境、操作人员现状等,编写提升机械设备的管理、使用、维护保养制度。

⑤ 健全使用司机与维护人员安全技术培训计划。

2）交接班制度

提升机械设备运行中,由于是多班制,班与班之间必须建立交接班制度。交接班制度的目的是交班人员把当班内设备运行情况、存在问题及可疑点告知接班人员,接班人员接班后,不仅要从前一班处得知上一个班提升机械运行情况及存在问题,还必须对提升机械空运行一个循环,以便对提升系统运行情况有较清楚的了解,同时也是为了对提升设备运行后出现问题的责任作一个科学的划分。

① 交班前。双方必须对提升机械系统的关键部分进行检查,交班者应将机械运行状态、是否出现事故及出现事故后的处理情况,对接班者说明清楚。

② 交接班内容。当班司机把当班内工具、备件点清,并在当班记录上记录清楚,对设备运行情况进行空载运行验收,并在记录单上备案。

③ 交接班是提升机械运行责任的划分点,如果在交接班时出现故障,由交班人员责任处理,接班人员负责配合。

3）安全操作管理制度

提升机械是垂直运输的重要装备,对提升机械设备的安全使用关系到设备运行安全。安全可靠地运行好提升机械,必须有一套安全操作管理制度。要以设备本身的性能特点、使用的环境条件以及使用人员的素质条件为依据,编写安全操作管理制度,依靠制度来约束人们更好地使用、操作提升机械。

4）设备完好管理制度

提升机械的运行状态,直接受设备自身的状态影响,要使运行装备的性能达到完好,必须加强对设备的维护、保养,按期、定时对提升机械进行保养、维护是保证设备可靠运行,达到完好的保障。设备是否处于完好状态,与设备是否完好管理密不可分。

（1）保养制度

提升机械的正常运转离不开日常的维护、保养。每种设备都有它的具体使用要求,要做好维护、保养,必须与设备的设计要求、使用环境相适应。保养过多会耽误工作时间,保养时间过长又失去了保养的最佳时间段。因此,要把保养维护的具体内容、具体方式、时间间隔确定下来,通过合理的维护、保养,使提升机械处于良好的工作状态。

保养制度具体包括:

① 回转体注油要求,保证回转件是在油的润滑下工作的。

② 液压系统渗油处理,密封圈更换,阀体工作维护、保养。

③ 提升机械关键部件的维护、保养,如提升机械系统内的制动部分的制动闸瓦检查、制动间隙的调整、制动盘的保养,对防过卷开关进行动作强度试验。

④ 安全层门的日常维护与保养是设备正常运行的保障。开门电机、双门开闭等机构,每天要进行试验,以便保证其可靠性。

(2)维修制度

维修制度是提升机械安全运转的保证。提升机械在运行中,有可能某部分有小问题,如果不及时维修,设备处于带病工作状态,很可能出现大故障甚至事故。因此,对存在问题的机构、部件要及时进行维修,使提升机械在完好的状态下运行。要保证这些要求实现,就必须制定出提升机械维修制度保证。对限定的关键部件,除了必需的维护、保养要求外,还必须建立维修制度,保证关键部件出现问题时能够及时处理。

5)技术档案管理制度

对提升机械技术文件进行建档是设备安全运行的一部分,为此要对新建的提升机械的原始资料进行归类,建立档案进行管理。

(1)资料内容

① 土建资料、图纸及变更文件。

② 所用产品保证、出厂检验单。

③ 使用维护说明书、布置图、原理图、电气控制原理图、接线图。

④ 安装调试、试验报告。

⑤ 工程验收记录。

(2)建档要求

对上述资料要分类、分项建立档案。

(3)运行记录

在设备使用中,要对提升机械的运行状况分阶段进行记录保存,以反映设备的运转情况。

4.3.2 提升机械的安全检验

提升机械作为垂直提升的重要设备,国家主管部门对其有安全检验细则,其目的就是要强化安全管理,保障提升机械的安全。例如,在电梯使用过程中,必须对其进行定期安全检验,使其满足检验要求,颁发安全使用许可证准予使用,否则不准投入运行。电梯安全检验表如表 4-1 所列。

矿井提升机械必须满足相应部门对提升机械的检验要求,检验不合格不发放许可证,没有许可证的不允许使用。

表 4-1   电梯安全检验表

序号	检验项目	检验内容和要求
1	机房	门锁、消防设施、通风、防潮、曳引墙与楼板孔,四周距离,控制柜与门窗距离等符合国家有关规定和要求
2	曳引轮	垂直度、绳槽磨损符合国家技术指标或制造厂家的技术指标
3	制动器	制动力矩、闸瓦间隙、手动闸扳手位置符合国家技术要求和规定
4	限速器	铅封、夹绳钳、超速开关、张紧装置、安全开关、动作速度等符合国家技术要求和规定
5	电源主开关	位置、标志、停止开关符合国家规定或制造厂家的要求
6	电气保护	零线、电线分开,电气设备接地或接零,电气设备绝缘,接地电阻,断相错相保护,过载保护等应符合国家规范或制造厂家要求

序号	检验项目	检验内容和要求
7	导轨及导轨支架	轿厢与对重导轨,导轨支架的距离、垂直度、水平度,安装要求等,应符合国家技术要求或制造厂家的技术要求
8	对重	安装要求和技术指标应符合国家标准或制造厂家的要求
9	井道电缆	安装及使用应符合国家规定
10	安全保护开关	极限开关、限位开关、强迫换速开关等安全保护开关的安装、使用、动作要求符合国家标准
11	轿厢	轿厢门、轿厢整体安装、光电保护、安全触板、门刀、门机构、门的开启、轿厢内操作箱各功能按钮、开关信号显示、超载装置、通信报告,以及轿厢顶上防护栏杆、绳头组合装置、操纵开关盒、照明、导靴与导轨顶面间隙、轿厢与对重装置之间的距离、安全钳联动装置及开关、楔块与导轨间隙、提拉刀、安全窗开关、门电动机驱动装置、平层装置、电气线路及电气元器件等符合国家规定或制造厂家要求
12	钢丝绳	断丝数、磨损、锈蚀及其他局部损伤符合国家技术要求和规定
13	层门	各层层门的门锁、层门门缝运动情况、楼层信号显示、层外召唤按钮等符合国家有关规定
14	地坎	与地面高差、各层层门地块与轿门地块间距等应符合国家技术标准
15	缓冲器	与轿厢、对重行程底部极限位置、距离、动作、灵敏度情况等符合国家安装规范及技术要求
16	平层精度	梯型种类、梯速指标,应符合国家规定的平层准确度的要求
17	性能及安全试验	根据梯型种类、梯速指标,载荷量不同进行相应的静载、运行、超载试验,以及安全钳可靠性试验,试验结果应符合国家技术标准
18	其他	地坑的照明、各种电气开关、排水装置,以及对重侧防护栏等应符合国家规定

4.4 提升机械常见事故类型及防范

提升机械是垂直运输的重要方式。提升机械的自身缺陷、工作环境、操作人员状况等因素往往导致提升事故发生,常见的事故类型有过卷、过放、超载、坠落等,应采取有效措施防止或杜绝此类事故的发生。

4.4.1 过卷(冲顶)事故及防范

1)过卷事故的危害

过卷事故是提升机的重大隐患。过卷事故实际上是容器在提升上限停车位置没有停车而造成容器冲过上限停车位置,往往是因为减速开关没有减速或是减速没有达到要求值,冲到上限位(过卷)开关,严重时容器冲过过卷开关后直冲上防撞梁直至冲断首绳、容器坠入井底,造成井筒设施损坏、人员伤亡的重大事故。

2)过卷事故发生的原因

此类事故发生的原因有多种。例如:一种状况是过卷开关失灵、电机不断电,制动闸没起作用等,提升系统在电机动力拖曳下高速上行,而制动系统没有投入制动;一种是重物上提加速或减速时,因重物产生张力差超过制动限度,重物反向下滑,制动闸参与制动但制动不住系统的反向下滑力,造成系统以一定的外力下滑,最后使容器冲上防撞梁;还有一种可能是重物下放,制动失灵。

3)过卷事故的防范

为防止过卷事故的发生,最好的方法是消除事故产生的根源,也就是增加减速开关、过卷开关及电控系统、制动系统的可靠性。如果这些保护功能安全可靠,则不会出现过卷事故。但事故发生有多种原因,为保证事故状态时及时挽救,在提升系统中增设过卷缓冲装置,其目的是当出现过卷事故时,高速过卷的容器在过卷缓冲装置作用下缓冲,对一定速度的过卷可以完全制动停下,对超高速过卷也可以大大减小其事故损失。

4.4.2 蹾罐(蹾底)事故及防范

1) 蹾罐(蹾底)事故的危害

蹾罐(蹾底)事故是容器高速落在底坑(井底),造成容器高速蹾下。此类事故轻则造成乘员关节受伤,重则造成乘员伤亡、设备损坏。

2) 蹾罐(蹾底)事故发生的原因

蹾罐(蹾底)事故与过卷事故是同时发生的一对事故。因此,蹾罐(蹾底)事故的发生是提升容器在减速点没减速或减速偏小,造成容器高速落下;也有可能是因系统制动失灵、提升超载导致制动不住系统,从而使容器蹾罐(蹾底)。

3) 蹾罐(蹾底)事故的防范

蹾罐(蹾底)是指高速容器突然停下或是撞到井底造成制动减速度过大的一种事故。要防止蹾罐(蹾底)当然从产生的原因上采取措施最有利,最好的办法是如何能把事故化解。防范蹾罐(蹾底)必须从控制上增强保护,在不同的提升系统内,根据工作环境不同设计出一些保护装置。例如,电梯底坑的缓冲器,有液压阻尼式、弹簧式、油孔阻尼式等类型,其基本原理就是把高速落下的轿厢的动能释放掉,也即用缓冲制动力做功把厢体动能吸收。

4.4.3 超载事故及防范

1) 超载事故的危害

提升机械在运送货物过程中,由于提升系统本身能力限制,不同提升机械对其有效载荷有一定要求,超过此限制就会带来事故隐患。对提升高度大的提升系统,如果重载物被提到最高点,当出现超载情况时,提升制动系统和提升力满足不了提升加减速度及停车制动要求,重物将使系统反向加速下滑,造成重大溜车事故。此种事故将会使重载侧高速落下,另一侧高速冲上,损坏提升系统。即使设置了保护装置,也无法确保提升系统的安全。超载事故还可以导致提升首绳断裂、连接件损坏、提升摩擦轮与首绳打滑等。

2) 超载事故发生的原因

超载事故是指装载货物超重,超出了极限而导致的事故,其原因可能是对装载货物的比重不清楚,也可能是操作司机装载马虎,没有认真检查被装货物的重量是否超限。

3) 超载事故的防范

防止超载必须清楚所装货物的重量,使装载货物在提升机安全载荷限度内。为了保证装载不超限,提升机中必须增设超重报警、超重闭锁功能,从而保证系统的安全。在电梯中如果超载,电梯门不能关闭,电梯门关闭不了也无法进入下一个程序运行。在建筑用提升机中,吊笼的载荷限制器就是用来控制施工升降机超载运行的,当载荷达到额定载荷的90%时,限制器发出断断续续的报警声,提示已达到载荷要求,还可以运行。当载荷达到额定载荷125%时,限制器除了发出连续报警声外,还自动切断控制回路,使提升机无法启动,从而保证提升安全。

4.4.4 容器坠落事故及防范

1) 容器坠落事故的危害

容器坠落是提升机在垂直提升中最危险的事故,在高位的容器突然失去了提升力的限制,将做自由落体下降,物体以 9.8 m/s^2 加速度下行,其危害与下落高度成正比,一旦发生上述事故，如果没有应对措施，容器自由落体超过 2 m，将对乘员人体造成重伤。因此，容器坠落时造成人员伤亡是在所难免的。

2) 容器坠落发生的原因

容器坠落发生的原因归纳为提升力的消失。提升系统是由提升首绳来拉动容器提升，其中有单绳提升形式、多绳提升形式、齿轮齿条提升形式等。对于单绳提升形式来说，如果发生超载、容器卡住、提升钢丝绳本身断丝或锈蚀等原因均有可能导致首绳断绳，首绳断绳导致容器坠落；提升中若出现提升绳松绳状态，当提升绳再受拉力时，也有可能发生断绳，造成容器坠落事故。对于多绳提升形式来说，一般多根钢丝绳不会同时断裂，但也有因钢丝绳本身强度降低太多、锈蚀、断丝、磨损等出现断绳的。对于齿轮齿条提升形式来说，齿轮、齿条被冲击时也可能导致容器坠落事故。

3) 容器坠落事故的防范

为防止容器坠落事故的发生，在提升全程增设防坠器。防坠器实际上是当提升首绳出现断、松绳时对容器制动的装置，该装置不仅能抓捕住从静止状态下落的容器，还能抓捕住全速下行而失去提升力的容器。防坠器制动方式有缓冲式和直接式。缓冲式对高速重载坠落的容器制动，保证有一定制动距离，制动减速度满足人能承受的限度（小于 50 m/s^2）。对于提升速度低的容器，如电梯提升中采用直接制动式，因其速度低也可满足制动要求。对于多首绳式提升，由于提升首绳同时断裂的可能性很小，因此在我国对此没有设置容器防坠装置的要求。

4.4.5　溜车事故及防范措施

1) 溜车事故的危害

溜车事故是提升机械中危害较大的事故。溜车是指提升机制动系统失灵或制动不佳，提升系统失控而加速运行的状态。如果溜车距离长，其加速时间长，提升系统能量越大，造成的事故危害越严重。溜车事故轻则造成人员受伤，重则造成人员伤亡、提升系统损坏。

2) 溜车事故发生的原因

溜车事故发生的原因：一种是超载导致原制动系统不能有效制动住载荷，造成提升系统因外力作用而下滑，滑动速度越来越快，致使发生事故。另一种是提升机械制动系统出现问题，制动闸参与工作或者没有参与工作。例如，盘式制动闸，当备压高导致盘式闸制动碟簧的压力没有作用到制动盘上，不能满足制动力矩要求而导致溜车事故。此外，制动闸的摩擦间隙超限、灰尘过多也是造成制动力不足，制动失效的原因。

3) 溜车事故的防范

溜车事故主要是由超载或是制动系统问题引发的。要防止此类事故发生，首先要杜绝超载，利用超载报警、超载断电等保护装置可很好地控制超载的发生。另外，对提升机械的制动系统，除了增加自身可靠度外，还要采用对提升机械制动的监测、监控来满足制动系统的工作要求。在盘式闸中增加闸瓦间隙检测、闸瓦制动力监测及制动液压系统的备压监测等功能，其目的就是保证提升机制动可靠性。

4.4.6　层门失控坠物事故及防范

1) 层门失控坠物事故的危害

层门是提升机械与外连接的进出口。在电梯提升中，每一层都有层门；在建筑提升中，是在相应位置设置层门；在矿井提升中，以矿井生产的水平设置不同的层，在矿井中层称为水平，对一个开采水平的矿井有井口、井底两个水平，开采水平有多个时，称各水平的门为安全门。

各层门是各水平与垂直提升的转换通道。层门设置的目的就是保证提升容器不在层位时,层门隔离开水平与垂直的通道,保证在各水平面工作时不会因为失误或阻挡不严格而造成人员或货物从层门处坠落而引发事故。

由于层门所在水平不同,人员或货物坠落,除坠落人员发生伤亡事故外,坠落物还可能危及下层容器中人员的安全,严重的可能造成提升首绳断裂而导致容器坠落事故。

2) 层门失控发生的原因

层门作为隔离水平工作范围与垂直运输通道的门户,其安全可靠性十分重要。层门的开启控制失灵、开启机构损坏都可能导致层门失控。在矿井生产中,安全门的设计强度必须能够抵抗失控的矿车的撞击,能够安全阻挡住因操作失误或是阻车器不到位而造成的矿车跑车。

3) 层门失控坠物事故的防范

层门失控产生的原因是控制部分失灵或是强度低。为此,现在的层门设计必须有可靠的闭锁装置,容器不到层位,层门无法开启;各个层门只要有没关闭的,提升机就无法开启;闭锁系统失灵会自身报警等功能,保证层门是一道安全门。

层门的设计强度必须能满足使用中非正常工作状态的要求。在检修状态下,可以通过钥匙开启层门对各部件进行检查、保养,对故障点进行维护。

4.5 矿井摩擦提升机安全技术

单绳缠绕式提升机是立井提升的最初形式,此种提升机应用于深井大容器提升时,由于提升绳绳径大、长度长,缠绕提升绳的滚筒需要增加滚筒直径及容绳量,因而导致设备增大,当井深到一定限度时,其应用受到一定限制,为此设计一种适应深井提升、设备小、可靠性高的提升机成为深井提升的迫切要求。1938 年,瑞典的 ASEA 公司在拉维尔矿安装了第一台直径 1.96 m 的双绳摩擦提升机;1947 年,法国 GHH 公司在汉诺威矿安装了第一台四绳摩擦提升机。由此,一种把提升机首绳搭放在摩擦轮上,靠摩擦轮与提升首绳之间的摩擦力作为传递动力的提升机——摩擦提升机应运而生。摩擦提升机从投入应用时就显示出它的诸多优点:多根提升首绳承担载荷,钢丝绳直径较单绳提升时小;提升工作的安全性大为提高;提升机滚筒变小、设备重量轻;适用于深井提升;等等。因此,随着矿井开采深度的增加和大型矿井的建设,摩擦提升机在矿井生产中的应用越来越广泛,目前我国年产在 800 万 t 以上的井工开采矿井,均采用摩擦提升方式。而摩擦提升机在给人们带来高产高效的同时,其安全问题也成为主要的关注点,成为迫切要求人们去完善的重要内容之一。

4.5.1 矿井摩擦提升机分类

1) 按首绳数分类

矿井摩擦提升机按提升首绳数不同可分为双绳摩擦提升机、四绳摩擦提升机、五绳摩擦提升机、六绳摩擦提升机、八绳摩擦提升机等。但实际应用较多的为四绳摩擦提升机、六绳摩擦提升机。

2) 按安装布置分类

矿井摩擦提升机按安装布置可分为落地式和井塔式两种。落地式摩擦提升机是把提升机安装在地面绞车房,通过井架、天轮完成循环提升。井塔式摩擦提升机是把提升机安装在井塔上,由导向轮、摩擦轮构成提升系统。落地式提升机如图 4-15 所示,井塔式提升机如图 4-16 所示。

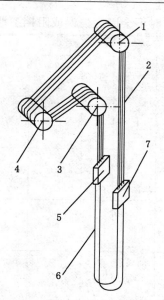

图 4-15　落地式提升机

1——上天轮;2——首绳;3——下天轮;

4——提升绞车;5,7——容器;6——尾绳

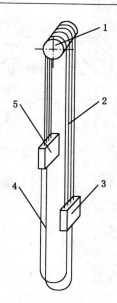

图 4-16　井塔式提升机

1——摩擦轮;2——首绳;

3,5——容器;4——尾绳

我国生产的摩擦提升机主要有 JKM 系列、JKD 及 JKMD 系列,其型号及技术性能如表 4-2、表 4-3 所列。

表 4-2　　　　　　　　　　　**JKM 型多绳摩擦式提升机型号及技术性能**

机器型号	主导轮直径 /m	导向轮直径 /m	钢丝绳最大静张力 /kN	钢丝绳最大静张力差 /kN	钢丝绳最大直径/mm		最大提升速度 /(m·s⁻¹)	减速器			质量 /t
					有导轮	无导轮		速比	扭矩/(kN·m)		
									最大	额定	
JKM—1.85/4(Ⅰ)	1.85		204	60		23	9.7	7.35 10.5 11.5	115	75	12
JKM—1.85/4(Ⅱ)	1.85		204	60		23	9.7	7.35 10.5 11.5	118	78.5	14.6
JKM—2/4(Ⅰ)	2		244	60		25	10.5	7.35 10.5 11.5	115	75	12
JKM—2/4(Ⅱ)	2		244	60		25	10.5	7.35 10.5 11.5	118	78.5	14.6
JKM—2.25/4(Ⅰ)	2.25	2	201/244	60		28	11.8	7.35 10.5 11.5	115	75	12
JKM—2.25/4(Ⅱ)	2.25	2	201/244	60		28	11.8	7.35 10.5 11.5	118	78.5	14.6

机器型号	主导轮直径/m	导向轮直径/m	钢丝绳最大静张力/kN	钢丝绳最大静张力差/kN	钢丝绳最大直径/mm		最大提升速度/(m·s⁻¹)	减速器			
					有导轮	无导轮		速比	扭矩/(kN·m)		质量/t
									最大	额定	
JKM—2.8/4(Ⅰ)	2.8	2.5	300	90	28		11.8	7.35 10.5 11.5	190	133	17.2
JKM—2.8/4(Ⅱ)	2.8	2.5	300	95	28		11.8	7.35 10.5 11.5	230/420	140/250	22
JKM—3.25/4(Ⅰ)	3.25	3	450	140	32.5		12	7.35 10.5 11.5	390	225	23
JKM—3.25/4(Ⅱ)	3.25	3	450	140	32.5		12	7.35 10.5 11.5	420	250	22
JKM—2.8/6(Ⅰ)	2.8	2.5	450	150	28		14.75	7.35 10.5 11.5	390	225	23
JKM—2.8/6(Ⅱ)	2.8	2.5	529	150	28		14.75	7.35 10.5 11.5	420	250	22
JKM—2.8/6(Ⅲ)	2.8	2.5	529	150	28		14.75				
JKM—4/4(Ⅰ)	4	3	600	180	39.5		14	7.35 10.5 11.5	570	380	35
JKM—4/4(Ⅱ)	4	3	600	180	39.5		14	10.5 11.88	680	402.5	39
JKM—3.5/6(Ⅰ)	3.5	3	800	230	35		13	11.5 10.88	680	402.5	39
JKM—3.5/6(Ⅱ)	3.5	3	800	230	35		14				

表 4-3　　　JKD、JKMD 型多绳摩擦提升机型号及技术性能

机器型号	主导轮直径/m	钢丝绳根数	钢丝绳最大静张紧力/(×10⁴ N)	钢丝绳最大静张力差/(×10⁴ N)	钢丝绳最大直径/mm		钢丝绳间距/mm	最大提升速度/(m·s⁻¹)	导轮（天轮）直径/m	机器总质量(不包括电器)/t
					有导向轮	无导向轮				
JKD—1.85×4	1.85	4	22	6.5		23	200	7.78		17.4
JKD—2×4	2	4	25	6.5		24	200	10		
JKD—2.25×4	2.25	4	21.5/31*	6.5/7*	22	28	200	10	2	
JKD—2.8×4	2.8	4	33.5	10	28		250	10	2.5	

续表 4-3

机器型号	主导轮直径/m	钢丝绳根数	钢丝绳最大静张紧力/(×10⁴ N)	钢丝绳最大静张力差/(×10⁴ N)	钢丝绳最大直径/mm		钢丝绳间距/mm	最大提升速度/(m·s⁻¹)	导轮(天轮)直径/m	机器总质量(不包括电器)/t
					有导向轮	无导向轮				
JKD—2.8×6	2.8	6	48.5	14	28		250	11.95	2.5	50
JKD(Z)—2.8×6	2.8	6	48.5	14	28		250	14	2.5	
JKD—3.25×4	3.25	4	45	13	32		300	14	3	
JKD—4×4	4	4	70	18	39.5		300	12	3.2	72
JKD—4×6	4	6	95	20	39.5		300	11.75	3.2	91
JKD—4×6	4	6	103	27	39.5		300	14	3.2	
JKMD—2.8×4	2.8	4	33.5	9.5	28		300	10	2.8	
JKMD—3.5×4	3.5	4	52.5		35		300	13	3.5	71
JKMD—4×2	4	2	34	9.5	39.5		350	12	4	63
JKMD—4×4	4	4	68	18	39.5		350	14	4	
JKMD—4.5×4	4.5	4	90	22	45		350	14	4.5	

注：＊分子表示有导向轮时，分母表示无导向轮时。

4.5.2　矿井摩擦提升机的构成

矿井摩擦提升机由动力拖动部分、制动部分、控制部分、导向部分、安全保护部分、容器及运动部分 6 大部分组成。

1) 动力拖动部分

(1) 拖动方式

动力拖动部分是摩擦提升的动力来源,提升动力要求有如下功能:① 调速性能好;② 启动力矩大,有较好的过负荷能力;③ 机械特性好,可实现稳定提升速度;④ 能方便实现正反转及控制。

为满足上述要求,我国矿山采用交流绕线异步电动机拖动和电动发电机组供电的直流他励电动机拖动。20 世纪 80 年代,提升机械采用交流绕线异步电动机串级调速、晶闸管变流器供电的直流他励电动机拖动,从交—直调速到现在广泛采用的交—交变频的同步电动机拖动。

同步电动机交—交变频调速与直流电动机调速相比,调速性能、自动化程度虽然相差不多,但是交—交变频调速所具备的结构简单、工作可靠、拖动效率高、过负荷能力强等优点,为其推广应用提供了条件。

为减少空间,一种新型的内装电动机式四绳摩擦提升机于 1988 年在德国豪斯阿登矿使用,其交—交变频调速同步电动机被装在摩擦轮内部,使摩擦轮与电机转子成为一体,如图4-17 所示。

多绳摩擦提升传动方式有 3 种:① 主导轮通过中心驱动共轴式的具有弹簧基础的减速器与电动机相连用于单机传动;② 主导轮通过侧动式的具有刚性基础的减速器与电动机相连用于单机或双机拖动;③ 主导轮与电动机直接连接,不通过减速器。

(2) 联轴器

联轴器是电动机与减速器、减速器与摩擦滚筒主轴连接的重要元件。一般情况下,电动机

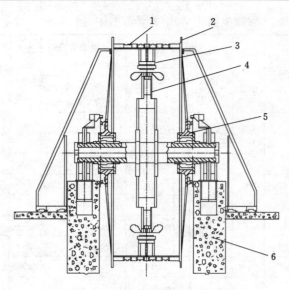

图 4-17　内装同步电动机的摩擦轮

1——双绳槽；2——制动盘；3——转子；4——定子；5——轴承；6——基础

与减速器之间的连接采用弹性联轴器，用以减小电动机启动时的冲击，而减速器与摩擦滚筒间采用齿轮联轴器连接。

（3）减速器

减速器将电动机的输出转速按一定的传动比传递到摩擦滚筒上，从而实现摩擦滚筒不同的转速要求，如图 4-18 所示。

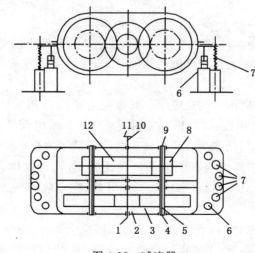

图 4-18　减速器

1——高速轴；2——高速小齿轮；3——高速大齿轮；4——高速轴套；

5——弹性轴；6——减震器；7——弹簧机座；8——低速小齿轮；

9——低速轴套；10——输出轴；11——刚性联轴器；12——低速大齿轮

（4）摩擦滚筒主体

摩擦滚筒是摩擦提升中传力的重要元件，提升运动系统的动力依靠摩擦滚筒上的衬垫与提升首绳的摩擦力来实现。摩擦滚筒主体由摩擦轮主体、衬垫、轴承座、主轴、轴承等构成。四绳摩擦式提升机摩擦滚筒主体如图 4-19 所示。

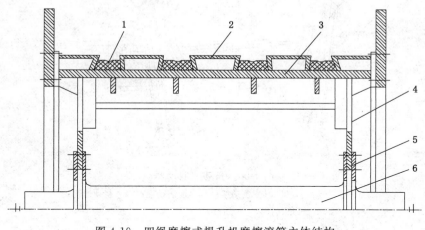

图 4-19　四绳摩擦式提升机摩擦滚筒主体结构
1——衬垫；2——压块；3——主导轮；4——轮辐；5——轮毂；6——主轴

摩擦衬垫是摩擦滚筒的重要组件,其与提升钢丝绳间的摩擦系数直接影响提升能力及制动安全性。因此,摩擦滚筒上摩擦材料的选取十分重要,同时选用的材料必须有检测单位提供的测试合格证。

摩擦衬垫以梯形块状布满整个圆周方向,在反向梯形的压紧块作用下固定在摩擦滚筒上。每块摩擦衬垫上有两道绳槽,一槽使用,另一槽用来放置首绳及作为调换首绳时的备用槽。

摩擦滚筒两侧的翼板是摩擦滚筒的制动盘,在盘式制动的摩擦滚筒上可以是一侧盘或两侧盘。制动闸可以是 4 副、8 副,具体副数按提升机制动力的要求而定。

2) 制动部分

(1) 提升机制动系统的作用

① 正常停车制动。提升机在停下时,制动部分能够可靠地制动。

② 工作制动。提升机在提升过程中有加速、匀速、减速运行过程,各种过程的实现和运行都是由动力拖动与制动相互协调工作完成的。如果出现一方失控,将会导致非正常运行状态。

③ 紧急制动。当提升系统出现非正常工作状态时,制动系统必须进入紧急制动,使提升系统平稳地进入正常状态。如果出现运行超速、限位开关失灵等故障时,制动系统能够及时投入制动且制动可靠性高。

(2) 制动系统的制动器

制动系统的制动器是对提升机进行制动的执行机构,有块闸和盘式制动闸两种类型。块闸有角移式、平移式、复合式 3 种形式。角移式结构简单,但压力及磨损分布不均匀,制动力矩小,多应用于小型提升机上。平移式和复合式压力分布均匀,制动力矩大,多应用于大型提升机上。

角移式制动器依靠两个铰接制动梁在三角杠杆动作时,前制动梁与后制动梁绕支点转动,靠制动梁上的制动瓦压到被制动轮上产生的制动阻力来制动,如图 4-20 所示。

平移式制动器两个制动梁在横拉杆及三角拉杆作用下基本是平行移动,因而两个制动梁

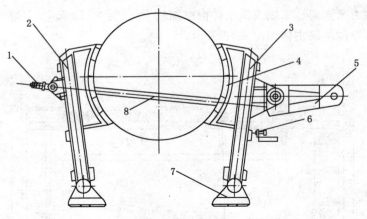

图 4-20　角移式制动器

1——调节螺母；2——后制动梁；3——前制动梁；4——制动闸瓦；

5——三角杠杆；6——顶丝；7——轴承；8——制动轮

上制动瓦均匀压到制动轮上实现对制动轮的制动。平移式制动器中，安全制动气缸进气时为制动状态，排气时为松闸状态，而工作制动缸进气时为松开状态，排气时为制动状态，如图4-21所示。

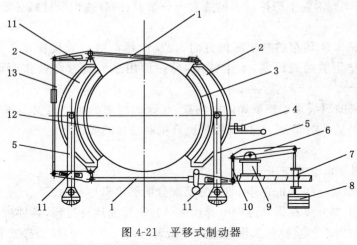

图 4-21　平移式制动器

1——横拉杆；2——制动梁；3——闸瓦；4——顶丝；5——立柱；

6——制动杠杆；7——安全制动气缸；8——安全制动重锤；9——工作制动气缸；

10——制动拉杆；11——三角杠杆；12——制动轮；13——可调节拉杆

液压盘式制动闸是大型提升机选用的制动系统，将在矿井摩擦提升机安全保护装置部分专门进行细述。

（3）制动系统的控制系统

制动系统的控制系统主要由油压、气压及弹簧来控制调节制动力矩，我国 JKM、JKD 系列摩擦提升机均采用盘式闸油压控制制动。

3）控制部分

提升机电控系统是提升机械的中枢，以 PC 集成实现对提升过程控制、行程给定、速度调节、安全回路、制动系统、监视回路的控制，可以实现提升机自动化。控制系统在提升机中的应用已日趋成熟。

4）导向部分

摩擦提升机导向基本可分为两种导向形式：一种是钢丝绳导向，另一种是滚动导向。钢丝绳导向虽然有投资少、建设快、运行平稳等优点，但由于其张紧力不易保证，在提升速度高、井筒深的大型矿井中应用较少；滚动导向以运行平稳、刚性好等优点受到普遍认可，应用较广泛。

（1）钢丝绳导向

所谓钢丝绳导向是指利用钢丝绳限制容器的运行轨迹。因为钢丝绳在一定张紧力下有一定刚度。钢丝绳导向主体是以尼龙或其他耐磨材料压成的导向套体。它是对开的，松开固定的 U 形夹后，便可以把对开的导向套夹到钢丝绳上，再利用 U 形夹夹紧即可。一个容器上，每个罐道绳用 2 个导向套来保证容器沿罐道绳运行，如图 4-22 所示。其优点是运行平稳、投资少、工期时间短；其缺点是钢丝绳张紧力难以控制，尤其当拉紧力不足时，导向性不能保证。

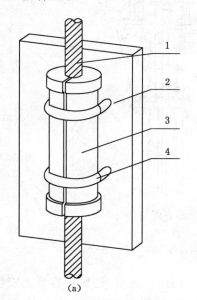
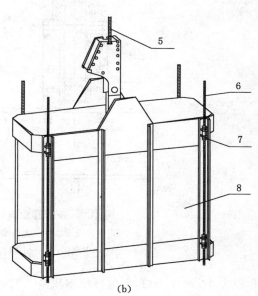

图 4-22　钢丝绳导向示意图

1——钢丝绳；2——罐笼壁板；3——滑套；4——滑套固定架；

5——提升首绳；6——导向绳；7——导向绳套；8——罐笼

罐道绳刚度的大小与其长度、拉紧力有关。张紧力小，刚度差，导向不好，容器运行中易碰到井筒中固定件，拉得过紧易使罐道绳断裂。罐道绳的拉紧有多种形式：① 井上固定、井下用重锤拉紧方式，此种方式的拉紧力是恒定的，但由于井底处空间小，坠落物长时间堆积导致井底坠落物托住重锤使张紧失效，而清理井底杂物非常困难。② 井下固定、井上用手拉葫芦拉紧的方式，此种方式既不安全又费时，只有一些小矿井在使用。③ 自动液压拉紧式应用得较多，如图 4-23 所示。上楔体夹紧罐道绳后，油缸上提把罐道绳上拉，当拉到上限位后，下楔体夹住罐道绳，上楔体松开，油缸下放上楔体。当上楔体达到下限位时，上楔体抓罐道绳，下楔体松开。交替抽拉罐道绳，从而达到罐道绳的张紧力要求。

（2）滚动导向

滚动导向是把原来的滑动摩擦变为滚动摩擦，采用弹性轮套，既有减震性又降低了噪声，

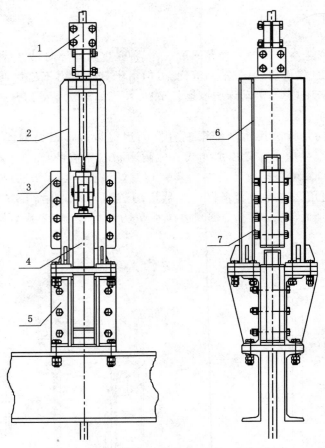

图 4-23 矿井罐道绳自动张紧装置结构示意图

1——保险卡;2——龙门架;3——上楔体;4——液压缸;
5——下楔体;6——上限位传感器;7——下限位传感器

运行阻力小,运行平稳,但运行成本较高。它不仅要设置钢性(方钢)罐道,还要在容器上安装多组滚动轮。滚动轮有单联、双联两种形式,单联为侧面运行轮,双联为正面运行轮,一个容器需要两根方钢罐道,需要四组滚动罐耳,如图 4-24 所示。其优点是运行平衡性好,适于高速运行;缺点是成本高,滚轮易损坏。

5)安全保护部分

根据《煤矿安全规程》第四百二十三条规定,提升装置必须装设下列保护装置,并符合下列要求:

① 过卷和过放保护:当提升容器超过正常终端停止位置或出车平台 0.5 m 时,必须能自动断电,且使制动器实施安全制动。

② 超速保护:当提升速度超过最大速度 15% 时,必须能自动断电,且使制动器实施安全制动。

③ 过负荷和欠电压保护。

④ 限速保护:提升速度超过 3 m/s 的提升机应当装设限速保护,以保证提升容器或平衡锤到达终端位置时的速度不超过 2 m/s。当减速段速度超过设定值的 10% 时,必须能自动断电,且使制动器实施安全制动。

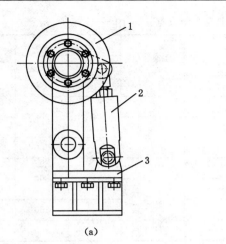
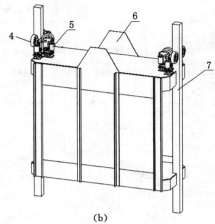

（a）　　　　　　　　　　　　　　　　（b）

图 4-24　轮式导向示意图

1——导向轮；2——缓冲机构；3——底座；4——侧滚轮；5——后滚轮；6——厢体；7——轨道

⑤ 提升容器位置指示保护：当位置指示失效时，能自动断电，且使制动器实施安全制动。

⑥ 闸瓦间隙保护：当闸瓦间隙超过规定值时，能报警并闭锁下次开车。

⑦ 松绳保护：缠绕式提升机应当设置松绳保护装置并接入安全回路或者报警回路。箕斗提升时，松绳保护装置动作后，严禁受煤仓放煤。

⑧ 仓位超限保护：箕斗提升的井口煤仓仓位超限时，能报警并闭锁开车。

⑨ 减速功能保护：当提升容器或平衡锤到达设计减速点时，能示警并开始减速。

⑩ 错向运行保护：当发生错向时，能自动断电，且使制动器实施安全制动。

过卷保护、超速保护、限速保护和减速功能保护应当设置为相互独立的双线型式。

缠绕式提升机应当加设定车装置。

6）容器及运动部分

矿井摩擦提升机所用容器及运动部分含有容器、悬挂及钢丝绳张力平衡装置、楔形绳环、首绳、尾绳、尾绳悬挂。

（1）容器

矿井摩擦提升机所用容器有两种：一种是专门提升煤或矸石的箕斗；另一种是专门升降人员、运送物料的罐笼。

① 箕斗。

箕斗是用来专门提升煤或矿石的。立井提升多绳箕斗型号标记示例：

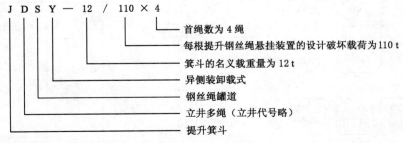

立井提升多绳箕斗参数规格见表 4-4。

表 4-4 立井提升多绳箕斗参数规格

多绳提煤箕斗型号			有效容积 /m³	提升钢丝绳		箕斗自身质量/t
钢丝绳罐道		钢性罐道		数量	绳间距 /mm	
同侧装卸式	异侧装卸式	同侧装卸式				
JDS—4/55×4	JDSY—4/55×4	—	4.4	4	200	6.5
JDS—6/55×4	JDSY—6/55×4		6.6			7.0
JDS—6/75×4	JDSY—6/75×4			4	300	7.5
JDS—9/110×4	JDSY—9/110×4		10	4	300	10.8
JDS—12/110×4	JDSY—12/110×4	JDG—12/110×4	13.2			12
JDS—12/90×6	JDSY—12/90×6			6	250	12.5
JDS—16/90×6	JDSY—16/150×4	JDG—16/150×4	17.6	4	300	15

② 罐笼。

罐笼是用来升降人员、物料的载体。罐体由罐顶、罐底、横梁、立柱、侧板与轨道组成,罐笼顶部有防水棚和用来下长料、人员也可以出入的罐盖(天窗),罐端有罐帘门。罐笼上有罐耳,罐笼内有罐内阻车器,阻车器用于在罐笼运行时防止罐内矿车从罐中跑出。

立井提升多绳罐笼型号标记示例:

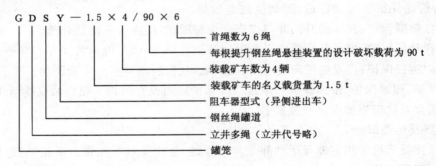

$$\text{G D S Y} - 1.5 \times 4 / 90 \times 6$$

- 首绳数为 6 绳
- 每根提升钢丝绳悬挂装置的设计破坏载荷为 90 t
- 装载矿车数为 4 辆
- 装载矿车的名义载货量为 1.5 t
- 阻车器型式(异侧进出车)
- 钢丝绳罐道
- 立井多绳(立井代号略)
- 罐笼

立井多绳罐笼参数规格见表 4-5。

表 4-5 立井多绳罐笼参数规格

多 绳 罐 笼 型 号				装载矿车			允许乘人数 /人	自身质量 (估计) /kg
钢丝绳罐道		刚性罐道		型号	名义容量 /t	车数 /辆		
同侧进出车	异侧进出车	同侧进出车	异侧进出车					
GDS—1×1/55×4 GDS—1×2/75×4	GDSY—1×1/55×4 GDSY—1×2/75×4	GDG—1×1/55×4 GDG—1×2/75×4	GDGY—1×1/55×4 GDGY—1×2/75×4	MG1.1—6 $\frac{A}{B}$	1	1 2	24	5 000 7 000
GDS—1.5×1/75×4 GDS—1.5×2/110×4 GDS—1.5×4/90×6 GDS—1.5×4/195×4	GDSY—1.5×1/75×4 GDSY—1.5×2/110×4 GDSY—1.5×4/90×6 GDSY—1.5×4/195×4	GDG—1.5×1/75×4 GDG—1.5×2/110×4 GDG—1.5×4/90×6 GDG—1.5×4/195×4	GDGY—1.5×1/75×4 GDGY—1.5×2/110×4 GDGY—1.5×4/90×6 GDGY—1.5×4/195×4	MG1.7—6A	1.5	1 2 4	32 34 62	6 000 7 500 1 700
GDS—1.5K×4/90×6 GDS—1.5K×4/195×4	GDSY—1.5K×4/90×6 GDSY—1.5K×4/195×4	GDG—1.5K×4/90×6 GDG—1.5K×4/195×4	GDGY—1.5K×4/90×6 GDGY—1.5K×4/195×4	MG1.7—9B			70	1 700

多 绳 罐 笼 型 号				装载矿车			允许乘人数/人	自身质量（估计）/kg
钢 丝 绳 罐 道		刚 性 罐 道		型号	名义容量/t	车数/辆		
同侧进出车	异侧进出车	同侧进出车	异侧进出车					
GDS—3×1/110×4 GDS—3×2/150×4	GDSY—3×1/110×4 GDSY—3×2/150×4	GDG—3×1/110×4 GDG—3×2/150×4	GDGY—3×1/110×4 GDGY—3×2/150×4	MG3.3—9B	3	1 2	60	8 000 11 000
GDS—5×1 (1.5K×4)/195×4	GDSY—5×1 (1.5K×4)/195×4	GDG—5×1 (1.5K×4)/195×4	GDGY—5×1 (1.5K×4)/195×4	—	5	1		1 700

（2）悬挂及钢丝绳张力平衡装置

悬挂及钢丝绳张力平衡装置是钢丝绳与容器接合的连接体,过去的连接形式已被新型的张力平衡装置所代替。老式螺旋液压式平衡装置在静止状态通过液压系统调整各绳张力,调整后用螺旋锁定。这种平衡装置只能解决静态平衡,绞车只要运动,其各绳间受力状态被重新分配,又引起不平衡,因而在提升中经常出现张力大的首绳的绳槽磨损的问题。由于首绳在一个循环中,绳的捻距随着首绳在摩擦轮与容器间距离的变化而变化,其受力状态复杂,解决各首绳间的张力平衡十分困难。

液压首绳动张力平衡装置如图 4-25 所示,提升首绳间张力平衡是通过连通的液压管路来实现的。每根首绳的张力直接由油缸的压力支承,通过调整油缸中的压力,可方便地改变此绳中张力的大小。由于多根首绳平衡装置有相同的油缸,当把多个油缸的下出油口用油管连通

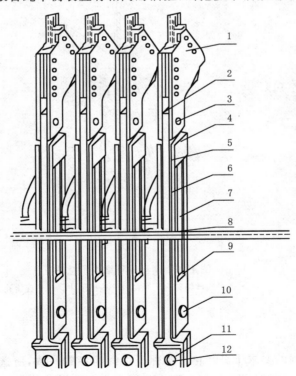

图 4-25　液压首绳动张力平衡装置

1——楔形绳环;2——中板;3——上连接销;4——挡板;5——压板;6——侧板;
7——连通油缸;8——连接组件;9——垫板;10——中连接销;11——换向叉;12——下连接销

后,便可以保证多绳间张力相同。

液压首绳动张力平衡装置仍然存在不足,由于液压传递有一定的滞后性,同样影响首绳张力变化、张力平衡上有滞后性。

(3)楔形绳环

楔形绳环是提升首绳与容器的连接元件。楔形绳环已标准化,按不同的绳径选取不同的型号(表 4-6)。楔形绳环是利用楔形体自锁的原理把首绳固定在绳环上的,如图 4-26 所示。

表 4-6   **楔形绳环型号及参数**

参 数		型 号					
		XS—55	XS—75	XS—90	XS—110	XS—150	XS—200
设计破坏载荷/kN		539.4	735.5	882.6	1 078.7	1 471	1 961.3
允许工作载荷 /kN	用于提重物(箕斗)时	53.9	73.5	88.2	107.8	147.1	196
	用于提人及物(罐笼)时	41.2	56.5	68.6	83.3	112.8	150.8
适应钢丝绳直径范围/mm		16.5~25.5	22~31	25~35	27.5~37	31~45	39~55
楔子半径/mm		90	110	120	130	160	190
楔子角度/(°)		24					
质量/kg		62	93.4	115	140	227	293

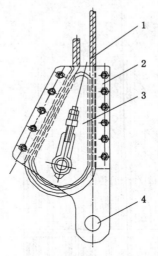

图 4-26   楔形绳环结构示意图
1——提升钢丝绳;2——壳体;3——楔形块;4——连接孔

(4)首绳、尾绳

① 首绳。

摩擦提升对首绳的要求十分严格。为保证首绳间参数一致,所选用首绳必须是同一批钢质的左捻和右捻对称的钢丝绳,且钢丝绳在首绳中分布是对称的。

② 尾绳。

尾绳的作用是平衡首绳在运行过程中引起的张力差。尾绳选取原则一般要求其与首绳等重。

尾绳分为圆尾绳(图 4-27)和扁尾绳(图 4-28)。圆尾绳在运行过程中可能会引起打卷,并且随着提升高度变化尾绳本身存在旋转,因而使用圆尾绳时必须有能放掉绳扭力的旋转尾绳悬挂。扁钢丝绳是用细直径钢丝绳通过人工编织而成的带状钢丝绳,扁尾绳虽然没有上述不足,但缺点是人工编织速度慢、制作效率低、价格高。现在一些新建矿井已经改用不旋转的圆尾绳做平衡尾绳。

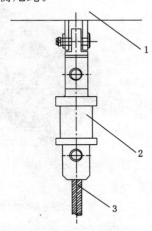 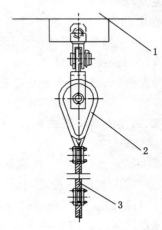

图 4-27　圆尾绳悬挂图　　　　　　　　图 4-28　扁尾绳悬挂图

1——容器;2——尾绳悬挂;3——尾绳　　　　1——容器;2——尾绳悬挂;3——尾绳

4.5.3　矿井摩擦提升机安全保护装置

矿井摩擦提升机安全保护装置是保证提升安全的重要部分。当摩擦提升出现超速、过载、过卷、过放等时,必须要有相应的保护装置来限制、减小或避免可能发生的事故。

1) 过速安全保护

摩擦提升矿井为了保证提升机运行安全,必须严格按照矿井提升速度图运行,如图 4-29所示。图中:t_1 为提升启动加速度阶段;t_2 为全速运行阶段,此阶段是在 t_1 加速达最大提升速度后的全速运行段;t_3 为减速阶段,此阶段是在全速阶段后到达要停罐位置前的一段减速;t_4 段为减速后阶段,此阶段容器以爬行速度运行,准备精确停罐段。因此,矿井摩擦提升过速保护是要防止摩擦提升在最大速度运行阶段超速、在减速阶段没减速而超速、在爬行阶段没有降到限定速度而超速。提升机从停止状态启动后,有一个匀加速阶段,使提升系统在较短时间内增加到最大提升速度。最大提升速度具体计算公式为:

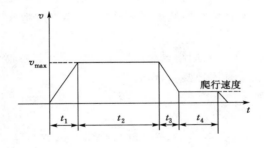

图 4-29　矿井提升速度图

$$v_{max} = 0.5\sqrt{H} \tag{4-1}$$

式中　　v_{max}——最大提升速度，m/s；

　　　　H——提升高度，m。

立井升降物料时，提升容器的最大速度计算公式为：

$$v_{max} = 0.6\sqrt{H} \tag{4-2}$$

在减速阶段不减速或减速度小于允许值，容器到达井终端位置时的速度将超限。《煤矿安全规程》规定提升速度超过 3 m/s 的提升机应当装设限速保护，以保证提升容器或平衡锤到达终端位置时的速度不超过 2 m/s。

限速器有机械限速器和电气限速器两种。电气限速器是利用安装在电机主轴上的旋转编码器（图 4-30），直接把摩擦滚筒的切线速度、加速度测出来的装置。

图 4-30　旋转编码器

2）过载保护

对于摩擦提升系统而言，过载保护尤为重要。因为摩擦提升是依靠提升首绳与摩擦轮之间的摩擦力来传递动力的，摩擦力的大小与摩擦衬垫、钢丝绳间摩擦系数大小及钢丝绳张力有关。而两侧绳的允许张力差值是此系统允许的提升能力。如果装载的货物或人员超过张力差的允许限值，就会导致摩擦轮无法拉住提升系统，使重容器下落、空容器上冲，可能导致提升系统高速过卷，严重的会导致提升系统撞坏、首绳断裂、容器坠落，甚至造成人员伤亡事故。

矿井摩擦提升中专门提升煤或矿石的系统称为主井提升系统，用来升降人员、物料及上提矸石的系统称为副井提升系统。对主井提升系统而言，由于其是矿井生产的主体，有的矿井一天连续运行 22 h 以上，工作频率高。主井提升系统的装载量不仅关系提升量，还关系着系统安全。为此，主井提升系统对装载量进行限制。最早是定容装载系统，所谓定容装载是把允许容量的定容斗放在箕斗装载的上一道工序，当箕斗到位后，把装在定容斗中的等体积煤（矿石）装入箕斗中，完成装载。这套系统由于装入的煤常含有矸石杂质，或定容斗中进入了水，所装比重变化致使超重，出现超载现象。因为超载，就有可能在重载箕斗上提过程中，因上提变速段造成反向下落导致恶性事故。

为防止上述现象发生，《煤矿安全规程》第三百九十三条规定"罐笼和箕斗的最大提升载荷和最大提升载荷差应当在井口公布，严禁超载和超最大载荷差运行。箕斗提升必须采用定重装载"。

所谓定重装载系统，就是装箕斗前先把煤（矿石）装入一个预装容器中，如传感器显示超重，系统提醒控制人员不得把预装物料装入提升箕斗，不超重时把预装容器物料装入箕斗正常提升。

矿井采用的装载方式通常是利用给煤装卸胶带给定重预装容器装煤，装煤重量由称重传感器直接传到控制台，所装重量达到要求自动停下。

3）矿井摩擦提升制动保护

（1）盘式制动保护

立井提升机制动系统是提升系统安全运行的保障部分，它直接关系到安全生产。矿井提升制动有角移式制动闸、平移式制动闸、盘式制动闸。在大型提升绞车中基本采用盘式制动闸。盘式制动闸是由制动盘、制动闸、液压控制系统构成的。盘式制动相对块式制动（角移式和平移式)的优点是：

①　制动器为多副(可为 2 副、4 副、6 副、8 副)，制动平稳性好，可靠性高。

②　制动力矩通过调整螺母调定后，其大小可由制动油压控制，操作方便且可控性好。

③　体积小、结构紧凑、动作灵活。

④　便于自动化控制。

虽然盘式制动有上述优点，但盘式制动要求制动盘、制动器制造精度高，摩擦材料要求耐磨、热释放快、耐压性好。

(2) 盘式制动的结构及工作原理

盘式制动器是以对称压在制动盘上的一副制动闸瓦产生的摩擦阻力来工作的，制动盘位于摩擦滚筒的两端。由于制动盘承受对称的挤压力，制动盘只承受制动力矩，不承受轴向力。制动闸按制动力矩要求不同分为 2 副制动器、4 副制动器、6 副制动器、8 副制动器配置。图 4-31 所示为 4 副制动器的一侧布置图。

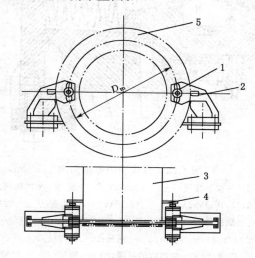

图 4-31　盘式制动器布置图

1——盘式制动器；2——支座；3——滚筒；4——挡绳板；5——制动盘

盘式制动的关键部件是制动盘与制动器。

制动盘要求加工精度高，其轴向跳动量、厚度、耐磨性、摩擦表面光洁度都有严格要求。

制动器是制动的动力元件，其结构如图 4-32 所示。通过调整制动器、螺母，可调节制动盘与闸瓦间的压力，也就是其制动最大阻力。当液压控制系统供给油压时，油压通过活塞压缩弹簧使盘式制动器打开，闸瓦离开制动盘，利用液压控制系统供油的压力也可对制动力进行调整。

(3) 盘式制动器的设计

如图 4-33 所示，当盘式制动器制动时，P_1 为液压系统最低压力，由碟簧产生的最大正压力 F_{max} 把闸瓦压到制动盘上，随着 P_1 压力的增大，活塞产生的液压力增大，制动闸的制动力也随之变化，当 P_1 增大到所产生的液压力与弹簧压力相等时，制动阻力为零。

①　摩擦提升盘式制动器制动力矩确定。

a. 力矩不小于 3 倍最大静力矩。

制动力矩必须满足 3 倍的最大静力矩 M_z 要求：

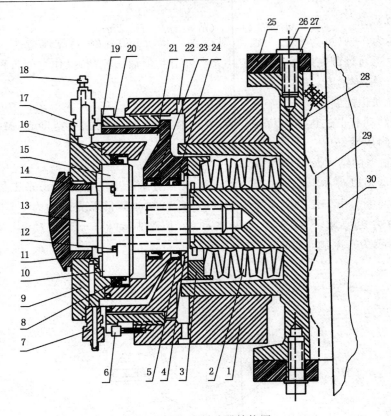

图 4-32　盘式制动器结构图

1——制动器体；2——碟形弹簧；3——弹簧垫；4——卡圈；5——挡圈；6——锁紧螺栓；

7——泄油管；8,12,13,16,19,23,24——密封圈；9——油缸盖；10——活塞；11——后盖；

14——连接螺栓；15——活塞内套；17——进油接头；18——放气螺栓；

20——调节螺母；21——油缸；22——螺孔；25——挡板；26——压板螺栓；

27——垫圈；28——带筒体的衬板；29——闸瓦；30——制动盘

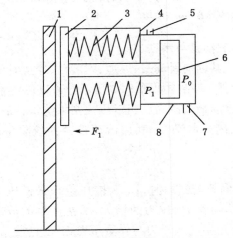

图 4-33　盘式制动器制动原理图

1——制动盘；2——闸瓦；3——碟形弹簧；4——制动器壳体；

5——进油口；6——活塞；7——出油口；8——缸体

$$M_z \geqslant 3\left[Q_z g \pm (n_1 p - n_2 q) Hg\right] \cdot \frac{D}{2} \tag{4-3}$$

式中　Q_z——最大载重质量差，kg；

　　　　$n_1 p - n_2 q$——首绳与尾绳质量差，kg；

　　　　g——重力加速度，m/s²；

　　　　H——提升高度，m；

　　　　D——提升机滚筒半径，m。

　　b. 安全制动要求：下放货物时制动的减速度不小于 1.5 m/s²，上提货物时不大于 5 m/s²。即：

$$M_z \geqslant 1.5 \sum m \frac{D}{2} + \left[Q_z g \pm (n_1 p - n_2 q) Hg\right] \cdot \frac{D}{2} \tag{4-4}$$

$$M_z \leqslant 5 \sum m \frac{D}{2} - \left[Q_z g \pm (n_1 p - n_2 q) Hg\right] \cdot \frac{D}{2} \tag{4-5}$$

式中　　　$\sum m$——提升系统变位质量，kg。

　　② 最大正压力的确定。由式(4-3)～式(4-5)选取合适的 M_z 值。

　　又因为制动盘产生的最大摩擦力矩为：

$$M_{z0} = 2NfRn \tag{4-6}$$

式中　N——作用于制动盘上正压力，N；

　　　　f——盘式制动闸瓦间摩擦系数；

　　　　R——制动器制动半径，m；

　　　　n——制动闸副数。

　　要求：

$$M_{z0} = 2NfRn \geqslant M_z \tag{4-7}$$

所需最大正压力为：

$$N = \frac{M_z}{2fRn} \tag{4-8}$$

所需最大油压力为：

$$P_{\max} = \frac{N}{A} + C \tag{4-9}$$

式中　A——活塞面积，m²；

　　　　C——初始压力，MPa。

　　(4) 盘式制动器液压站(图 4-34)

　　盘式制动器的动作完全由液压系统来实现，液压系统是盘式制动器的重要组成部分。液压系统可使盘式制动：

　　① 根据工作制动需要调整制动力矩。

　　② 实现二级制动。

　　4) 矿井摩擦提升深度指示器

　　矿井提升深度指示器是指示提升容器在井筒中相对位置的装置。深度指示器根据其动作原理可分为牌坊式、立式、圆盘式等。多绳摩擦提升采用圆盘式或立式深度指示器。在摩擦提升中，提升首绳与摩擦滚筒间有相对位移，当提升首绳相对摩擦滚筒产生的滑动、蠕动有相对

图 4-34　盘式闸制动液压站

位移时,必然对井筒中容器的位置指示出现偏差。因此,圆盘式深度指示器除随传动系统有相对位置提示外,对于产生的位置偏差能够调整并有调零功能。

深度指示器的作用为:① 指示提升容器在井筒中的位置;② 进入减速点发出减速信号,并减速控制;③ 提升容器过卷时,过卷开关动作,切断安全回路,实现安全制动;④ 减速阶段提供给定速度,并通过限速装置实现限速保护。

(1) 圆盘式深度指示器

圆盘式深度指示器由两部分组成,即传动装置(发送部分)和深度指示盘(接收部分)。圆盘式深度指示器传动装置如图 4-35 所示,圆盘式深度指示器依靠与摩擦滚筒主轴相连的自整角机及司机操作平台上的接收自整角机显示井筒中容器的位置。

自整角机与摩擦滚筒主轴相连,同时带动前、后限速圆盘。调整齿轮对 2、蜗杆 4 和增速齿轮对 5,调整后确保指示盘指针在 250°～350°之间。通过蜗杆传动调整限速圆盘 14 和 16,使限速圆盘上撞块 11、限速凸轮板 7 在相应位置上。当容器运行至减速点时撞块 11 接触减速器开关 12,并给出减速铃声;同时,限速凸轮板 7 开始挤压滚轮 10,滚轮 10 通过丝杆拨动自整角机 15 回转,给出给定速度信号,以便与实际速度比较,进行电光保护。限速凸轮的形状是按提升速度曲线绘制的。当提升过卷时,撞块 11 压下过卷开关 13,过卷开关 13 断开安全回路,进行安全制动保护。

(2) 立式深度指示器

立式深度指示器是利用机械传动方式工作的一种深度指示器。为避免摩擦提升首绳与摩擦轮之间由于相对滑动、蠕动而产生的位置偏差,其本身有调零功能。其传动原理如图 4-36 所示。

由摩擦滚筒主轴传入的运动经 2、3 齿对和 5、6 齿对调整,使传动与深度位置关系相一致,为补偿摩擦轮与首绳相对位置误差,增加了调零功能。丝杆上的粗指针可以指示位置,但当容器位置与实际位置不符合时,可开启调零电机,电机带动蜗杆经轮系带动轴 11 转动;而此时,

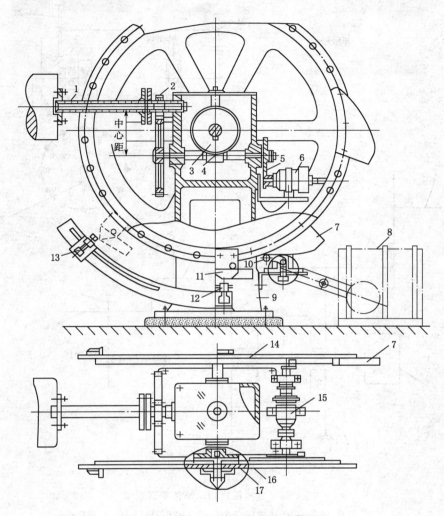

图 4-35　圆盘式深度指示器传动装置

1——传动轴；2——齿轮对；3——涡轮；4——蜗杆；5——增速齿轮对；6——发送自整角机；
7——限速凸轮板；8——限速变阻器；9——机座；10——滚轮；11——撞块；12——减速器开关；
13——过卷开关；14——后限速圆盘；15——限速用自整角机；16——前限速圆盘；17——摩擦离合器

主轴 1 停止，通过调零电机把粗指针 18 调整到准确位置。为保证指示的精度，摩擦提升系统在到达停车位置前设置了磁感应继电器，当容器到达此位置时继电器动作，使电磁离合器啮合，精确指针开始随主传动系统动作，在 10 m 范围内精确指示停车位置。

5）矿井摩擦提升过卷、过放保护

由于摩擦提升动力传递依靠摩擦轮与钢丝绳之间的摩擦力，相对缠绕式提升存在滑绳的危险，因此摩擦提升过卷、过放保护装置是重要的保护装置。从提升机的发展也可以看出，最早的缠绕式提升机没有设置过卷、过放保护装置，摩擦提升机设置了楔形木作为过卷、过放的缓冲装置。

（1）楔形木过卷、过放缓冲装置

当出现过卷、过放事故时，利用楔形的木罐道对罐耳的阻力作为过卷、过放缓冲制动力，是

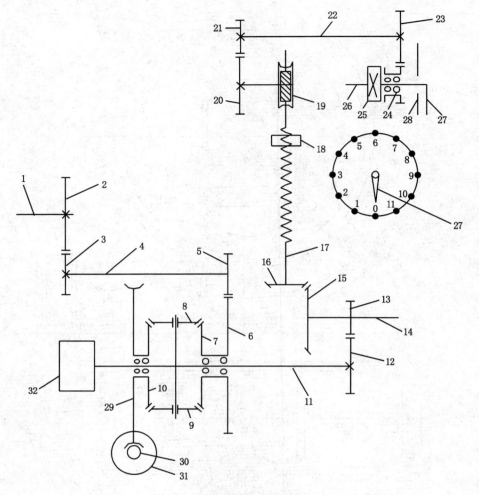

图 4-36 立式深度指示器传动原理图

1,4,11,14,22,26——轴;2,3,5,6,12,13,20,21,23,24——齿轮;

7,8,9,10,15,16——圆锥齿轮;17——丝杠;18——粗针;19,29,30——蜗杆;

25——电磁离合器;27——精针;28——刻度盘;31——调零电动机;32——自整角机

摩擦提升最早的制动形式。楔形木的结构如图 4-37 所示,楔形木从全长方向有 A、B、C 三个尺寸,M_1 为罐道宽度尺寸。其中,A 段是进入锥段,目的是当原来没有导向时起引入定位作用。B 段是进入直线段,此段为与罐道相同尺寸段,如果此楔形木是与方钢导向在一个位置,则此段与方钢宽、厚是完全相同的。C 段是缓冲段,其斜度为 1:100。

当罐耳进入楔形罐道的直线段(B 段)时,由于罐耳的内宽比罐道宽大 10 mm,罐耳可以方便地进入并起到导向作用,随之罐耳向上运行。如图 4-38 和图 4-39 所示,罐耳挤压楔形木,楔形木被挤压产生的阻力阻止罐笼向上移动,从而达到缓冲制动的目的。

由于楔形木的制动阻力与斜度、木质、木纹走向、木质的干湿程度有关,其制动力的大小很难计算。又因为木纹走向与罐耳挤入方向相交,有可能导致楔形木劈裂,致使缓冲制动失效。同时,木材易吸水,在淋水环境下,楔形木罐道被水浸泡易膨胀,制动时制动阻力变化较大。

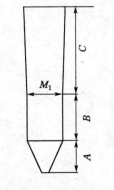

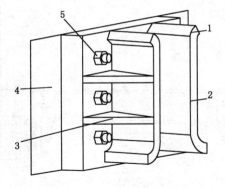

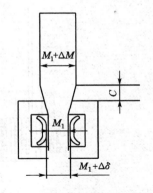

图 4-37　楔形木结构图　　　　图 4-38　缓冲罐耳示意图　　　　图 4-39　楔形木缓冲制动示意图

1——罐耳进入口；2——罐耳工作导向段；

3——罐耳加强筋；4——罐笼体；5——固定螺栓

因此,楔形木虽然是阻止过卷、过放的非常简单的制动方式,由于本身存在的缺点,已不适宜作为摩擦提升过卷、过放缓冲装置。其主要原因为:① 其制动力是定性的,所使用的缓冲木不能试验,只能是通过类比选用;② 不适应井筒环境,本身性能变化大;③ 只能用一次,不能重复使用。

(2) 过卷、过放保护变力缓冲装置

① 过卷缓冲保护装置。

当提升系统在停车减速阶段没有减速或减速失败造成容器冲过过卷开关时,过卷开关给出紧急制动后仍不能停下,造成一码过卷、另一码过放。过卷、过放是提升中严重的提升事故,后果不堪设想。

《煤矿安全规程》第四百零七条规定,在过卷和过放距离内,应安设性能可靠的缓冲装置。缓冲装置应能将全速过卷(过放)的容器或平衡锤平稳地停住,并保证不再反向下滑或者反弹。

② 防蹾(过放)缓冲保护装置。

防蹾(过放)缓冲装置是与过卷缓冲配套使用的装置。在提升系统中,当一码发生过卷时,另一码蹾罐。过卷与蹾罐都是容器达到停车位置后继续运行所致。过卷缓冲是对容器上行限制,而蹾罐则是对容器下行限制,其制动原理基本上一样。

图 4-40 所示是防蹾缓冲平台结构图,一个缓冲平台有 4 个吸能器,每个吸能器有 1 根绳连接到罐道梁上。缓冲连接绳上端固定在罐道梁上,另一端固定在缓冲吸能器的滚筒上,并在滚筒上缠多圈。正常提升时,容器底面不接触缓冲平台,当发生蹾罐时,容器落在平台上,容器的能量拉着平台下移,缓冲平台上的 4 个变阻力吸能器给出制动阻力,对容器进行防蹾制动。

防蹾制动力以防蹾制动时最大制动减速度小于 $5g$ 设计。

③ 缓冲装置的设计。

a. 过卷缓冲平台设计。

过卷事故有 4 种状态:

状态Ⅰ:提升系统过卷时,电机不断电,制动闸起作用。

状态Ⅱ:提升系统过卷时,电机不断电,制动闸不起作用。

状态Ⅲ:提升系统过卷时,电机断电,制动闸起作用。

状态Ⅳ:提升系统过卷时,电机断电,制动闸不起作用。

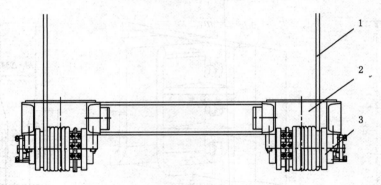

图 4-40　井底防蹾缓冲平台结构图

1——缓冲连接绳；2——缓冲平台；3——变阻力缓冲吸能器

上述 4 种状态中状态 II 最危险，但发生概率很低。状态 IV 是最常见的事故，因此设计以状态 IV 为依据。

缓冲平台设计前，首先要计算出过卷、过放缓冲的缓冲制动力、制动减速度（图 4-41），对提升系统提升参数设定如下：

容器自重 m_1、m_2，kg；

容器最大载重 m，kg；

首绳重 $m_{s上}$，kg；

尾绳重 $m_{s下}$，kg；

过卷缓冲制动力 F_1，N；

防蹾缓冲制动力 F_2，N；

过卷制动减速度 a_1，m/s^2；

过放制动减速度 a_2，m/s^2；

提升系统变位质量 $\sum m$，kg；

提升最大速度 v_{max}，m/s；

允许过卷缓冲高度 h_1，m；

允许过放缓冲距离 h_2，m。

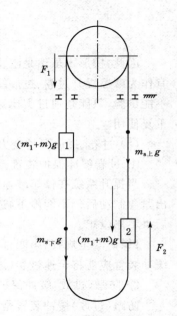

图 4-41　过卷、过放
制动示意图

b. 过卷缓冲制动力及制动减速度的确定。

过卷、过放制动示意图如图 4-41 所示。

由提升系统的最大提升速度 v_{max}、允许缓冲距离可以确定出最小制动减速度 a_{min}，即 $a_{min} = \dfrac{v_{max}^2}{2h_1}$。

（a）由 a_{min} 核算最大制动力，由图 4-41 可以得出：

$$F_1 + (m_1 + m_{min})g - m_{s下}g + m_{s上}g = \sum m' a_{min} \tag{4-10}$$

在提升系统中，由于防蹾先投入制动，使原系统中 $\sum m$ 发生变化。$\sum m'$ 为防蹾先投入后系统变位质量，$\sum m' = \sum m - m_{max} - m_1$。

在状态 IV，为便于分析，假设提升首绳与尾绳等重，$m_{s上}$ 与 $m_{s下}$ 等重，式（4-10）简化为：

$$F_1 + (m_1 + m_{min})g = \sum m' a_{min} \tag{4-11}$$

（b）在选定最大制动力作用下，核算制动减速度最大值为：

$$F_1 + (m_1 + m_{\max})g = \sum m'a_{\max} \tag{4-12}$$

$$a_{\max} = \frac{F_1 + (m_1 + m_{\max})g}{\sum m'} = \frac{\sum m'a_{\min} - (m_1 + m_{\min})g + (m_1 + m_{\max})g}{\sum m'}$$

$$= \frac{\sum m'a_{\min} + (m_{\max} - m_{\min})g}{\sum m'} = a_{\min} + \frac{(m_{\max} - m_{\min})}{\sum m'}g \tag{4-13}$$

由式（4-13）计算出最大减速度 $a_{\max}$。过卷缓冲是对上行物进行制动，如果制动减速度 $a_{\max} > 1g$，容器中的人或物将被抛起。对过卷缓冲制动而言，其制动减速度 $a_{\max} \leqslant 1g$，对提升人员必须满足 $a_{\max} \leqslant 1g$，对提升物料可以适当放大一些。

由计算确定的 $a_{\max}$、$a_{\min}$ 在允许范围内的制动力值就是要确定系统的制动力 F。

c. 蹾罐安全保护设计。

由图 4-41 可以得出：

$$F_2 - (m + m_1)g = (m + m_1)a \tag{4-14}$$

以容器最小载荷蹾罐时确定最大制动减速度，也就是以容器内只乘 1 人为容器载重可得 $m = 75\ \text{kg}$。

$$F_2 - (m + m_1)g = (m + m_1)a_{\max} \tag{4-15}$$

把 $m = 75\ \text{kg}$ 代入得：

$$a_{\max} = \frac{F_2 - (75 + m_1)g}{75 + m_1}$$

以 $v_{\max}^2$、允许最大缓冲距离 $h_{2\max}$ 求得 $a_{\min}$，$a_{\min} = \frac{v_{\max}^2}{2h_{2\max}}$，因为 $a_{\max} \leqslant 5g$，在满足 $a_{\min}$ 与 $a_{\max}$ 之间选取较合适的 a 值，一般选 $a \leqslant 2.5g$ 较合适。最大制动力由下式确定：

$$F_{\max} = (m_1 + 75)(g + a_{\max}) \tag{4-16}$$

由上述各式计算出最大制动力 $F_{\max}$ 即为总制动阻力，单个缓冲吸能器制动力为 $F_{单} = F_{\max}/4$，制动缓冲绳及生根夹具以 6 倍安全系数核算。

6）矿井摩擦提升防撞及托罐保护装置

摩擦提升中，由于其传递动力的特殊性，在矿井的井上、井下除了设置过卷、过放缓冲装置外，还应设置防撞保护装置。防撞保护装置的要求就是当提升系统出现高速过卷、过放时，防过卷、防蹾只能承受最大速度状态下的过卷、过放，而防撞装置用来阻止对提升系统的破坏，从而保护提升设备。

《煤矿安全规程》第四百零六条规定："在提升速度大于 3 m/s 的提升系统内，必须设防撞梁和托罐装置。防撞梁必须能够挡住过卷后上升的容器或者平衡锤，并不得兼作他用；托罐装置必须能够将撞击防撞梁后再下落的容器或者配重托住，并保证其下落的距离不超过 0.5 m。"

（1）防撞梁保护

防撞梁的结构如图 4-42 所示，防撞梁由多根大型工字钢及防撞木构成，设在天轮平台以下、过卷缓冲允许距离上限位。当提升系统出现高速过卷时，防过卷装置无法吸收提升系统的能量，运动系统最后撞到防撞梁上，首先撞到防撞木，冲击力由防撞梁承担，每个容器有两根防撞梁防护，对称挡住容器。

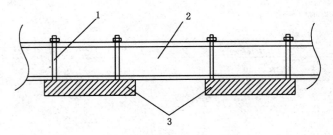

图 4-42　防撞梁结构示意图

1——U形螺栓；2——防撞梁；3——防撞木

（2）托罐保护装置

托罐保护装置是防止高速过卷容器撞击防撞梁时撞断提升首绳后容器下落坠入井筒的保护装置。此外，托罐保护装置对松绳也有很好的保护作用。托罐有两种形式：

① 在防撞梁以下直接托容器，为定点托法。

② 在缓冲行程中全程托罐。

图 4-43 是回转托罐原理图。当容器冲上防撞梁后，被撞碰后托爪落下，当容器下落时，回转托爪托住容器。回转托罐存在托爪受冲击后转动不灵造成托罐不可靠的问题。

（3）防撞梁及托罐保护装置设计

① 防撞梁设计。

a. 防撞力计算。

防撞梁实质上为固定地挡住高速过卷提升系统的梁。按矿建设计要求，以最大终端荷载的 6 倍强度进行设计，即 $F = 6Q_z$。其中，Q_z 为最大终端荷载。

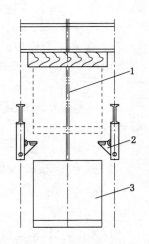

图 4-43　回转托罐原理图

1——首绳；2——单回转托爪；

3——容器

b. 防撞梁设计。

根据计算出的防撞力，按被挡系统中容器的几何尺寸及防撞梁两端固定方式，计算出防撞梁的尺寸、大小。为使容器撞击防撞梁时有缓冲效果，在防撞梁下设置防撞木，作为提升系统的缓冲保护。防撞木选用上好松木制成，防撞木结构尺寸以比防撞梁略宽、长度比容器宽度长、厚度超过 300 mm 为宜。

② 托罐保护装置设计。

托罐保护装置设计时，定点托罐时的托罐力满足 5 倍最大终端荷载，全程托罐时以 3 倍最大终端荷载为依据。

7）矿井提升机安全门

在矿井提升中，安全门是在井口、中间水平、井底水平进出罐笼的通道。安全门不仅是各水平与提升系统分开的界线，也是防止人员误入、货物误进造成事故的重要保护装置。为此，在矿井提升中对安全门有严格要求，不仅要求与提升有闭锁，对其结构、尺寸都有严格要求。《煤矿安全规程》第三百九十五条规定："井口、井底和中间运输巷的安全门必须与罐位和提升信号联锁：罐笼到位并发出停车信号后安全门才能打开；安全门未关闭，只能发出调平和换层信号，但发不出开车信号；安全门关闭后才能发出开车信号；发出开车信号后，安全门不能打开。"

（1）安全门的类型

① 斜面滑动式安全门。

斜面滑动式安全门的门为两码安全门，如图 4-44 所示，图示状态为容器未到位时的状态。当一码容器到位（右侧）时，气缸 5 抬起，同时闭锁装置 6 打开，当气缸 5 抬起一定高度时与安全门横梁 3 形成一个斜坡，右侧安全门滑到左位打开。当装载完毕后收回气缸 5，已到左侧的安全门滑到右侧，并由闭锁装置 6 锁住右侧安全门。

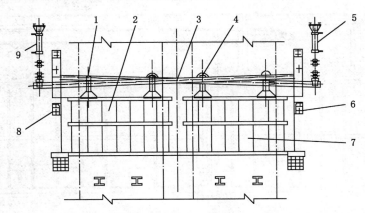

图 4-44　斜面滑动式安全门结构示意图

1——左门吊轮；2——左安全门；3——右门横梁；4——右门吊轮；

5——右门开门气缸；6——右门闭锁；7——右安全门；8——左门闭锁；9——左门气缸

② 回转式安全门。

回转式安全门如图 4-45 所示。此门采用平行四边形结构，用回转的方式满足安全保护功能。图 4-45 所示为左侧门打开、右侧门关闭状态。当左侧装完罐后，关闭左侧门。只有容器在正确位置才能打开安全门。

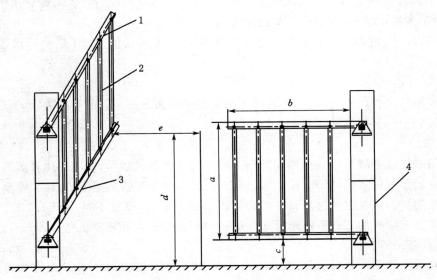

图 4-45　回转式安全门结构示意图

1——上横梁；2——立梁；3——下横梁；4——回转动力箱

③ 链传动平移式安全门。

链传动平移式安全门如图 4-46 所示。此安全门的安装布置与斜面滑动式安全门相同,安装横梁有里外两根。不同之处是安全门的移动不依靠斜面下滑力,而是依靠由液压马达带动的链拉动安全门实现打开、关闭。

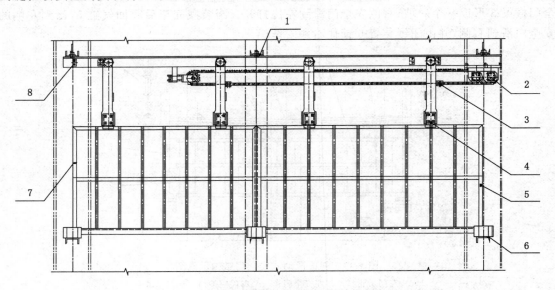

图 4-46　矿井链传动平移式安全门结构示意图

1——上托架;2——驱动装置;3——链卡;4——吊挂;5——门扇;6——门限位;7——窄门扇;8——限位装置

（2）安全门的设计

① 安全门基本参数的确定。

安全门的基本参数包括宽度、高度、方式、材料、闭锁关系。以回转式安全门为例,如图 4-45 所示的回转式安全门 a、b、c、d、e 五个尺寸作为设计的基本参数,要求设计出的安全门可靠性高,便于维护,能挡住溜出的矿车的冲击。

② 根据尺寸、材料,由抗冲击能力计算出转动横梁的截面尺寸,并设计出各回转铰接形式。

③ 回转马达（或液压缸）的确定。

当上述结构及材料都确定后,回转马达的动力必须满足安全门的动作要求,回转的最大力矩能够保证安全门开闭自如。

8）罐帘门

罐帘门是保证乘罐人员安全的保护门。罐帘门虽然形式多样,但大都比较落后,特别是对于大型矿井的罐帘门来说,罐宽、尺寸大,一个人抬起、放下有诸多不便。《煤矿安全规程》第三百九十四条第（三）款规定:"进出口必须装设罐门或者罐帘,高度不得小于 1.2 m。罐门或者罐帘下部边缘至罐底的距离不得超过 250 mm,罐帘横杆的间距不得大于 200 mm。罐门不得向外开,门轴必须防脱。"

罐门或罐帘的设计必须满足《煤矿安全规程》相关要求,现在矿井应用最多的是罐帘,其结构如图 4-47 所示。图 4-47 所示为罐帘放下状态,要打开罐帘时,把罐帘的下横杆推到上挂钩上钩住;放下时,摘下挂钩即可。

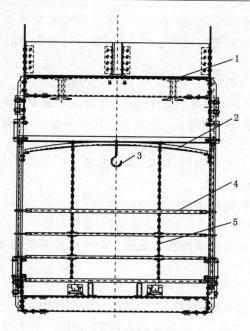

图 4-47　罐帘门结构图

1——罐笼;2——防雨棚;3——罐帘钩;4——罐帘横杆;5——罐帘连接链

　　罐门在一些矿井的罐笼上也有应用,都是向内开的,在中间两门用一个转动的槽板扣住。

9) 安全窗

　　安全窗是提升容器设置的一种保护装置。一旦出现人员困在容器内,可以通过安全窗爬出容器。罐笼上盖上设置的双天窗如图 4-48 所示。人从罐顶上可以通过把手 5 打开安全窗进入罐内,罐内人员也可以从内部打开安全窗通到罐笼顶上。

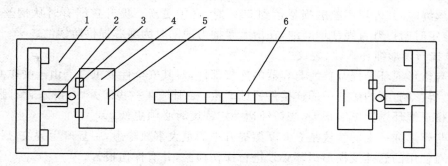

图 4-48　罐笼上顶俯视图

1——罐笼;2——滚动罐耳;3——安全窗回转轴;4——安全窗;5——安全窗把手;6——罐笼悬挂梁

10) 矿井摩擦提升机闭锁保护装置

　　闭锁保护装置是各设备间动作安全有序的保证,矿井提升机闭锁关系在多处应用。如果没有这些闭锁保护装置,提升运行中将出现恶性事故。

　　(1) 罐笼与辅助装备闭锁

　　摇台是各水平容器与外搭(承)接的重要设备。通过摇台,实现平巷矿车及其他车辆与罐笼的连接。如果没有闭锁关系,摇台在罐笼还没到位时已放下,罐笼通过时必定与摇台撞碰而导致摇台或罐笼损坏。有了闭锁后,罐笼不在停罐位置放不下摇台;摇台不抬起,打不出提升开车信号。由此杜绝摇台与罐笼可能产生的事故,摇台与操车的后续装备也必须设置闭锁保护装置。

（2）装载与提升信号闭锁

在摩擦提升中,箕斗装载超重是引起滑绳、溜车事故的重要原因。为保证装载量在允许重量内,定重装载系统能确保当出现超重状态时打不出提升信号,必须把定重斗载荷重量降到允许重量才可以打出提升信号,进入下一操作程序。

其他闭锁保护装置还包括安全门、信号、指示器等。

4.5.4　矿井摩擦提升机常见故障

矿井摩擦提升机在使用过程中常见故障如下。

1）提升机电控系统故障

摩擦提升的整个工作由电控系统控制完成。由于电控系统可能出现控制故障,将会导致提升故障或事故。

2）衬垫磨损超限

摩擦提升是依靠钢丝绳在摩擦衬垫上的摩擦力来工作的。因此,摩擦衬垫的绳槽大小、衬垫的厚度对摩擦力有一定影响。要保证摩擦力可靠,必须按要求对绳槽的大小、深度、厚度进行检测,否则将影响首绳的安全工作状态。

3）提升首绳失效

摩擦提升首绳是摩擦提升中重要的传力元件,它不仅与摩擦轮之间产生摩擦力,还要承受终端载荷。钢丝绳的断丝超限数是提升绳报废的指标,对于升降人员或升降人员和物料用的钢丝绳,若在一个捻距内断丝面积与钢丝绳总断面积之比达到5%时,就要更换。以钢丝绳公标直径为准计算,提升首绳的直径减小量达到10%时必须更换。提升首绳产生严重扭曲或变形时,必须更换。提升首绳的钢丝出现变黑、锈皮、点蚀麻坑等损伤时,必须更换。提升首绳使用密封钢丝绳时,其外层钢丝磨损量达到50%时,必须更换。提升首绳有时从钢丝绳绳芯向外锈蚀,应定时向提升首绳注增磨油,在增大摩擦力的同时为绳芯提供防锈油。

4）悬挂与楔形绳环锈蚀、裂纹

悬挂与楔形绳环是提升首绳与容器的连接部件,对其安全性要求高。由于受矿井中淋水、潮湿、灰尘等影响,有的矿井中的连接件锈蚀严重,特别是在一些矿井中,淋水含有强腐蚀性,对悬挂及楔形绳环锈蚀影响很大,当锈蚀达一定程度时必须更换。

悬挂与楔形绳环上的裂纹是立井摩擦提升中的重大事故隐患,一旦产生裂纹,后果十分严重。要求对使用的悬挂及楔形绳环必须进行探伤检验,并有探伤报告。

由于悬挂与楔形绳环是在交变力作用下工作的,每天其力的变化次数较多,所用提升楔形绳环不能超过15年。

5）连接销轴的锈蚀、磨损超限故障

摩擦提升中,悬挂与容器通过连接销轴连接,连接销轴每天经受交变应力作用,其强度、耐磨性能、防锈性能必须满足要求。

连接销轴断裂将会导致恶性事故。除日检要检验销轴状态外,其磨损量也是必须要检查的项目。

6）滚动罐耳故障

滚动罐耳是提升容器上、下运行的约束导向元件。由于容器在井筒中运行时受到各种阻力作用,井筒中心与提升中心不平行产生的阻力,以及钢丝绳捻向力作用及横向冲击力作用等,因此,容器在井筒中运行时必须有导向。在摩擦提升中经常会出现容器有节奏地振动,容器向一边倾斜的情况,这些有可能是滚动罐耳出了问题。滚动罐耳的聚氨酯套断裂会引起容器振动,滚动罐耳的导向推力不足可能造成容器向一侧倾斜。

罐耳的滚轮因轴承密封不好,进入灰尘或本身发热会导致滚轮不转,会使容器在提升时由原来的滚动导向变为摩擦导向,并伴有摩擦声。

滚动罐耳是依弹性阻尼力方式作用到方钢导向上的。如果弹簧阻尼失去压力作用,滚动罐耳的导向便不能保持,会造成容器不在正位上运行。

7)容器的部件损坏故障

容器包括罐笼与箕斗。容器在使用期间,时常会遇到阻车栏破坏、罐笼的罐帘门被矿车或设备碰坏等情况。特别是提升人员时,如果罐帘门损坏必须及时修复。

箕斗上的开闭闸门,无论是外开式或曲轨式,经常因为提升速度高、动力与容器接触而受损,因此时常需要维护保养,出了问题应及时处理,否则将影响生产。

8)井下定重装载系统故障

在主井提升中,井下定重装载是故障的多发部位。装载设备、定重系统每天连续工作20 h以上,此系统中某一部分出了问题都将影响整个提升系统的工作。

9)尾绳及其连接装置损坏

尾绳是为了平衡首绳引起的张力差而设置的。使用尾绳后,其尾绳连接装置十分重要,特别是圆尾绳。在容器从井底提到井口时,尾绳悬垂长度在增加,其内部的旋转力矩在增大,到达井口后经常出现尾绳的悬挂飞快旋转的情况。如果连接不好可能导致尾绳脱落事故。另外圆尾绳在井筒中由于旋转力矩作用,可能导致"打卷",如果出现这种现象可能会导致事故。

10)摇台出现的装卸载故障

摇台是罐笼到达水平位置后罐内轨与大巷轨可靠搭接的装置。在立井提升中,罐笼在提升首绳的拉动下,装卸罐笼时,由于罐笼的终端载荷变化,罐笼上下移动大。矿车出罐时,罐笼向上移动,致使矿车掉道。井底进出车时经常发生矿车掉道故障。矿车掉道可能造成损坏摇臂、断裂摇尖、挤伤人员等事故。

11)深度指示器故障

深度指示器是矿井提升机的重要安全保护装置。由于其传动部件、连接件有时会出现故障,产生提升不安全状态,影响正常提升。

深度指示器故障主要有传动转轮配合错误、丝杆晃动、指示失灵等。

12)过卷、过放开关失灵故障

摩擦提升中,过卷、过放是提升中偶尔发生的提升事故。当出现过卷、过放时,容器经过过卷、过放开关,给提升绞车发出紧急制动信号,在紧急制动控制下,绞车制动停下。但如果过卷、过放开关失灵,将造成过卷、过放事故。

13)制动系统故障

制动系统故障是提升工作的重大隐患。制动系统故障主要有闸瓦间隙超限故障、闸瓦磨损超限故障、制动器碟簧疲劳超限故障、制动液压系统故障等。

闸瓦间隙超限故障:当闸与闸瓦间隙过大时,其本身的制动力不能满足制动要求,达不到制动效果,造成容器停罐超限、过卷甚至导致恶性事故。

闸瓦磨损超限故障:当闸瓦磨损量超过限度时,制动摩擦力不足将导致制动故障。

制动器碟簧疲劳超限故障:将造成制动力达不到设计要求,必须对碟簧进行更换。

制动液压系统故障:对于盘式闸,其制动的动力控制完全由液压系统来实现,液压系统的工作可靠与否直接关系到制动的成败。在液压系统中,阀、泵、管路及泵站的散热不良,液压油不清洁,阀动作不可靠等均为导致液压系统出现问题、造成制动失效的原因。

4.5.5 矿井摩擦提升机安全作业管理

摩擦提升机属于矿井提升的重要装备,对摩擦提升机的使用、操作、维护、保养有一套严格的安全作业管理要求。安全作业管理包括岗位责任制度、交接班管理制度、巡回检查制度和日检制度。

1) 岗位责任制度

摩擦提升机操作要求建立岗位责任制,上岗必须进行培训与实习,使用者熟练掌握操作规范,熟读设备的使用说明书、操作规程,使用者必须持有上岗资格证方可上岗。

① 绞车司机必须进行安全操作技术培训,并经主管部门考核合格,取得资格证后,方可持证上岗。

② 坚持 8 h 工作制,遵守劳动纪律和各项规章制度,不准违章操作。

③ 严格按照操作规程进行操作,操作时应集中精力,观察各种仪表、信号,仔细听设备的运转声音,无信号或信号不清楚不准开车。出现异常时,应立即停车检查,及时汇报情况。

④ 绞车运行时,主司机操作,副司机在旁监护。每班交班前,必须提一次空车,观察绞车的运行情况,发现问题及时向调度室汇报。

⑤ 绞车司机当班时,严格按时进行巡回检查,及时掌握机械、电气设备的运转情况,出现故障或隐患不得隐瞒,及时汇报领导,进行组织处理。

⑥ 机械维修人员抢修时,要取得司机的同意。检修结束后,经验收合格后试车正常,填写检修记录后方可离开。

⑦ 严格执行现场交接班制度,上班时不准看书看报、打牌,不准擅自离开绞车房、会客等,严禁酒后上岗。

⑧ 严格执行绞车房管理制度和参观制度,保养好设备。做到绞车房设备清洁、整齐。保管好技术文件、工具、备件、消防器材。禁止闲人进入绞车房。

⑨ 认真填写交接班记录。

⑩ 绞车运行时,出现紧急制动、卡容器、过卷等事故时,立即停车汇报。

2) 交接班管理制度

交接班管理制度是设备完好、管理有序、操作可靠的保证。交接班时必须做到:

① 严格遵守现场交接班程序。交班时要交清本班设备运转情况,以及出现问题的处理经过。接班司机要对设备进行全面详细的检查和询问当天的运转情况,发现问题及时向科室值班人员汇报,经同意后方能进行交接班。

② 交接班要注意下列情况:

a. 高压电压表在正常范围。

b. 低压电压表在正常范围。

c. 润滑泵开灯亮,润滑油压不小于规定值。

d. 齿轮润滑泵开灯亮,齿轮润滑油压不低于要求值,制动残压不大于限定值。

e. 制动泵开灯亮。

f. 检查各转换开关、按钮是否在正常提升位置。

g. 试一下过卷、紧急停车保护是否动作灵敏、可靠。

h. 操作台信号通信正常。

i. 消防设施完好。

③ 运行情况交接不详、运转记录不清楚、各种工具不齐全、卫生差时不能进行交接班。

以上要求达不到交接班要求,接班人有权不接班,并向科值班室汇报。

3）巡回检查制度

在交接班前,交接班司机应共同进行一次巡检,检查设备状况。当班司机在上班时间,每小时要进行一次巡检,并认真填写巡检记录,其巡检内容包括:

① 检查高压表指示是否正常。

② 检查控制电压表电压是否正常。

③ 检查制动、油压、电压是否正常。

④ 检查励磁电流是否正常,正常运行值、停车值。

⑤ 检查电柜电流是否正常,正常运行值,停止时是否在零位。

⑥ 检查润滑油压是否正常。

⑦ 检查齿轮润滑油压是否正常。

⑧ 检查制动油压是否正常。

⑨ 检查绞车速度是否正常。

⑩ 检查减速点是否正常。

⑪ 检查绞车行程显示是否正常。

⑫ 检查主滚筒有无异常、异响、发热,衬垫有无异常。

⑬ 检查盘式闸及管路有无漏油、渗油,闸与制动盘动作是否灵活。

⑭ 检查齿轮有无异响、振动、渗油现象,油绳油位是否正常。

⑮ 检查主电机有无异响、振动,电机温度是否过高,换向器是否烧黑。

⑯ 检查测速发电机有无异响、振动,轴编码器(主电机侧、滚筒侧)连接是否正常,轴编码器有无振动现象。

⑰ 检查液压站阀,管接头有无渗油、漏油现象,阀动作是否可靠,油位、油温是否正常。

⑱ 检查测速柜室空调是否正常。

⑲ 检查电柜室空调是否正常。

⑳ 检查导向轮有无异常,导向轮轴承有无异常响声、发热,衬垫有无异常。

㉑ 检查齿轮和稀油站油泵、阀、管路接头有无渗油、漏油现象。压力表压力值是否与显示屏上读数相同,油位是否正常,油温是否正常。有无振动现象。

㉒ 检查整流变压器是否正常,温度、主开关是否正常。

㉓ 检查高压进线柜、整流变压器柜、变压器柜、联络柜有无异常现象。电压、电流有无异常现象。

㉔ 检查主电机冷却风机有无异响、振动,胶带有无打滑现象,风机电机轴承、接线盒、电缆温度是否正常,风机有无异响、振动现象。

㉕ 检查轴瓦稀油站、泵、阀、管路接头有无渗油、漏油现象。压力表油压值是否与屏上值相同,油位、油温是否正常。

㉖ 检查到位磁检开关、过卷开关固定是否牢固,有无脱落现象。

㉗ 检查配电盘有无异常现象。

4）日检制度

日检是对易发生故障的地点进行检查，是保证提升安全的重要手段。

① 检查高压、低压是否正常。

② 检查绞车速度、行程、制动油压、润滑油压、励磁电流、电柜电流是否正常。

③ 检查信号减速点动作是否正常。

④ 检查保护装置，例如过卷、急停、闸间隙、满仓、轴瓦温度是否灵敏可靠。

⑤ 检查主电机有无异响、振动现象，温度是否过高，换向器是否发黑。

⑥ 检测发电机有无异常、振动，轴编码器（主电机、滚筒）转轴是否正常，有无振动。

⑦ 检查调速柜、励磁柜、切换柜是否正常。

⑧ 检查电控室内温度是否正常。

⑨ 检查齿轮箱稀油站压力与屏上值是否一致，有无振动。

⑩ 检查流变压器、变压器是否正常，检查主开关是否正常。

⑪ 检查高压进线柜、整流高压器柜、变压器柜、连接柜有无异常现象，电流电压有无异常。

⑫ 检查主电机冷却风机轴承、接线盒、电缆温度是否正常，风机电机有无响声、振动。

⑬ 检查轴瓦稀油泵压力表压力值与显示屏值是否一致，检查电机有无振动。

⑭ 检查位磁开关、过卷开关是否可靠。

⑮ 检查变压器、配电盘有无异常现象。

4.5.6　矿井摩擦提升机常见事故及防范

矿井提升是矿井生产的重要环节，其安全与否直接影响生产，关系乘员生命安全。因此对摩擦提升常见事故，必须清楚其发生的直接原因，分析导致事故的间接原因，从事故中吸取教训，对可能导致事故发生的隐患加强防范，杜绝事故的发生。

1）制动失灵导致溜车事故

（1）溜车事故

制动是摩擦提升安全的重要部分，在提升机提升加速、减速、匀速、停车等各环节中，制动是保证正常提升运行的前提。在提升循环中，任何一个环节出现问题都会导致提升事故，其中溜车事故是提升中较常见、造成损失较大的事故。

所谓溜车事故，就是指制动系统产生的制动力矩不能满足提升系统张力差要求，使系统运动无法控制，提升系统在外力（即制动闸没有克服的力）作用下加速运动，运动速度越来越快，最后导致提升系统破坏、井筒装备损坏的恶性事故。

溜车事故经常发生在重载下放制动、重载上提停车过程。当重载下放时，由于提升系统载荷形成的张力差，超过闸的制动极限，下放时又有初速度存在，当制动闸进入制动状态时，制动力矩满足不了制动要求，超过制动力矩的外力矩，使提升系统加速运行，最后导致超速溜车事故。

重载上提时，当把重物提升到井口停车位置时，制动闸投入制动。由于提升系统张力差超过制动力矩，如果重容器在井口，当重容器从井口下滑时，提升系统加速运行；当井口容器以一定加速度落到井底时，其速度很高，造成重容器坠入井底，另一码容器冲上防撞梁，撞断提升首绳后又自由落体坠入井底，从而造成恶性提升事故。

另一种是制动系统本身出现问题，致使制动闸无法投入工作，制动器没有参与工作或参与部分工作，提升系统的外动力是系统张力差，系统在没有制动或制动力很小状态下加速运行，会造成严重的事故。

（2）溜车事故的防范

要防止上述事故的发生，必须提高制动闸及制动液压系统的可靠性，保证制动系统中各种阀、管路、泵站及电控元件可靠工作。

制动闸制动力矩必须满足大于 3 倍最大静力矩的要求。

增设制动器自身状态显示功能，除了有制动闸瓦与制动盘间隙显示外，同时还能对制动温度、制动油压、制动系统正常的功能进行显示，以提高制动系统的可靠性。

2）摩擦力不足导致滑绳事故

摩擦提升依靠首绳在摩擦滚筒上的摩擦力来传递动力，如果摩擦力达不到要求将导致提升首绳在滚筒上滑动，使提升系统失去控制。

（1）滑绳事故产生的原因

滑绳事故发生在重物上提加速、重物下放减速过程。当提升系统上提重物时，由于重物产生的张力向下拉首绳，而动力依靠摩擦力向上拉首绳，此时加速需要摩擦力增量来完成，往往会由于摩擦力达不到上述要求而出现滑绳。

① 摩擦提升的传动原理。

摩擦提升的传动原理如图 4-49 所示，根据挠性体摩擦传动的欧拉公式可以得出：

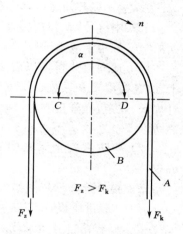

图 4-49　摩擦提升传动原理图

$$F_z = F_k e^{\mu\alpha} \qquad (4-17)$$

式中　F_z——重载侧钢丝绳的张力，N；

　　　F_k——空载侧钢丝绳的张力，N；

　　　e——自然对数的底；

　　　μ——钢丝绳与摩擦轮衬垫之间的摩擦系数；

　　　α——钢丝绳在摩擦轮上的围包角，rad。

则传递的最大摩擦力为：

$$F_z - F_k = F_k(e^{\mu\alpha} - 1) \qquad (4-18)$$

② 防滑安全系数。

由式（4-18）可知，$F_k(e^{\mu\alpha}-1)$ 是钢丝绳与摩擦衬垫之间的摩擦阻力，是阻止钢丝绳与摩擦轮滑动的力，而 (F_z-F_k) 是拉着首绳有向张力大一侧产生滑动趋势的滑动力，如果 (F_z-F_k) 在 $F_k(e^{\mu\alpha}-1)$ 允许范围内则不产生滑动，如果超出此范围则产生滑动。以防滑绳安全系数 σ 来表示如下：

$$\sigma = \frac{F_k(e^{\mu\alpha}-1)}{F_z - F_k} \qquad (4-19)$$

式（4-19）中，σ 越大说明钢丝绳与摩擦轮之间能产生的摩擦力越大，越不容易产生钢丝绳滑动，相反越容易产生钢丝绳滑动。如果在分析滑绳时只考虑静态阶段，则静防滑安全系数 σ_j 可表示为：

$$\sigma_j = \frac{F_{kj}(e^{\mu\alpha}-1)}{F_{zj} - F_{kj}} \qquad (4-20)$$

式中　σ_j——静防滑安全系数；

　　　F_{kj}——空载侧钢丝绳的静阻力，N；

　　　F_{zj}——重载侧钢丝绳的静阻力，N。

如果考虑运动时的加减速度影响,则传递的最大摩擦力为:

$$F_{zd} = F_{zj} \pm m_z a \tag{4-21}$$

$$F_{kd} = F_{kj} \mp m_k a \tag{4-22}$$

$$F_{zd} - F_{kd} = F_{zj} \pm m_z a - (F_{kj} \mp m_k a) = F_{zj} - F_{kj} \pm (m_z + m_k)a \tag{4-23}$$

动防滑安全系数 σ_d 为:

$$\sigma_d = \frac{(F_{kj} \mp m_k a)(e^{\mu a} - 1)}{F_{zj} - F_{kj} \pm (m_z + m_k)a} \tag{4-24}$$

式中　m_k——空载侧总变位质量,kg;

　　　　m_z——重载侧总变位质量,kg;

　　　　σ_d——动防滑安全系数;

　　　　a——提升加速度,m/s²。

上式中符号"±"的含义:上面的"+"号用于加速阶段,下面的"-"号用于减速阶段。

从上述理论分析可以看出,要保证摩擦提升在提升中不滑动,其防滑安全系数必须满足一定要求。我国《煤矿工业设计规程》规定,提升重物时,动防滑安全系数 σ_d 不得小于1.25;静防滑安全系数 σ_j 不得小于 1.75。

(2) 静防滑安全系数的变化规律及静防滑安全系数的确定

摩擦提升计算示意图如图 4-50 所示,图中符号含义如下:

　　m——载重质量,kg;

　　m_z——容器自身质量,kg;

　　m_p——首绳单位长度的质量,kg/m;

　　m_q——尾绳单位长度的质量,kg/m;

　　n_1、n_2——首绳及尾绳的数目;

　　h_0——容器卸载点距天轮中心线的距离,m;

　　H——提升高度,m;

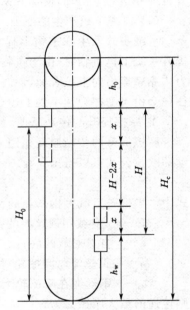

图 4-50　摩擦提升计算示意图

　　W_s、W_x——上升侧及下放侧矿井阻力,对于箕斗提升或罐笼提升时两者相等;

　　h_w——尾绳环高度,m;

　　H_c——钢丝绳最大悬垂长度,m;

　　H_0——尾绳最大悬垂长度,m;

　　k——矿井阻力系数。

根据首绳与尾绳配比重量不同,分为等重尾绳($n_1 m_p = n_2 m_q$)、重尾绳($n_1 m_p < n_2 m_q$)、轻尾绳($n_1 m_p > n_2 m_q$)。

① 上提货载时,静防滑安全系数 σ_j 的计算。

如图 4-50 所示,在上提货载的提升容器运行到行程为 x 时,上升侧及下放侧钢丝绳的静阻力 F_{zj}、F_{kj} 分别为:

$$F_{zj} = g[m + m_z + n_1 m_p(h_0 + H - x) + n_2 m_q(h_w + x)] + W_s \tag{4-25}$$

$$F_{kj} = g[m_z + n_1 m_p(h_0 + x) + n_2 m_q(H - x + h_w)] - W_x \tag{4-26}$$

则:

$$F_{zj} - F_{kj} = g[km + (n_1 m_p - n_2 m_q)(H - 2x)] \tag{4-27}$$

将式(4-26)、式(4-27)代入式(4-20)得出:

$$\sigma_j = \frac{[m_z g + n_1 m_p g(h_0 + x) + n_2 m_q g(H - x + h_w) - W_x](e^{\mu\alpha} - 1)}{kmg + g(n_1 m_p - n_2 m_q)(H - 2x)} \tag{4-28}$$

a. 对于等重尾绳提升系统,$n_1 m_p = n_2 m_q$,则式(4-28)变为:

$$\sigma_j = \frac{[m_z g + n_1 m_p g H_c - W_x](e^{\mu\alpha} - 1)}{kmg} \tag{4-29}$$

由式(4-29)可知,对于等重尾绳提升系统,在提升货载过程中,σ_j 不随提升位置的变化而改变,是一个常数。

b. 对于重尾绳提升系统,$n_1 m_p < n_2 m_q$,则由式(4-28)可知:

当 $x = 0$ 时,分母最小,分子最大,则 σ_j 最大。

当 $x = \dfrac{H}{2}$ 时,σ_j 与等重尾绳提升时相同。

当 $x = H$ 时,分母最大,分子最小,则 σ_j 最小。

因此,对于重尾绳提升系统上提货载时,静防滑安全系数在结束点最小。以提升结束点作为静防滑安全系数的验算点。

c. 对于轻尾绳提升系统,$n_1 m_p > n_2 m_q$,则由式(4-28)分析可知,提升开始时 σ_j 最小,结束时最大。对此系统防滑安全系数以提升开始时为验算点。

② 下放货载时,静防滑安全系数为:

$$\sigma_j = \frac{[m_z g + n_1 m_p g(h_0 + x) + n_2 m_q g(H - x + h_w) - W_x](e^{\mu\alpha} - 1)}{kmg + g(n_1 m_p - n_2 m_q)(H - 2x)} \tag{4-30}$$

a. 对于等重尾绳系统,σ_j 是恒定值,应按下放开始时验算静防滑安全系数。

b. 对于重尾绳提升系统,下放货载开始时 σ_j 最小,结束时 σ_j 最大。因此,应按下放开始时验算其静防滑安全系数。

c. 对于轻尾绳提升系统,下放货载结束时 σ_j 最小,应按下放货载结束时刻验算静防滑安全系数。

(3) 动防滑安全系数的变化规律及其允许的加减速度的确定

由于提升系统一般采用等重尾绳提升系统,在此以该系统为例进行分析。

① 上提货物时。

上升侧钢丝绳的张力 F_z 为:

$$F_z = F_{zj} + m_b a_1 \tag{4-31}$$

下放侧钢丝绳的张力 F_k 为:

$$F_k = F_{kj} - m_k a_1 \tag{4-32}$$

式中　m_b——上升侧变位质量,$m_b = m + m_z + n_1 m_p H_c$,kg;

m_k——下放侧变位质量,$m_k = m_z + n_2 m_q H_c + n_d m_d$,kg;

n_d——导向轮数目;

m_d——导向轮变位质量;

其他符号意义同前。

两侧张力差为:

$$F_z - F_k = (F_{zj} + m_b a_1) - (F_{kj} - m_k a_1) = (F_{zj} - F_{kj}) + (m_b + m_k)a_1 = kmg + (m_b + m_k)a_1 \tag{4-33}$$

a. 加速阶段($a＝a_1$)，动防滑安全系数 σ_d 为：

$$\sigma_d=\frac{(F_{kj}-m_k a_1)(e^{\mu\alpha}-1)}{kmg+(m_b+m_k)a_1}\tag{4-34}$$

b. 等速阶段($a＝a_2＝0$ 时)，动防滑安全系数等于静防滑安全系数，即 $\sigma_d＝\sigma_j$。

c. 减速阶段($a＝-a_3$)，动滑动安全系数 σ_d 为：

$$\sigma_d=\frac{(F_{kj}+m_k a_3)(e^{\mu\alpha}-1)}{(F_{zj}-F_{kj})-(m_b+m_k)a_3}\tag{4-35}$$

综上所述，上提货载时，由加速、匀速、减速 3 个阶段的动防滑安全系数比较可知，在 $|a|$ 同样条件下，重载上提加速阶段的动防滑安全系数最小，只验算加速阶段的动防滑安全系数并计算防滑允许的加速度即可。

② 下放货载时。

a. 加速阶段，动防滑安全系数 σ_d 为：

$$\sigma_d=\frac{(F_{kj}+m_k a_1)(e^{\mu\alpha}-1)}{kmg-(m_b+m_k)a_1}\tag{4-36}$$

b. 等速阶段($a＝a_2＝0$ 时)，动防滑安全系数等于静防滑安全系数，即 $\sigma_d＝\sigma_j$。

c. 减速阶段($a＝-a_3$)，动防滑安全系数 σ_d 为：

$$\sigma_d=\frac{(F_{kj}-m_k a_3)(e^{\mu\alpha}-1)}{(F_{zj}-F_{kj})+(m_b+m_k)a_3}\tag{4-37}$$

若要满足动防滑安全系数 $\sigma_d\geqslant1.25$，则由式(4-37)可得：

$$a_3\leqslant\frac{F_{kj}(e^{\mu\alpha}-1)-1.25(F_{zj}-F_{kj})}{m_k(e^{\mu\alpha}-1)+1.25(m_b+m_k)}\tag{4-38}$$

由以上过程分析可知，下放货物时防滑安全系数在减速阶段最小，故应验算减速阶段的动防滑安全系数，并由式(4-38)验算其最大减速度值。

(4) 增加防滑的措施

从以上分析可以看出，摩擦提升中防滑是保证提升安全的重要条件，提升系统满足提升条件方可使用。增加防滑能力的措施如下：

① 增加钢丝绳与摩擦滚筒之间的摩擦系数 μ。

摩擦滚筒衬垫与钢丝绳间的摩擦系数是保证提升的关键参数，两者之间具有指数关系。它直接影响提升安全和提升能力。增加 μ 的值，需要从钢丝绳的断面形状与高摩擦系数的衬垫材料方面解决。

② 增大围包角 α。

围包角是钢丝绳在摩擦滚筒上的摩擦包角。通常采用导向轮的形式，把搭在滚筒上的钢丝绳的围包角增大到 $\alpha＝190°\sim195°$，围包角与摩擦力具有指数关系。

③ 采用平衡锤调节静张力差。

平衡锤重力为容器自重加有效载荷之半，因而静张力差约为双容器静力差的一半，采用平衡锤调节时，可使防滑安全系数增大。

④ 增加容器自重。

增加容器自重可以增加摩擦轮轻载侧钢丝绳的静张力。

⑤ 控制最大加减速度。

控制提升系统的最大加减速度，可以减小动负荷，增加防滑能力。

3) 制动失效导致过卷、蹾罐事故

（1）过卷、过放事故的危害

过卷、过放事故是立井提升中危害较大的事故。一旦发生过卷、过放（蹾罐）事故，轻则造成人员骨折，重则造成人员瘫痪、死亡。

过卷事故可能造成首绳拉断、容器坠落等恶性事故，导致人员伤亡、井筒设施损坏。

（2）过卷、过放事故防范措施

为了防止上述事故的发生，提升系统中除了在电控系统上增加可靠控制外，还要增加过卷缓冲装置和过放缓冲装置。

当出现非正常提升时，井下防蹾装置先投入制动，其缓冲制动力使容器在全速过放时，过放容器能量全部被吸收而平稳停下。同时，井上过卷缓冲制动及托罐装置把全速过卷的容器平稳停下并托稳容器。一旦容器在高速过卷时把首绳拉断，容器也被托在井架上而不会发生坠容器事故。

4）钢丝绳锈蚀导致提升首绳断绳事故

提升首绳是摩擦提升的传力及承载元件，其本身的安全尤为重要。因此，对提升首绳，除了考虑其磨损、绳径缩小、使用时间、断丝或表面可以看到的损伤外，还有一个安全隐患是钢丝绳锈蚀。钢丝绳锈蚀一种是从外向内的，这种锈蚀容易发现，可以及时进行处理；还有一种是由内向外的，这种锈蚀不容易发现，严重时会导致恶性事故。

提升首绳内部锈蚀达到一定限度时，在提升运行中，其受力若达到极限，将会发生首绳断绳事故。一旦哪根首绳断绳，其他提升首绳的受力则发生变化，有可能出现其他首绳的断绳，其后果更为严重。

为防止上述事故发生，除了定期向首绳绳芯注油外，还必须对绳芯进行检查。同时要增加钢丝绳动态检测系统，对提升首绳的断丝、磨损量、内外锈蚀情况进行动态检测，时刻观察提升钢丝绳的状态，对安全可靠地使用钢丝绳是十分必要的。

5）首绳间张力不平衡导致首绳张力超限事故

摩擦提升首绳的受力状态复杂。由于多绳在同一滚筒上运动，滚筒上每根绳绳槽间即使有很小的半径变化，其积累量会引起首绳张力超限；同时，由于提升运动是反复的，其力学状态在不同时刻均在变化。

由于每根钢丝绳的受力都有变化，受力大的提升首绳，其对衬垫的压力增加，相对滑移量增加，从而使衬垫磨损加剧，导致衬垫迅速磨损。

要解决上述问题，首先要保证绳槽半径差越小越好，要时常保持多绳受力平衡。此外也可以用各绳间张力平衡装置，使各绳间张力平均分担。

在提升中，目前应用的张力平衡装置，各绳间张力通过串通的油缸在运动中自行调节实现，连通的油缸时时平衡多绳的张力，从而保证张力平衡。

由于各绳的张力是变化的，如果能在线显示各绳运行的张力变化，就能及时了解提升首绳的状态。能显示提升首绳张力变化的装置正在矿井提升中试应用。

6）深度指示器失灵导致提升事故

深度指示器是显示提升状态、提升位置，并对超速、过卷进行控制的装置。如果深度指示器失灵将会使绞车司机误操作，导致事故。

深度指示器失灵最易引起提升过卷、过放事故。如果在减速点的铃声提示及自动减速控制不当，就会使容器发生过卷或蹾罐事故。

深度指示器失灵还可导致提升反向或超速事故。

深度指示器要进行巡检、日检,对指示器存在的问题一定要及时处理,不能带问题工作,以致引发事故。

7)安全门闭锁失效导致井口矿车坠井事故

安全门是矿井提升中水平运输巷与垂直提升的安全界限,安全门不仅能限制大巷中人员车辆误入井筒,而且能对失控矿车进行挡护。《煤矿安全规程》对其安全可靠性有一定要求。

安全门必须有一定强度,其强度要求能保证挡住运输巷误动作溜下的矿车,不撞毁安全门。

当安全门与罐位的联锁关系不存在时,有可能罐不在罐位时打开,安全门此时可能误放矿车进入井筒。如果矿车从井口进入将造成重载矿车掉下井筒,不仅对罐内人员及井底操作人员构成危险,还对井筒中各种设施,包括罐道、提升首绳、电缆、水管等造成破坏。

如果安全门本身强度不满足要求,当运输巷中矿车、电机车因工作失误时而把安全门撞坏,将导致车辆坠井恶性事故。

要防止上述事故发生,可以从两个方面考虑:一方面是对设计的安全门不仅要求其动作灵活,还必须从其本身强度上进行认真核算,把安全系数增加到完全可以抵抗撞击的程度;另一方面是安全门与罐位及信号的闭锁关系要可靠。

4.6 典型事故案例分析

4.6.1 电梯事故

近几年,我国电梯事故发生频率较高,据 2006 年国家质检总局统计,全国共发生电梯重大事故 39 起,死亡 31 人。下面举一电梯事故案例进行分析。

1)事故概况

2007 年 3 月 12 日,某大厦 39 层楼电梯乘了 26 名乘客向下运行,当达到 3 层还未停稳时,电梯突然直坠 1 楼,电梯在地下 1 层与地面 1 层间突然急停,电梯轿厢上下振动,其玻璃天棚脱落,导致电梯内多人受伤,其中 5 人重伤,重伤者中还包括一名孕妇。

2)事故发生原因

超载、报警及闭锁功能失效是事故发生的主要原因。该电梯核定载重 1 350 kg(20 人),事发时乘载 26 人,超载后,电梯超载传感器应给出报警提示,该电梯在超载下仍运行,从而导致这起事故。经事后检查,电梯轿厢按钮后面的通信信号板因锈蚀造成短路,致使信号失灵是导致事故的直接原因。一个月前,该大厦曾发生火灾,消防队灭火时,水从 9 楼流下后致使电梯被淹,事故发生后虽然进行了检查,但没有及时采取处理措施,造成通信信号板生锈,电路短路,给事故埋下了隐患。此外,该电梯运行合格日期为 2007 年 3 月 8 日,事发时已超期 4 天。未对提升设备进行相应的管理、维护、保养是事故发生的间接原因。

3)事故教训

在这起事故中,如果电梯按时保养、维护或及时处理发现的问题,此事故将不会发生。如果在电梯经历了水淹后,按照电梯使用维护要求,对电梯元件进行保养处理,达到要求的可继续使用,存在问题的应及时处理或更换,并经过相关验收合格后方可运行也可避免此起事故。超载报警是电梯乘运的重要运行参数,在电梯内应有提示信息,乘梯人应对电梯异常有安全意识。另外,电梯的维护、保养及管理是减少事故发生的重要因素。

4.6.2 矿井容器坠落事故

1）事故概况

2009 年 10 月 8 日,某矿在运送人员上下井过程中,因上升罐笼滚筒上的调绳离合器脱离,使该滚筒处于自由状态,上升罐笼脱离离合器约束后高速带绳下坠,下降的罐笼失去上升侧罐笼的平衡配重也高速带绳下坠,提升机司机见状后立即采取制动措施,但制动系统制动力严重不足,未能有效地制动,致使一对罐笼相继坠入井底,造成 26 人死亡、5 人重伤的重大事故。

2）事故原因

在这起事故中,双滚筒调绳离合器脱离是导致事故发生的直接原因。绞车维护人员没能在日检中发现调绳离合器存在的问题,没有对固定方式的可靠程度进行检查是导致事故发生的间接原因。

3）事故教训

此起事故提醒我们,加强提升系统安全管理,完善危险性设备巡检、定检制度,做到维护、保养、检查并举,对可能导致事故的危险源进行日检并登记是十分重要的,并应时刻谨记小概率事故并非一定不发生。

4.6.3 滑绳溜车事故

1）事故概况

2003 年 10 月 7 日,某矿主井装满煤与矸石的箕斗上提到井口,在箕斗减速变速时,上提重箕斗反向下滑,制动闸制动后箕斗仍加速下滑,致使重箕斗坠入井底,空箕斗被拉到井口,空箕斗撞到防撞梁后拉断提升首绳后坠入井底导致恶性事故。由于箕斗装载的煤及矸石已严重超载,从井底提升时绞车非常吃力,当重箕斗提升到井口变为低频施动时,重箕斗反向下滑,司机立即采取紧急制动;此时提升机紧急制动已不能控制下滑,重箕斗越滑越快,运动系统以一定的加速度向下运行,最后使重箕斗坠井,另一码空箕斗被拉上防撞梁,箕斗提升绳被拉断后空箕斗坠入井底,致使提升系统受到破坏,造成停产近一个半月。

2）事故原因

在这起事故中,箕斗超载是导致事故发生的直接原因。如果装载超重及时报警,超重能与提升信号闭锁,完全可以避免这起事故。定重装载没起作用,绞车司机对异常现象没引起注意是引发事故的间接原因。如果绞车司机提升时,注意到提升非正常状况并及时停车,也可以避免这起事故。

3）事故教训

此起事故提醒我们,在提升中设置保护装置对防止重大事故的发生是十分必要的;同时也提醒操作人员对出现的异常现象不能视而不见,出现问题要及时处理;还需增加对操作人员的安全培训,使其熟知操作要求。

本 章 小 结

本章以提升机械中建筑用提升机械、电梯及矿用提升机械为主体对象,分析了提升机械的构成、动作原理及其各种安全保护装置的结构和保护功能。对提升机械常见的机械危险因素、事故以及防范要求进行了归纳。以矿井摩擦提升机械为重点分析对象,对其构成、工作原理、安全保护装置、作业管理以及常见故障及防范要求进行了详细阐述。通过对由提升机械引起的典型恶性事故的案例分析,强调了提升机械安全的重要性。

复习思考题

1. 提升机械由哪几部分构成?
2. 提升机常见的故障有哪几种?
3. 建筑用提升与电梯提升有何异同?
4. 电梯提升与矿井提升有何异同?
5. 提升导向的作用是什么? 三种导向的优缺点有哪些?
6. 何为过卷? 它与冲顶有何区别?
7. 摩擦提升的尾绳有什么作用? 电梯为什么没有设置尾绳?
8. 何为过载? 过载对提升存在的危险是什么?
9. 何为溜车? 溜车是由哪些因素引起的? 如何防范?
10. 电梯防蹾底有几种形式? 各有何优缺点?
11. 深度指示器的作用是什么? 有几种类型? 各有什么特点?
12. 多绳提升为什么不需要防坠?
13. 层门失控坠物事故原因及防范要求有哪些?
14. 矿井摩擦提升机的安全保护装置有哪些?
15. 矿井摩擦提升机的常见故障有哪些?

本章参考文献

[1] 北京有色冶金设计研究总院.机械设计手册(第二卷)[M].4 版.北京:化学工业出版社,2009.

[2] 程居山.矿山机械[M].徐州:中国矿业大学出版社,1997.

[3] 国家安全生产监督管理总局,国家煤矿安全监察局.煤矿安全规程[M].北京:煤炭工业出版社,2016.

[4] 洪晓华.矿井运输提升[M].2 版.徐州:中国矿业大学出版社,2005.

[5] 教育部高等学校安全工程学科教学指导委员会.安全工程概论[M].北京:中国劳动社会保障出版社,2008.

[6] 王志甫,毋虎城.矿山机械[M].徐州:中国矿业大学出版社,2008.

[7] 王志甫,郑运廷.矿山固定机械与运输设备[M].徐州:中国矿业大学出版社,2005.

[8] 谢锡纯,李晓豁.矿山机械与设备[M].徐州:中国矿业大学出版社,1999.

[9] 徐格宁,袁化临.机械安全工程[M].北京:中国劳动社会保障出版社,2008.

[10] 庄严.矿山运输与提升[M].徐州:中国矿业大学出版社,2009.

5 机动车辆安全技术

本章学习要求：

1. 通过本章学习，了解车辆基本知识及类型。

2. 通过本章学习，熟悉车辆主要安全装置的类型、用途及其在安全工作中的用途。

3. 了解车辆常见故障及对安全的影响，配合日常经历认识车辆安全的重要性。

4. 掌握车辆安全原理及检验方法，对于简单的安全故障，可以迅速排查及排除。

5. 熟悉车辆安全操作要求及事故防范原则，牢记"安全第一"的原则，做到"三不伤害"，即不伤害自己、不伤害别人、不被别人伤害。

6. 了解现代轿车普遍采用的先进安全技术。

机动车辆系指各种汽车、摩托车、拖拉机、轮式动力专用机械。狭义上讲，机动车辆主要指汽车。汽车结构透视图如图 5-1 所示。

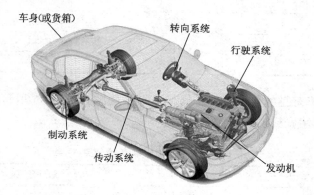

图 5-1　汽车结构透视图

5.1　机动车辆基本知识及分类

机动车辆的定义为自身带有动力装置，可以运动（以运载为目的）、带有车轮的机械。它有别于机械设备及其他载运工具，《机动车辆及挂车分类》（GB/T 15089—2001）对机动车辆进行了明确的分类。

5.1.1　机动车辆及挂车分类

机动车辆的分类有很多种，目前普遍采用 GB/T 15089—2001 标准，将机动车辆和挂车分为 L 类、M 类、N 类、O 类和 G 类，具体如表 5-1～表 5-4 所列。

车轮数均以轮毂数为计量单位，如农用三轮车每个后轮有两个轮胎但只有一个轮毂。L类车辆指常见的摩托车、残疾人专用车、农用三轮车。其他类型车车轮数（轮毂数）均大于等于 4。

表 5-1   GB/T 15089—2001 标准车辆分类（L 类）

车辆类别	发动机类别	气缸排量/mL	车轮数	对称布置	最高车速/(km·h⁻¹)
L1	热力发动机	<50	2	是	≤50
L2	热力发动机	<50	3	是	≤50
L3	热力发动机	>50	2	是	>50
L4	热力发动机	>50	3	否	>50
L5	热力发动机	>50	3	是	>50

表 5-2   GB/T 15089—2001 标准车辆分类（M 类）

车辆类别	座位数	总质量/kg
M1	<9	≤5 000
M2	>9	≤5 000
M3	>9	>5 000

M 类车辆基本指常见的轿车、吉普车、客车等载客车辆。

表 5-3   GB/T 15089—2001 标准车辆分类（N 类）

车辆类别	总质量/kg
N1	≤3 500
N2	>3 500 且≤12 000
N3	>12 000

N 类车辆基本指常见的各种载货车辆。某些专用作业车（如汽车起重机、修理工程车、宣传车等）上的设备和装置被视为货物。

表 5-4   GB/T 15089—2001 标准车辆分类（O 类）

车辆类别	总质量/kg
O1	≤750
O2	>750 且≤3 500
O3	>3 500 且≤10 000
O4	>10 000

O 类车辆基本指常见的各种挂车。全挂车为载荷均独自承受且可独立停放的车辆，如大拖拉机后的拖斗车；中置轴挂车为大部分载荷均独自承受但不能独立停放的车辆，如小四轮拖拉机后的拖斗车；挂车与拖车挂接时才能归属为机动车辆；半挂车是目前数量最多的挂车，其前端搭载到拖车上。就半挂车或中置轴挂车而言，对挂车分类时所依据的质量，是其在满载并且和牵引车相连的情况下，通过其所有车轴垂直作用于地面的静载荷。

除了以上各种类外，标准中还有 G 类车，它兼顾上述两类以上车型的特点，属于新开发的车型，为满足特定条件（如通过性能），它与 M 类、N 类车接近，如越野车归属于 G 类车。

5.1.2 汽车

汽车通常被用作载运客（货）和牵引客（货）挂车，也有些为完成特定运输任务或作业任务而将其改装或经装配了专用设备而成为专用车辆,但不包括专供农业使用的机械。挂车并无自带动力装置,它们与牵引汽车接合时才属于汽车范畴。

1) 汽车的分类

汽车的类型较多,分类方法也很多,通常可按其用途、动力装置类型、行驶道路条件、行驶机构的特征、发动机位置及驱动形式、乘客座位数及汽车总质量等进行分类。

① 按用途不同分类:普通运输汽车、专用汽车和特殊用途汽车等。

普通运输汽车可分为轿车、客车和货车。

专用汽车是用基本车型改装,装上专用设备或装置,完成某种或某些专门作业任务的汽车。按其用途可分作业型专用汽车和运输型专用汽车。

特殊用途汽车包括竞赛汽车、娱乐汽车等。

现行的国家标准《汽车和挂车类型的术语和定义》(GB/T 3730.1—2001)替代了原有的GB/T 3730.1—1988 标准,将汽车分为乘用车和商用车两大类。但日常仍习惯将汽车分为普通运输汽车、专用汽车和特殊用途汽车等类型。

乘用车是指在设计和技术特性上主要用于载运乘客及其随身行李和临时物品的汽车,包括驾驶员座位在内最多不超过 9 个座位。

轿车即归属于乘用车。乘用车在所有机动车辆中所占的比例最大,从某种意义上讲,乘用车的安全技术水平代表着整个机动车辆的安全技术水平。

② 按动力装置类型分类:内燃机汽车、电动汽车、喷气式汽车及其他动力装置汽车。

③ 按行驶道路条件分类:公路用汽车及非公路用汽车。

④ 按行驶机构的特征分类:轮式汽车及其他类型行驶机构的汽车。

⑤ 按发动机位置及驱动形式分类:前置发动机前轮驱动汽车(部分轿车)、前置发动机后轮驱动汽车(货车及部分轿车)、后置发动机后轮驱动轿车(主要是大型客车)及多轮驱动汽车(主要是具有越野性能的汽车)。

⑥ 按乘客座位数及汽车总质量分类:GB/T 15089—2001 对机动车辆进行了明确的分类(表 5-2 的 M 类,表 5-3 的 N 类)。

每一种汽车均属于上述各分类方法中的某一种,称呼上也采用了复合称呼,如电动乘用车、前置发动机后轮驱动货车等。

有些进行特种作业的轮式机械以及农田作业用的轮式拖拉机等,在少数国家被列入专用汽车,而在我国则分别被列入工程机械和农用机械之中。

2) 汽车的组成

汽车一般由发动机、底盘、车身和电气设备等四个基本部分组成。

(1) 汽车发动机

发动机是汽车的动力装置,由两大机构五大系统组成:曲柄连杆机构、配气机构;供给系、冷却系、润滑系、点火系(对于柴油机没有点火系)、启动系。

(2) 汽车底盘

汽车底盘的作用是支承、安装汽车发动机及其他各部件、总成,以形成汽车的整体造型,并接受发动机的动力,使汽车产生运动,保证正常行驶。汽车底盘由传动系、行驶系、转向系和制动系四部分组成。

(3) 汽车车身

汽车车身安装在底盘的车架上,用于给驾驶员、旅客乘坐或装载货物。轿车、客车的车身一般是整体结构(承载车身,没有明显的车架),货车车身一般是由驾驶室和货箱两部分组成。

(4)电气设备

电气设备由电源和用电设备两大部分组成。电源包括蓄电池和发电机;用电设备包括发动机的启动系、汽油机的点火系和其他用电装置,如音响、空调及车载电脑、传感器等。

3)汽车性能参数

汽车包括许多性能参数,各参数代表着汽车在某个方面的性能,具体如下。

整车装备质量(kg):汽车完全装备好时的质量,即润滑油、燃料、随车工具、备胎等所有装置齐备充足时汽车的质量。

最大总质量(kg):汽车满载时的总质量。

最大装载质量(kg):汽车在道路上行驶时的最大装载质量。

最大轴载质量(kg):汽车单轴所承载的最大总质量。

车长(mm):汽车长度方向两极端点间的距离。

车宽(mm):汽车宽度方向两极端点间的距离。

车高(mm):汽车最高点至地面间的距离。

轴距(mm):汽车前轴中心至后轴中心的距离。

轮距(mm):同一轿车左右轮胎胎面中心线(对于双胎指两轮胎间隔的中央)间的距离。

前悬(mm):汽车最前端至前轴中心的距离。

后悬(mm):汽车最后端至后轴中心的距离。

最小离地间隙(mm):汽车满载时,最低点至地面的距离。

接近角(°):前轮摆正,相切于两前轮胎面,向前上方引出且与汽车前端不发生干涉的最大前仰角(相对于地面)的切面,该最大前仰角称为接近角。

离去角(°):后轮摆正,相切于两后轮胎面,向后上方引出且与汽车后端不发生干涉的最大后仰角(相对于地面)的切面,该最大后仰角称为离去角。

转弯半径(mm):汽车转向时,汽车外侧转向轮的中心平面在车辆支承平面上的轨迹圆半径。转向盘转到极限位置时的转弯半径为最小转弯半径。

最高车速(km/h):汽车在平直道路上行驶时能达到的最大速度。

最大爬坡度(%):汽车满载时的最大爬坡能力。爬坡度的值为坡的垂直高度与水平距离的百分比。

平均燃料消耗量(L/100 km):汽车在道路上行驶时每百公里平均燃料消耗量。

车轮数和驱动轮数($n \times m$):车轮数以轮毂数为计量依据,n 代表汽车的车轮总数,m 代表驱动轮数。

4)国产汽车产品型号编制规则

国产汽车型号依据《汽车和挂车类型的术语和定义》(GB/T 3730.1—2001)进行编制,其型号表明其生产厂牌、汽车类型和主要特征参数等。国产汽车型号由拼音字母和阿拉伯数字组成,包括首部、中部和尾部三部分。

(1)首部

首部由2个或3个拼音字母组成,是识别企业的代号。如:CA代表"一汽"、EQ代表"二汽"、SY代表沈阳(华晨金杯或金杯通用,二者原均归属金杯集团)、SZS代表沈阳中顺汽车等。

(2)中部

中部由4位数字组成,分为首位、中间两位和末位数字3部分,其含义如表5-5所列。

表 5-5 　　　　　　　　　　汽车型号中部 4 位阿拉伯数字的含义

首位数字(1~9)表示车辆类别		中间两位数字表示各类汽车的主要特征参数	末位数字
1	表示载货汽车		
2	表示越野汽车		
3	表示自卸汽车	数字表示汽车的总质量(t)①	0 代表第 1 代汽车,
4	表示牵引汽车		1 代表第 2 代汽车,
5	表示专用汽车		以此类推
6	表示客车	数字×0.1 m 表示车辆的总长度②	
7	表示轿车	数字×0.1 L 表示汽车发动机工作容积	
8	(暂缺)		
9	表示半挂车或专用半挂车	数字表示汽车的总质量(t)	

注：① 汽车总质量大于 100 t 时，允许用 3 位数字，极少用到。
　　② 汽车总长度大于 10 m 时，数字×1 m。

（3）尾部

尾部由拼音字母或加上阿拉伯数字组成，可以表示专用汽车的分类或变型车与基本型的区别。例如：SZS6503E6 代表沈阳中顺汽车公司的客车，客车长度 5.0 m，第 4 代，采用 4G20D4 发动机，6 人座。

5.1.3　摩托车

摩托车的定义依据 GB/T 15089—2001 标准中 L 类机动车辆的定义。

摩托车从排量上可以划分为从 50 cc 带动力装置的小型摩托车到超过 1 000 cc 的大型摩托车等各种类别。

按车型可以划分为小型踏板摩托车、公路赛车、机动脚踏两用车、用于摩托旅游的美式摩托车和大型旅游车等各种类型。

摩托车普遍采用二冲程活塞往复内燃机做动力装置，两轮居多，后驱动，传动方式以链传动为主，转向方式以手动把为主，少数采用方向盘转向。

5.1.4　拖拉机

拖拉机，顾名思义，解释为"拖动"或"拉动"其他装置的机器，其由内燃机部分、传动部分、后桥等部分组成，属于扭力大、行走速度低的牵引机械。

拖拉机分为轮式和履带式两种，主要用于农业动力机器。小型的用橡胶轮胎，大型的用履带，可以牵引不同的农具进行耕地、播种、收割等。

5.1.5　轮式动力专用机械车

轮式动力专用机械车是指以内燃机或蒸汽机作为动力驱动，可在道路(如铲车、叉车、装载机、挖掘机、平地机、轮式压路机等)或轨道(如火车、地铁、轻轨等)行驶的机械车辆。

5.2　机动车辆安全保护装置

常见的机动车辆安全保护装置主要分两大类：主动防护装置和被动安全保护装置。主动防护装置中最重要的装置是制动系统。

在汽车行驶过程中，因某种需要，我们希望使行驶的汽车减速甚至停车；在下坡时，为防止车速过快,需要某个系统控制汽车的速度,不至车速过快;停止的车辆为防止溜车,需要限制车辆移动。这些都依靠汽车的制动系统来实现。

在制动系统实际应用过程中,人们又发现车轮完全抱死的工况并不是发挥最大制动效能的工况;同时由于车轮完全抱死,车轮转向失去了作用,侧向附着力急剧下降,仍然会产生新的安全隐患。为此,工程师们在原有制动系统基础上又开发了 ABS、ASR、EBD、ESP 等多种智能安全制动系统,使车辆(主要是高级轿车及客车)安全系数大为提高。

5.2.1 汽车主动防护装置

汽车主动防护装置主要有:

① BS:Braking System,制动系统。

② ABS:Anti-lock Braking System,防抱死制动系统。

③ ASR:Acceleration Slip Regulation,加速防滑系统。

④ EBD:Electric Brakeforce Distribution,电子制动力分配系统。

⑤ TCS:Traction Control System,牵引力控制系统,又称循迹控制系统。

⑥ ESP:Electronic Stability Program,车身电子稳定系统。

⑦ EBA:Electronic Brake Assist,电控行驶平稳系统。

⑧ Central Locking System,中控门锁。

⑨ PDS:Parking Distance System,雷达系统。

⑩ 防盗系统。

以上所列的主动防护装置中,ABS、中控门锁、防盗系统在现代汽车中应用最为广泛。除此之外,ASR、ESP 等装置在高级轿车中也广泛使用。

(1) ABS

ABS(防抱死制动系统)是一种具有车轮防滑、防锁死等优点的汽车安全控制系统。ABS是在常规刹车装置基础上的改进型技术,可分机械式和电子式两种。现代汽车上大量安装防抱死制动系统,ABS 既有普通制动系统的制动功能,又能防止车轮抱死,使汽车在制动状态下仍能转向,保证汽车的制动方向的稳定性,防止产生侧滑和跑偏,是目前汽车上最先使用、制动效果极佳的制动装置。

(2) ASR

ASR(加速防滑系统)防止车辆在起步、急加速、路过湿滑路面等情况时驱动轮出现打滑现象,以维持车辆行驶方向的稳定性,否则车轮滑转同样会引起方向稳定性隐患。

当汽车加速时,ASR 将滑动率控制在一定的范围内,从而防止驱动轮快速滑动。它的功能一是提高牵引力;二是保持汽车行驶稳定。行驶在易滑的路面上,没有 ASR 的汽车加速时驱动轮容易打滑(尤其是大功率车,驱动力远大于地面附着力);如果是后轮驱动的车辆容易甩尾,如果是前驱动的车辆容易导致方向失控。有了 ASR 时,汽车在加速时,就会减轻甚至消除这种现象。在转弯时,如果发生驱动轮打滑会导致整个车辆向一侧偏移,当有了 ASR 时,就会使车辆沿着正确的路线转向,以维持车辆行驶方向的稳定性。ASR 是在 ABS 的基础上的制动扩充功能,两者相辅相成。ASR 与 ABS 的区别在于,ABS 是防止车轮在制动时被抱死而产生侧滑,而 ASR 则是防止汽车驱动轮打滑而产生侧滑。

(3) EBD

EBD(电子制动力分配系统)可以自动调节前、后轴的制动力的分配比例,提高制动效能(在一定程度上可以缩短制动距离),并配合 ABS 提高制动稳定性。

汽车制动时,如果四只轮胎附着地面的条件不同,例如,左侧轮附着在湿滑路面,而右侧轮附着于干燥路面,四个轮子与地面的摩擦力不同,在制动时,若制动管路仍然给各车轮相同的制动压力,附着力小的车轮相对制动力小,就容易产生打滑。EBD 的功能就是在汽车制动的瞬间,高速计算出四个轮胎的地面附着力,然后调整制动装置,使其按照设定的程序在运动中高速调整,达到制动力与摩擦力(牵引力)的匹配,以保证车辆的平稳和安全。

(4) TCS

TCS(牵引力控制系统,又称循迹控制系统),是根据驱动轮的转数及从动轮的转数来判定驱动轮是否发生打滑现象,当前者大于后者时,进而抑制驱动轮转速的一种防滑控制系统。它与 ASR 的作用模式十分相似,两者都使用感测器及刹车调节器。该系统与 ASR 有很多相似之处。

(5) ESP

ESP(车身电子稳定系统)是博世(Bosch)公司的专利。博世是第一家把电子稳定程序(ESP)投入量产的公司,因为 ESP 是博世公司的专利产品,所以只有博世公司的车身电子稳定系统才可称之为 ESP。在博世公司之后,也有很多公司研发出了类似的系统,例如:日产研发的车辆行驶动力学调整系统(Vehicle Dynamic Control,简称 VDC),丰田研发的车辆稳定控制系统(Vehicle Stability Control,简称 VSC),本田研发的车辆稳定性控制系统(Vehicle Stability Assist Control,简称 VSA),宝马研发的动态稳定控制系统(Dynamic Stability Control,简称 DSC)等。

ESP 系统实际是一种牵引力控制系统,与其他牵引力控制系统相比,ESP 不但控制驱动轮,也可以控制从动轮。例如:后轮驱动汽车常出现的转向过多情况,此时后轮失控而甩尾,ESP 便会刹慢外侧的前轮来稳定车子;在转向过少时,为了校正循迹方向,ESP 则会刹慢内后轮,从而校正行驶方向。

ESP 包含 ABS 及 ASR 两者的功能,是这两种系统功能上的延伸。因此,ESP 称得上是当前汽车防滑装置的最高级形式。ESP 系统由控制单元及转向传感器(监测方向盘的转向角度)、车轮传感器(监测各个车轮的速度转动)、侧滑传感器(监测车体绕垂直轴线转动的状态)、横向加速度传感器(监测汽车转弯时的离心力)等组成。控制单元通过这些传感器得到的信号对车辆的运行状态进行判断,进而发出控制指令。与只有 ABS 及 ASR 的汽车相比,ABS 及 ASR 只能被动地做出反应,而 ESP 则能够探测和分析车况并纠正驾驶错误,防患于未然。ESP 对过度转向或超限的不足转向特别敏感,如汽车在路滑时左拐过度转向(转弯太急)时会产生向右侧甩尾,传感器感觉到滑动就会迅速制动右前轮使其恢复附着力,产生一种相反的转矩而使汽车保持在原来的车道上。

(6) EBA

EBA(电控行驶平稳系统)有时也被称为 BA 或 BAS(Brake Assist System)。借助油门和刹车上的感应器,当你的脚快速地从油门踏板上移开,同时又快速地向刹车踏板踩去,EBA 就知道情况紧急,需要紧急制动了。也可能此时你腿部痉挛使不出劲,或者你的力量小而踩力不够,刹车力度未能达到你所希望的,此时 EBA 会迅速替你把车辆的制动力加至最大,使你转危为安,及时停下车来。驾驶员一旦释放制动踏板,EBA 系统就转入正常模式。由于更早地施加了最大的制动力,紧急制动辅助装置可显著缩短制动距离。据有的资料介绍,在超过120 km/h 的车速下进行制动,EBA 有时会减少多至 10 m 的制动距离。

(7) 中控门锁

中控门锁(Central Locking System)的全称是中央控制门锁。为提高汽车使用的便利性

和行车的安全性,现代汽车越来越多地安装中控门锁,它主要有以下两种功能:

① 中央控制。当驾驶员锁住其身边的车门时,其他车门也同时锁住,驾驶员可通过门锁开关同时打开各个车门,也可单独打开某个车门。

② 速度控制。当行车达到一定速度时,各个车门能自行锁上,防止乘员误操作车门把手而导致车门打开。

（8）PDS

PDS(雷达系统)是汽车泊车或者倒车时的安全辅助装置,能以声音或者更为直观的显示告知驾驶员周围障碍物的情况,解除了驾驶员泊车、倒车和启动车辆时前后左右探视所引起的困扰,并帮助驾驶员扫除视野死角和视线模糊的缺陷,从而提高驾驶的安全性。

（9）防盗系统

从世界上第一辆 T 型福特车被盗开始,汽车被盗已成为当今城市最常见的犯罪行为之一。随着汽车数量的增加,特别是轿车正以很快的速度步入家庭,车辆被盗的数量逐年上升,汽车的防盗技术也不断更新,目前防盗安全装置主要有:

① 机械式防盗装置。它指汽车门锁、发动机盖锁止装置、后备厢锁止装置。其中发动机盖锁止装置防止发动机盖突然弹开、遮挡司机视线从而引发交通事故。

② 电子防盗系统。它是目前在汽车上应用最多和最广的防盗系统。当防盗系统启动后,如果有非法移动车辆或开启车门、引擎盖、油箱盖、尾箱盖、接通点火线路等疑似盗车情况时,防盗器立刻发出警报,让灯光闪烁,警笛大作,同时会切断发动机启动电路、点火电路、喷油电路、供油电路等,甚至切断自动变速器的电路,使车辆处于瘫痪的境地。

③ GPS 监控防盗系统。它分为卫星定位跟踪系统和中央控制中心定位监控系统。

④ 智能防盗系统。例如密码锁、指纹锁等。

5.2.2 汽车被动安全保护装置

被动安全保护装置主要有 SRS(安全气囊)、安全带、座椅安全头枕。除此之外,车门内置防侧撞保护梁、侧部 SRS 安全气囊、侧部安全气帘、儿童安全锁、副驾驶座安全气囊、后座椅三点式安全带、后排头部安全气囊(气帘)、后排侧气囊、可溃缩转向柱、碰撞燃油自动切断装置、前排侧气囊、膝部气囊等被动安全装置在高级轿车中也广泛使用。其中,安全带是汽车标准配置,而安全气囊是可选配置。

（1）安全带

由高强度的织带、带盒及锁紧机构组成,允许织带低速从带盒中拉出、锁住乘员,但若高速拉出织带时则自动锁紧,防止织带进一步拉出。当汽车发生严重碰撞时,由于惯性产生的相对速度很大,织带自动锁紧,防止将乘员甩离座椅。

（2）SRS(安全气囊)

当汽车以较高车速发生碰撞时,安全气囊就会自动充气弹开,瞬时在驾驶员和方向盘之间充起一个很大的气囊,减轻驾驶员头部及胸部尤其是颈部的伤害。

除此之外,为了行车安全及保护汽车主要部件的运行状态,汽车在仪表板上配置许多提醒驾驶人员的仪表、指示灯等装置,主要有:

① 车速里程表。提醒驾驶人员当前车速,防止因车速过快而引起交通事故。

② 机油压力表。提醒驾驶人员当前发动机主油路的油压,防止油压不正常而造成发动机的损坏。

③ 制动系出现异常指示灯。提醒驾驶人员制动系出现异常,防止因制动效能不足,不能

有效使车辆减速而发生交通事故。

④ 安全带报警灯。提醒驾驶员及其他乘员及时系好安全带,某些汽车甚至有语音提醒。

⑤ 水温过高报警灯。提醒驾驶员发动机可能工作异常,如果继续行车,可能损坏发动机。

⑥ 发动机机油量不足、压力过低报警灯。提醒驾驶员发动机可能工作异常,如果继续行车,可能损坏发动机。

⑦ 前照灯远光提示灯。提醒驾驶员前照灯处于远光状态,会车时,车灯产生的炫光将严重干扰对面来车驾驶人员的视线,极易发生正面碰撞事故。

其他附件如随车灭火器、三角安全指示牌等,用于特殊情况下使用。

5.2.3 摩托车安全保护装置

过去的摩托车除自身制动系统外,可以用于安全的装置只有车灯和头盔了,车灯除用于照明前方路面作用外,还有提示前后方车辆的作用(如转向指示灯)。头盔的作用是在发生事故时,保护驾驶员头部免受过大的伤害。随着科技的发展,人们对于摩托车安全技术的要求也不断提高,许多公司开发出很多针对摩托车的安全技术,主要有:

(1)摩托车安全气囊

汽车安全气囊已相当普及,但从安全角度考虑,摩托车更需要配备安全气囊。日本一家公司已研发出摩托车专用的安全气囊系统。这款气囊安置于摩托车驾驶人前方,以拴链固定,摩托车一旦发生意外碰撞,附带于摩托车前轮前叉两侧的四个加速度传感器被触动,并将数据传送到安全气囊,气囊内将在瞬间被注入气体,并在 0.06 s 之内弹出,减轻司机被冲撞的力度,为摩托车驾驶人多提供一层保护。

(2)摩托车安全气囊背心

有一种摩托车安全气囊背心,其特征在于:在背心的夹层内设置充气主通道,充气主通道的管壁上开有通气孔,在充气主通道的进气口安装有充气装置,在充气装置与充气主通道之间设置有电磁阀开关,电磁阀开关与安装在车体上的传感器无线连接。发生碰撞后,传感器发出信号,打开电磁阀,充气装置开始工作,并充入气囊背心中。该装置增强了驾驶者的安全性,可减少伤亡事故的发生。

除此之外,还有安全服、安全靠背等安全装置。

5.3 机动车辆常见故障及报废原则

5.3.1 机动车辆常见故障

机动车辆按故障的表面现象,特别是驾驶人员的切身感受不同,可以将故障分为以下几种常见类型。

1)工作状况异常

工作状况异常是指车辆突然出现不正常现象,主要指某些部件发生故障,从而出现某些性能丧失或下降的现象。在机动车辆各种故障现象中此故障比较常见,主要分为以下几种类型。

(1)发动机故障

发动机称为机动车辆的心脏,是机动车辆的动力源泉,一旦发动机出现故障,轻则动力性能下降,重则车辆无法运行。它直接影响汽车的动力性、经济性和可靠性。用来评价发动机正常工作的性能标准有怠速运转良好、加速性能良好、功率达到设计要求、燃料消耗低等。常见故障有不能启动、排放超标、油耗加大、过热、爆震等。

（2）离合器故障

离合器的作用有：中断发动机的动力传递；使换挡平顺；防止传动系过载。其故障主要有离合器打滑、分离不彻底、起步发抖等。

（3）变速器故障

变速器的作用有：换挡使发动机在较小的转速区间能驱动车轮位于较大的转速区间，从而使车辆适应各种工况；使汽车倒驶；空挡断开动力。其故障主要有跳挡、挂挡困难、乱挡等。

（4）驱动桥故障

变速器输出的扭矩（即便有低速挡减速增扭作用）经过万向传动装置后，扭矩仍然不够大，利用驱动桥的减速增扭作用使驱动车轮旋转；对于发动机曲轴采用纵向布置的汽车，动力旋转轴方向为纵向，利用驱动桥的锥齿轮传递，改变动力旋转轴方向为横向，使汽车前进或后退；转弯时，如果两侧驱动轮转速相同，则内侧轮滑转，外侧轮滑移，利用驱动桥内的差速器，使内、外两驱动车轮具有差速作用，从而减少轮胎磨损及保证行驶稳定。常见的故障有驱动桥漏油、驱动桥异响、驱动桥过热等。

（5）悬架故障

悬架发生故障必然发生异响，且汽车颠簸严重。可能的原因主要有减振器损坏、螺旋弹簧断裂。

（6）转向系统故障

转向系统发生故障时，极易发生安全事故，主要的故障有转向沉重、转向不稳、单边转向不足等。

（7）制动系统故障

制动系统发生故障同样极易发生安全事故，主要故障有制动失效、制动不良、制动跑偏、制动拖滞等。

上述故障无论发生哪种，都会对车辆行驶安全造成影响，其中制动系统故障、转向系统故障对行驶安全影响最大。

2）有异常响声

有些故障往往会引起发动机、底盘或其他部位发出异常响声，这些故障一般可以及时发现。有些异常响声表示某部件严重损坏，有可能酿成大的安全事故，因此要特别注意。

3）出现过热现象

在正常情况下，无论车辆工作多长的时间，各总成均应保持一定的工作温度。过热现象通常表现在发动机、驱动桥、变速器和制动器等总成上。如果不及时排除，就会引起汽车总成及零部件的损坏。制动器过热会引起制动失效，极易发生大的安全事故。

4）渗漏现象

这是一种比较明显的故障类型，直接观察就可以发现。一般渗漏是指燃油、润滑油、制动液、冷却液以及动力转向系油液等的渗漏。渗漏容易造成过热、烧损以及转向、制动件失灵。燃油渗漏还极易引起火灾等安全事故。

5）排烟颜色不正常

发动机排气管排出的燃烧生成物的主要成分是二氧化碳和水蒸气以及少量的未完全燃烧的炭粒、碳氢化合物、一氧化碳、氮氧化合物等有害成分。如果发动机燃烧不正常，会生成大量有害成分，对大气造成污染的同时，也对发动机存在伤害。

6）燃料、润滑材料消耗异常

燃料、润滑材料如果消耗过多,也是一种故障症状。润滑油(发动机润滑油俗称机油、变速器润滑油俗称齿轮油、驱动桥润滑油俗称后桥油)消耗过多时,除了渗漏的原因外,也可能是其他故障,如机油消耗过多,多数是由于发动机存在故障,其主要原因是活塞与气缸壁的配合间隙过大,机油进入气缸燃烧所致。

7）有异常气味

车辆在运行中,如有制动拖滞、离合器打滑等故障,则会散发出焦臭味。导线烧毁、电路短路、电器件烧坏时也会有臭味,在行车时一经发觉有异常气味,就应停车查明故障所在,否则极易发生某些部件失灵、汽车自燃等严重后果。

8）车辆外观异常

将车辆停放在平坦场地上进行调整,检查其外形状况,如有横向或纵向歪斜,即为外观异常,其原因多为车架、车身、悬架、轮胎等出现异常,这样会引起方向不稳、行驶跑偏、重心转移等故障,从而引发事故。

5.3.2　机动车辆报废原则

机动车辆达到一定使用年限或行驶里程后,其技术状态会严重下降,对驾驶人、乘员及车外的人、物极易造成伤害,甚至会产生人员死亡、财产重大损失的严重后果。因此,国家对机动车辆实行严格的报废制度,禁止达到报废标准的车辆再上路行驶及相应运行。

1）车辆寿命定义

车辆从开始使用到不能使用的整个时期称为车辆的使用寿命。车辆使用寿命的长短直接影响车辆的使用效益。如果采用维修的方法无限制地延长车辆的使用寿命,则由于车辆陈旧,完好率下降,必然导致车辆的动力性、经济性大幅度下降,排气污染和噪声严重,运输成本增高。研究车辆使用寿命的意义在于保持在用车辆具有良好的使用性能,减少环境污染,节约能源,提高运力,充分提高车辆的社会效益和经济效益。

车辆使用寿命可具体分为技术使用寿命、经济使用寿命、合理使用寿命三种。

（1）车辆技术使用寿命

车辆技术使用寿命是指车辆已达到技术极限状态而不能用修理的方法恢复其主要使用性能的使用期限。这种极限的标志在结构上是零部件的工作尺寸、工作间隙极度超标,在性能上通常表现为车辆总体的动力状况显著下降或运行材料(燃油、润滑油等)的极度超耗。

车辆的技术寿命主要取决于各部分总成的设计水平、制造质量、使用情况和合理的保养维修。车辆到达技术寿命时,应对车辆进行报废处理,其主要零部件也不能再作备件使用。车辆维修工作越好,车辆的技术寿命越长,但一般随着车辆使用时间的延长,车辆维修费用也日益增加。

（2）车辆经济使用寿命

车辆经济使用寿命是指车辆使用到相当里程后,考虑车辆的各种消耗,用最佳经济效果的观点进行全面的经济分析,保证车辆总使用成本处于最低时的使用期限。

（3）车辆合理使用寿命

车辆合理使用寿命是以车辆经济使用寿命为基础,在考虑整个国民经济发展和能源节约的实际情况后,制定出的符合实际情况的使用期限。也就是说,车辆已经到达了经济寿命,但是否要更新,还要量力而行,如更新车辆的来源、更新资金等因素。为此,国家根据上述情况制定出车辆更新的技术政策,规定车辆更新期限。

车辆技术寿命、经济寿命和合理使用寿命三者的关系如下:

技术使用寿命＞合理使用寿命≥经济使用寿命

2）车辆报废年限及相关标准

最新机动车报废年限（或行驶里程，二者满足其一即实施报废）标准如表 5-6 所列。

表 5-6　　　　　　　　　　机动车使用年限及行驶里程汇总表

车辆类型与用途			使用年限/年	行驶里程参考值/万 km
汽车	营运	出租客运 小、微型	8	60
		出租客运 中型	10	50
		出租客运 大型	12	60
		租赁	15	60
		教练 小型	10	50
		教练 中型	12	50
		教练 大型	15	60
		公交客运	13	40
		其他 小、微型	10	60
		其他 中型	15	50
		其他 大型	15	60
	非营运	小、微型客车，大型轿车	无	60
		中型	20	50
		大型	20	60
	载货	微型	12	50
		重、中、轻型	15	60
		危险品运输	10	40
		三轮汽车、装用单缸发动机的低速货车	9	无
		装用多缸发动机的低速货车	12	30
	专项作业	有载货功能	15	50
		无载货功能	30	50
挂车		半挂车 集装箱	20	无
		半挂车 危险品运输	10	无
		半挂车 其他	15	无
		全挂车	10	无
摩托车		正三轮	12	10
		其他	13	12
轮式专用机械车			无	50

新规定与前一标准最大的不同在于：更注重车辆的安全性能、环保要求及广大私家小汽车车主的愿望，私车的报废没有使用年限的限制，但是行驶里程不能超过 60 万公里。新规定还对营运车辆的报废规定进行了划分。

3）机动车辆强制报废标准

机动车辆符合下列情况之一,必须强制报废:

① 达到使用年限的;或经修理和调整仍不符合机动车国家安全技术标准要求的。

② 经修理和调整或者采用排放控制技术后,排气污染物及噪声不符合在用机动车排放国家标准的。

③ 因故损坏,车辆发动机、车架(或承载式车身)之一需要更换,且变速器总成、驱动桥总成、非驱动桥总成、转向系统、前悬架、后悬架中 3 个或 3 个以上总成需要更换的。

④ 在 1 个机动车安全技术检验周期内连续 3 次检验不合格的。

⑤ 连续 3 个应年检周期不去年检的。

5.4 机动车辆安全原理及检验

机动车辆的安全部件很多,其中制动系统是机动车辆最基本也是最重要的安全装置。了解制动系统的结构及工作原理以及其检验方法对避免安全事故具有十分重要的意义。

5.4.1 机动车辆制动系统

汽车在没有发动机驱动条件下的行驶(滑行)过程中,可能遇到各种各样的阻力,包括坡道阻力、滚动阻力、内部运动元件的相对滑动阻力、空气阻力,还可能有人为施加的阻力,上述阻力均可使汽车减速甚至停止。但只有人为施加的阻力才是可控的,其他阻力均是随机的、不可控的,不属于制动系统。我们所谓的制动系统主要是指根据驾驶人员的意志使车辆减速甚至停止或防止溜车的装置,包括相关的机械零部件、液压元件和电子元件。没有制动系统的车辆是没有安全性可言的,所以说,制动系统是车辆最主要的安全装置。

1) 制动系统的功用

车辆在行驶过程中,可能会遇到障碍物、沟坎、凸包、水坑等,如果继续保持原有车速通过这样的路段,势必对车辆造成较大损害;遇到车辆、人流较多甚至拥挤路段,需要减速以防止发生危险;车辆需要较长时间停车,而地面很可能有坡度,在发动机怠速或熄火前提下,将会顺坡溜车,风力较大时也可能驱动汽车行进;等等。由于车辆面临上述诸多情况,因此必须具有一套制动系统以降低车速甚至停车以应对上述各种情况,所以汽车均有一套可靠的制动系统。

2) 制动系统的类型

制动系统按不同的分类方法可以分为不同的种类,具体分类方法如下。

(1) 按制动系统的功用分类

① 行车制动系统。在行驶过程中,使汽车减低速度甚至停车的一套专门装置,它是在行车过程中经常使用的。

② 驻车制动系统。使已停驶的汽车驻留原地不动的一套装置。

③ 第二制动系统。在行车制动系统失效的情况下,保证汽车仍能实现减速或停车的装置。许多国家的制动法规中规定,第二制动系统也是汽车必须具备的。

④ 辅助制动系统。在汽车下长坡时用以稳定车速的一套装置。

(2) 按制动系统的制动能源分类

① 人力制动系统。以驾驶员的肌体作为唯一制动能源的制动系统。

② 动力制动系统。完全靠由发动机的动力转化而成的气压或液压形式的势能进行制动的制动系统。

③ 伺服制动系统。兼用人力和发动机动力进行制动的制动系统。

3）制动系统的组成

制动系统是由制动器和制动驱动机构组成的,如图 5-2 所示。

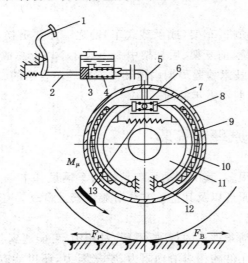

图 5-2　液压制动系统工作原理

1——制动踏板;2——推杆;3——主缸活塞;4——制动主缸;
5——油管;6——制动轮缸;7——轮缸活塞;8——制动鼓;9——摩擦片;
10——制动蹄;11——制动底板;12——支撑销;13——制动蹄回位弹簧

制动驱动机构包括供能装置、控制装置、传动装置、制动力调节装置以及报警装置、压力保护装置等附加装置。供能装置供给、调节制动所需能量并改善传能介质状态。其中,产生制动能量的部分称为制动源,人的肌体亦可作为制动源。

制动时,踩下制动踏板 1,推杆 2 便推动主缸活塞 3,使制动主缸 4 中的油液以一定压力流入制动轮缸 6,通过轮缸活塞 7 使两制动蹄 10 的上端向外张开,从而使摩擦片 9 压紧在制动鼓 8 的内圆柱面上。不能旋转的制动蹄就对旋转着的制动鼓产生一个摩擦力矩 M_μ,其作用方向与车轮旋转方向相反,摩擦力矩大小取决于轮缸的张力、摩擦因数和制动鼓及制动蹄的尺寸等。制动鼓将该力矩 M_μ 传到车轮后,由于车轮与路面间的附着作用,车轮即对路面作用一个向前的周缘力 F_μ。与此同时,路面给车轮作用一个向后的反作用力 F_B,即制动力。制动力 F_B 由车轮经车桥和悬架传递给车架和车身,迫使整个汽车产生一定的减速度。制动力越大,减速度也越大。当松开制动踏板时,制动蹄回位弹簧 13 即将制动蹄拉回原位,摩擦力矩 F_μ 和制动力 F_B 消失,制动作用即行解除。

4）对制动系统的要求

为保证汽车能在安全的条件下发挥出高速行驶的能力,制动系统必须满足下列要求:

① 应具有足够的制动力,工作可靠。

② 操纵轻便。一般要求施于踏板上的力不大于 200～300 N;紧急制动时,不超过 700 N。施于手制动杆上的力不大于 250～350 N。

③ 前、后桥上的制动力分配应合理,左、右车轮上的制动力应基本相等。

④ 制动平稳。制动时,制动力应逐渐迅速增加;解除制动时,制动作用应迅速消失。

⑤ 避免自行制动。在车轮跳动或汽车转向时,不应引起自行制动。

⑥ 散热性好。散热性好的制动器摩擦片的抗热衰退能力好,同时要求摩擦片磨损后产生的间隙应能调整,并且能防水、防油、防尘。

⑦ 对挂车的制动系,要求挂车的制动作用略早于主车,挂车自行脱挂时能自动进行应急制动。

对于货车等较大型的车辆,除了车轮制动系外,还在传动系统中设置制动装置,称为中央制动系,如解放 CA1091 货车,就在变速器输出轴处设置一个制动器,用于驻车制动及紧急制动。而对于小型车辆,无论是行车制动系还是驻车制动系,均采用车轮制动器。

5.4.2 车轮制动器

车轮制动器一般用于行车制动,也有兼用于第二制动(或应急制动)和驻车制动的。车轮制动器普遍都使用摩擦制动器。制动器的旋转元件安装在半轴外端面(安装车轮用)等旋转元件上,固定元件安装在车桥等固定不旋转的元件上。

根据车轮制动器中旋转元件的不同,车轮制动器可分为鼓式和盘式两大类。前者摩擦副中的旋转元件为制动鼓,其工作表面为圆柱面;后者的旋转元件则为圆盘状的制动盘,以端面为工作表面。

1) 鼓式制动器

鼓式制动器是通过制动蹄片挤压随车轮同步旋转的制动鼓的内侧而获得制动力,所以又称为内部扩张双蹄鼓式制动器。鼓式制动器有内张型和外束型两种。前者的制动鼓以内圆柱面为工作表面,在汽车上应用广泛;后者制动鼓的工作表面则是外圆柱面,目前只有极少数汽车将其用作驻车制动器。

内张型鼓式制动器都采用带摩擦片的制动蹄作为固定元件。位于制动鼓内部的制动蹄在一端承受促动力时,可绕其另一端的支点向外旋转,压靠到制动鼓内圆柱面上,产生摩擦力矩(制动力矩)。凡对蹄端加力使蹄转动的装置,统称为制动蹄促动装置。

制动器以液压制动轮缸作为制动蹄的促动装置,故称为轮缸式制动器。此外,还有用凸轮促动装置的凸轮式制动器和用楔块促动装置的楔式制动器等。

凸轮式制动器常用于较大型机动车辆,其采用气动促动装置,动力源是高压气体。发动机带动压缩机,产生的高压气体储存在储气筒中,驾驶员踩下制动踏板时实际是打开通往车轮制动器的气阀。

① 轮缸式制动器。轮缸式制动器广泛应用于中小型车辆制动系统中,其特点是制动反应速度快、制动效能稳定。图 5-2 所示制动系统的车轮制动器即属于轮缸式制动器。

该制动器属于领从蹄式制动器,又称等促动力领从蹄制动器,其制动形式如图 5-3 所示(图中作用力为轮缸、制动鼓、销对制动蹄的力,弹簧拉力相对较小可忽略)。其特点是制动时随车轮的转动,一个蹄片制动力加大,另一个减小。前进时,前制动蹄增力,称之为领蹄,后制动蹄减力,称之为从蹄;倒车时刚好相反,后制动蹄为领蹄,前制动蹄为从蹄。

除了领从蹄式制动器外,还有双领蹄式制动器(后退时转化为双从蹄式制动器)、双从蹄式制动器(后退时转化为双领蹄式制动器)。为了提高制动效能,又开发出了双向双领蹄式制动器,无论前进还是后退,两个制动蹄均自增力,提高了制动力。其结构如图 5-4 所示。

单向自增力式制动器如图 5-5 所示;双向自增力式制动器如图 5-6 所示。

② 凸轮式制动器。目前,国产汽车气压制动系统中都采用凸轮促动的车轮制动器,而且大多设计为领蹄式。东风 EQ1090 型汽车的前轮制动器如图 5-7 所示。制动时,制动调整臂在制动气室 6 的推动下,带动制动凸轮轴 4 转动,推动两制动蹄 2 压靠在制动鼓 8 上。由于凸

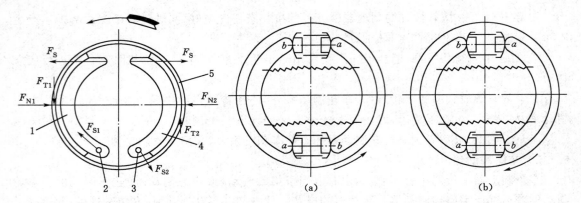

图 5-3　等促动力领从蹄制动器
1——领蹄;2,3——支点;
4——从蹄;5——制动鼓

图 5-4　双向双领蹄式制动器工作情况
(a) 前进;(b) 后退

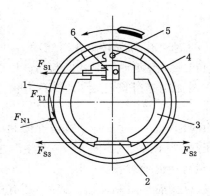

图 5-5　单向自增力式制动器结构原理
1——前制动蹄;2——顶杆;3——后制动蹄;
4——制动鼓;5——支撑销;6——制动轮缸

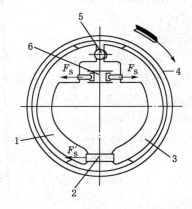

图 5-6　双向自增力式制动器结构原理
1——前制动蹄;2——顶杆;3——后制动蹄;
4——制动鼓;5——支撑销;6——制动轮缸

轮 4 轮廓的中心对称性,以及两制动蹄 2 结构和安装的轴对称性,凸轮 4 转动所引起的两制动蹄 2 上相应点的位移必然相等。

　　2) 盘式制动器

　　由于车速不断提高,特别是现代轿车,对行车安全性、稳定性提出了越来越高的要求。盘式制动器正是满足这种要求的较好的结构形式。盘式制动器广泛应用在轿车中。盘式制动器摩擦副中的旋转元件是以端面工作的金属圆盘,此圆盘称为制动盘。

　　其固定元件有多种结构形式,大体上可分为两类。一类是工作面积不大的摩擦块与其金属背板组成的制动块,每个制动器中有 2~4 个。这些制动块及其促动装置都装在横跨制动盘两侧的夹钳形支架中,总称为制动钳。这种由制动盘和制动钳组成的制动器,称为钳盘式制动器。另一类固定元件的金属背板和摩擦片也呈圆盘形,因其制动盘的全部工作面可同时与摩擦片接触,故该类制动器称为全盘式制动器,全盘式制动器仅在少数重型汽车中用作车轮制动器。

　　钳盘式制动器按制动钳是否能够沿轴向移动分为定钳盘式和浮钳盘式两类。

　　① 定钳盘式制动器。制动盘固定在轮毂上,横跨在制动盘上的制动钳固定安装在车桥上,其结构如图 5-8 所示。

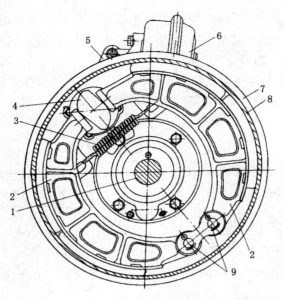

图 5-7　东风 EQ1090 型汽车前轮制动器

1——转向节;2——制动蹄;3——回位弹簧;4——凸轮;5——制动摇臂;

6——制动气室;7——制动底板;8——制动鼓;9——支撑销

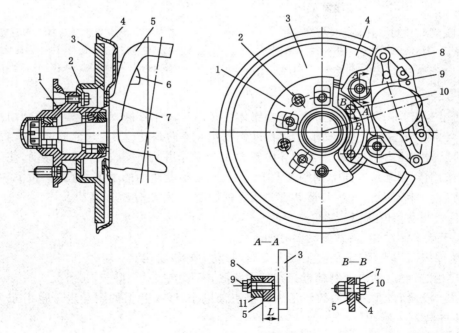

图 5-8　定钳盘式制动器

1——前轮鼓;2,9——螺钉;3——制动盘;4——制动器护罩;5——转向节;6——油管支架;

7——护罩加强盘;8——制动钳;10——螺栓;11——调整垫片

　　制动钳内装有 2 个活塞,分别位于制动盘两侧。每个活塞后面有充满制动油液的制动轮缸。轮缸固定不动,因此称为定钳盘式制动器。踩下制动踏板以后,制动轮缸的液压上升,活塞被微量顶出,制动块夹紧制动盘产生制动。其原理如图 5-9 所示。

定钳盘式制动器制动稳定性好,散热优于鼓式制动器,在轿车中获得广泛应用;但也存在液压缸较多,使制动钳的结构复杂,且油管需跨越车轮两侧等缺点,故自20世纪70年代以来,逐渐被浮钳盘式制动器所取代。

② 浮钳盘式制动器。浮钳盘式制动器的制动钳一般设计成可以相对制动盘沿轴向滑动。它只在制动盘的内侧设置液压缸,外侧的制动块附装在钳体上。图5-10所示为浮钳盘式制动器工作原理图。

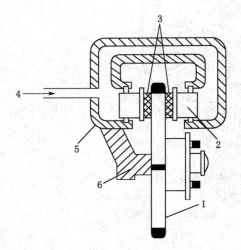

图5-9　定钳盘式制动器工作原理

1——制动盘;2——活塞;3——制动块;
4——进油口;5——制动钳体;6——转向节

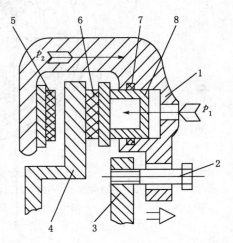

图5-10　浮钳盘式制动器工作原理

1——制动钳体;2——导向销;3——制动钳支架;
4——制动盘;5——固定制动块;6——活动制动块;
7——活塞密封圈;8——活塞

制动钳支架3固定在转向节上,制动钳体1可沿导向销2相对于支架3沿轴向滑动。制动时,活塞8在液压力 p_1 的作用下,将活动制动块6推向制动盘4。与此同时,作用在制动钳体1上的反向液压力 p_2 推动钳体沿导向销2(共有两个并列的导向销)向右移动,使固定在制动钳体上的固定制动块5压靠到制动盘上。于是,制动盘两侧的摩擦块在 p_1 和 p_2 的作用下夹紧制动盘,在制动盘上产生与运动方向相反的制动力矩,促使汽车制动。

③ 盘式制动器的特点

相对于鼓式制动器,盘式制动器有如下优点:

a. 摩擦表面为平面,不易发生较大变形,制动力矩较稳定。

b. 热稳定性好,受热后制动盘只在径向膨胀,不影响制动间隙。

c. 受水浸渍后,在离心力的作用下水很快被甩干,摩擦片上的剩余水分也由于压力高而较容易被挤出。

d. 制动力矩与汽车行驶方向无关。

e. 制动间隙小,便于自动调节间隙(现在都设计成自动调整结构)。

f. 摩擦片容易检查、维护和更换。

盘式制动器的不足之处是制动效能较低,摩擦副敞开在空气中,易受灰尘侵袭,磨损较大。

5.4.3　制动系统驱动机构

制动系统的工作部件是制动器,而使制动器工作的各种零部件统一归属制动驱动机构。

制动驱动机构包括供能装置、传动装置、控制装置、制动力调节装置以及报警装置、压力保护装置等。

1）供能装置

供能装置供给、调节制动所需能量并改善传能介质状态。其中,产生制动能量的部分称为制动源,人的肌体亦可作为制动能源。

动力制动系统的供给能源是发动机,现在普遍使用气压(约 0.8 MPa)蓄能方式。以发动机的动力驱动空气压缩机产生高压气体储存在储气罐中,驾驶员的制动踏板力仅作为控制气阀的开关,使储气罐的高压气体通向各制动器。这种制动系统称为气压制动系统。一般总质量在 8 000 kg 以上的载货汽车和大客车都使用这种制动装置。

随着汽车技术水平不断进步,特别是轿车的快速发展,制动系统普遍选择助力式伺服制动系统。伺服制动系统是在人力液压制动系统的基础上加设一套动力伺服系统形成的,即兼用人力和发动机作为制动能源的制动系统。在正常情况下,制动能量大部分由动力伺服系统供给;而在动力伺服系统失效时,还可全靠驾驶员供给。

2）传动装置

传动装置系指供能装置至制动器之间所有动力传动零部件,包括动力传动使用的传能介质。按传能介质不同可将制动系统划分为机械式制动系统、液压式制动系统、气压式制动系统、电磁式制动系统、组合式制动系统。

3）控制装置

动力制动系统和伺服制动系统都有相应的控制装置,而驾驶人员主要的工作是操纵控制装置,使动力源如发动机产生的高压气体送入制动器。控制装置主要有制动阀、快放阀、继动阀等,现代汽车广泛使用防抱死制动系统(ABS),控制装置更为复杂。

4）制动力调节装置

制动力调节装置用于控制车轮制动力的大小。当车轮制动力大于地面附着力时,车轮将抱死打滑。前轮抱死,将失去转向功能,驾驶员不能躲开目标,弯道时可能滑出路面,发生危险;后轮抱死,易发生侧滑,汽车变道甚至调头,更易发生危险。制动力调节装置基于这一目的在现代汽车中广泛应用。

限压阀用于控制制动介质的传动压力,控制车轮制动力的大小,防止车轮抱死;比例阀用于调整前后轮制动管路的压力,使前后轮的制动力同时接近地面附着力。

5.4.4 机动车辆安全检验

依据《机动车运行安全技术条件》(GB 7258—2012),对机动车辆进行安全检验,具体包括对车速表、转向轮横向侧滑量、制动性能、前照灯、噪声等项目进行强制性检验,其中制动性能检验是最为重要的检验。制动性能检验方法如下:

1）路试制动性能检验方法

① 路试检验制动性能应在平坦(坡度不应大于 1%)、干燥和清洁的硬路面(轮胎与路面之间的附着系数不应小于 0.7)上进行。

② 在试验路面上画出规定宽度的试验通道的边线,被测机动车辆沿着试验车道的中线行驶,当高于规定的初速度后,置变速器于空挡,当滑行到规定的初速度时,急踩制动,使机动车辆停止。

③ 用制动距离检验行车制动性能时,采用速度计、第五轮仪或其他测试方法测量机动车辆的制动距离,对除气压制动外的机动车辆还应同时测取踏板力(或手操纵力)。

④ 用充分发出的平均减速度检验行车制动性能时,采用能够测取充分发出的平均减速度

(MFDD)和制动协调时间的仪器,测量机动车辆充分发出的平均减速度(MFDD)和制动协调时间,对除气压制动外的机动车辆还应同时测取踏板力(或手操纵力)。

2)台试制动性能检验方法

(1)用滚筒式制动检验台检验

滚筒式制动检验台的滚筒表面应干燥、没有松散物质及油污,滚筒表面当量附着系数不应小于 0.75。驾驶员将机动车辆驶上滚筒,摆正位置,置变速器于空挡。启动滚筒,在 2 s 后测取车轮阻滞力;使用制动,测取制动力增长全过程中的左右轮制动力差和各轮制动力的最大值,并记录左右车轮是否抱死。

在测量制动时,为了获得足够的附着力,允许在机动车辆上增加足够的附加质量或施加相当于附加质量的作用力(附加质量或作用力不计入轴荷)。在测量制动时,可以采取防止机动车辆移动的措施(加三角垫块或采取牵引等方法)。当采取上述方法后,仍出现车轮抱死并在滚筒上打滑或整车随滚筒向后移出的现象,而制动力仍未达到合格要求时,应改用标准中规定的其他方法进行检验。

(2)用平板制动检验台检验

制动检验台的平板表面应干燥、没有松散物质及油污,平板表面附着系数不应小于 0.75;驾驶员将机动车辆对正平板制动检验台,以 5~10 km/h 的速度(或制动检验台制造厂家推荐的速度)行驶,置变速器于空挡,急踩制动,使机动车辆停止,测取所要求的参数值。

(3)检验方法的选择

进行机动车辆安全技术检验时,机动车辆制动性能的检验宜采用滚筒反力式制动检验台或平板制动检验台,其中前轴驱动的乘用车更适合采用平板制动检验台检验制动性能。

不宜采用制动检验台检验制动性能的机动车辆及对台试制动性能检验结果有质疑的机动车辆应路试检验制动性能。对满载/空载两种状态时后轴的轴荷之比大于 2.0 的货车和半挂牵引车,宜加载(或满载)检验制动性能,此时所加载荷应计入轴荷和整车重量。全满载时,整车制动力百分比应按满载检验考核;若未加载至满载,则整车制动力百分比应根据轴荷按满载检验和空载检验的加权值考核。

5.5　机动车辆安全操作要求

机动车辆必须严格执行国家《机动车辆安全操作规程》的相关规定,以保障人及财产安全。对于上路行驶的机动车辆,应严格执行道路交通安全法规相关要求。对于非上路及工厂的工程作业车辆,各相关部门也需制定相应的安全操作规程。

5.5.1　工作前安全操作要求

1)对驾驶人员要求

① 驾驶员必须有相应的机动车辆驾驶执照,对于作业车辆,驾驶员必须经专门培训,取得质监部门颁发的上岗证才能上岗,严禁无证驾驶。

② 如工作需要,穿戴好必备的工作服和劳保用品,如工作服、劳保鞋、劳保手套、口罩、防护眼镜等。

③ 应遵守工作区内机动车安全规则。

④ 开车前不喝酒。

⑤ 监督无关人员不得进入作业区域。

⑥ 装载及运输易燃、易爆、剧毒、大型物品等特殊货物时,必须经过交通安全管理部门和保卫部门批准后,方可在指定的路线和时间段内行驶。

2) 对机动车辆及辅助设施的要求

① 机动车辆必须经过安全检验(一般称为年检)方可运行。车辆需配备灭火器、三角警示牌等安全用品。

② 站场、道岔区、料场、装卸线以及建筑物的进出口,均应有良好的照明设施。

③ 装载液态易燃易爆物品的罐车,必须有挂接地面的静电导链。车上应根据危险货物的性质配备相应的防护器材,车辆两端上方须插有危险标志。

④ 装载氯化钠、氯化钾等化学用品的,必须是专用的货箱,且禁止与其他货物混装。

5.5.2　工作中安全操作要求

1) 装卸及乘降要求

① 对于载运人员的公交车、出租车、长途汽车、旅游车等,在车辆未停稳之前,禁止上下乘客。

② 叉车在叉物品(包括装载机铲运、吊车吊装)时严禁超载,以防叉车受损,及叉车后部翘起造成不安全因素。

③ 叉车摆放作业物品(包括装载机铲运、吊车吊装)时应完全放平稳后方可退出。

④ 装载易燃、易爆等物品时,装载量不得超过货车核定载重量的2/3,堆放高度不得高于车厢栏板。必须由具有5 000 km和3年以上安全驾驶经历的驾驶员驾驶,并选派熟悉危险品特性、有安全防护知识的人担任押运员。

⑤ 装车时,驾驶员不得将头和手臂伸出驾驶室外,此时不准检查、维护车辆。

⑥ 严禁超重、超长、超宽、超高装运,装载物品要捆绑稳固牢靠,载货汽车车厢不准载乘人员。

⑦ 中途停车应选择安全地点停车,未卸完货物及乘客下车前,驾驶员不得离车。

2) 载运过程安全要求

① 在学校、机关、旅游景点、停车场、厂区内行驶时,最高时速不得超过10 km/h,进出厂门、车间、库房时不得超过5 km/h时速,在车间、库房内不得超过3 km/h时速。

② 雾天及粉尘较大时,应打开车前黄灯(雾灯)行驶;遇视野不清时,须减速行驶,在弯道、隧道、盘山等路段严禁超车。

③ 装载易燃、易爆等特殊物品时,行进中遇特殊情况,应主动示警,提示其他车辆,必要时,有专用车辆护行,保证运输安全。

④ 两台以上车辆跟踪运输时,前后两车按车速保证合适的间距,并且严禁超车。

5.5.3　工作后安全操作要求

停车后,首先应拉紧手刹,关掉电源,取出钥匙,驾驶员才能离开车辆。同时要定期保养车辆,确保车辆处于良好状态。

5.6　机动车辆事故类型及防范

随着机动车辆保有量的大幅增加,机动车辆安全事故也频频发生。机动车辆常见事故主要分人为因素事故、车辆自身问题事故、环境及自然灾害引起的车辆安全事故3大类。

5.6.1 人员问题引起的安全事故

人是机动车辆的控制者,由于驾驶员的问题、车外人员的问题引起的安全事故最多,特别是道路交通安全事故,具体有以下几种原因。

1) 违章驾车

指事故的当事人,由于思想方面的原因而导致的错误操作行为,不按有关规定行驶,致使事故发生。如酒后驾车、疲劳驾车、非驾驶员驾车、超速行驶、争道抢行、违章超车、违章装载等原因造成的车辆安全事故。

2) 疏忽大意

指当事人由于心理或生理方面的原因,没有及时、正确地观察和判断道路情况而造成失误,如情绪急躁、精神分散、心理烦乱、身体不适等都可能造成注意力下降、反应迟钝,表现出瞭望观察不周,遇到情况采取措施不及时或不当。也有的只凭主观臆断,过高地估计自己的驾驶经验技术,过分自信,引起操作失误从而导致事故发生。其主要表现是:

① 车辆起步时不认真瞭望,也不鸣笛,放松警惕。

② 驾驶和装卸过程中与他人谈话、打逗等,分散注意力。

③ 急于完成任务。

④ 操作中不能严格按规程去做。

⑤ 在危险地段行驶或在狭窄、危险场所作业时不采取安全措施,冒险蛮干。

⑥ 不认真从所遇险情和其他事故中吸取教训,盲目乐观,存有侥幸心理。

⑦ 每天驾车往返同一路段,易产生轻车熟路的思想,行车中精神不集中。

3) 管理因素

没有定期的安全教育和车辆维护制度都会造成安全管理的漏洞,导致事故的发生。

5.6.2 车辆问题引起的安全事故

车辆在运行过程中,必然要出现正常的磨损和老化现象,如不及时保养及维护,必然引起安全事故,同时由于车辆某个部件存在质量问题,工作中也会发生安全事故。以高速公路行驶的汽车为例,因车辆问题,主要发生以下几种安全事故。

1) 轮胎爆破

轮胎爆破俗称"爆胎",据调查统计,高速公路上发生的各类交通事故中,约有70%与轮胎爆破有关。除超速行驶外,轮胎质量也是一个重要因素。

2) 挡风玻璃突然破碎

此类故障主要是由于汽车高速行驶时,不明物体击中挡风玻璃,加之挡风玻璃质量不过关而造成损坏,从而导致事故的发生。

除此之外,车轴断裂、制动器损坏、喇叭、照明、后视镜和转向指示灯等不齐全,翻斗车举升装置锁定机构工作不可靠,吊车起重机的安全防护装置失灵等零部件损坏或工作异常所引起的车辆安全事故也经常发生。

5.6.3 环境问题引起的安全事故

1) 道路条件差

通道狭窄、曲折、弯路多、急转弯多、大量物品堆放道路致使车辆通行困难,还有冰雪路面、湿滑路面等。遇到险情如果处理不当,极易引起交通事故。

2) 视线不良

雨、雾、烟浓度较大时会阻碍司机视线;由于车辆、周边物品会造成很多视线盲区,这在客观上给驾驶员观察判断造成了很大的困难。对于突然出现的情况,往往会由于不能及时发现、缺乏足够的缓冲空间、采取措施不及时而导致事故。同样,其他过往车辆和行人也往往由于不及时观察来车动态,没有做到主动避让车辆从而引发车辆安全事故。

3) 恶劣气候条件

恶劣气候下驾驶车辆,使驾驶员视线、视距、视野以及听觉力受到影响,往往造成判断情况不及时,再加之雨水、积雪、冰冻等自然条件使刹车制动效能下降,制动距离变长或产生侧滑等,这些也是造成事故的因素。

5.6.4　安全事故的防范措施

了解车辆事故发生的主要原因后,就可以因地制宜地制定相应的防范措施,具体可从以下几个方面防范:

1) 全面提升机动车辆操作人员的素质

① 加强操作者职业道德教育,树立正确的职业观。

② 强化操作者的安全意识,在行驶中自觉做到遵章守纪,不开违章车、赌气车、赶路车。教育操作者做到"三不伤害",即不伤害自己、不伤害别人、不被别人伤害。

③ 严把操作者的身体素质条件关。

④ 操作者应持证上岗。特种车辆需要持专用驾驶证方可上岗工作。

2) 全方位管理机动车辆的安全状况

① 抓住源头,禁止购买没有通过安全检验的车辆。

② 控制好车辆使用的各个环节,严格遵守操作规程。

③ 严把车辆定期检验关,杜绝机动车辆带病运行,保证车辆的安全运行。

3) 不断改善作业环境

① 在关键地段多设置醒目的安全标牌、标志,如在视线盲区及急转弯路口设置广角镜等。

② 加强管理以改善作业软环境。

③ 加强操作者与辅助人员之间的沟通、协调。

④ 加强对厂内车辆作业范围内流动人员的管理。

⑤ 设置禁止区域和时间,合理安排作息时间。

⑥ 尽可能避开高温、雨雪雾等恶劣天气行车。

5.7　轿车安全技术

机动车辆安全保护装置应用最多的领域当属轿车,轿车在新的机动车辆分类中为 M1 类型,但我们仍然习惯叫轿车。一个国家轿车的安全技术水平在一定程度上代表着该国家的汽车制造水平。高级轿车常采用的安全系统如图 5-11 所示。

在常规安全技术基础上(制动系统、安全带等),轿车上应用最多的安全技术当属 ABS(防抱死制动系统)、ASR(加速防滑系统)、ESP(车身电子稳定系统)、中控门锁、PDS(雷达系统)、SRS(安全气囊)等先进技术。

5.7.1　ABS(防抱死制动系统)

ABS(车轮防抱死制动系统)是德国 Bosch(博世)公司 1936 年开始研发的,并在当年申请了"机动车辆防止刹车抱死装置"的专利。

1) 制动过程分析

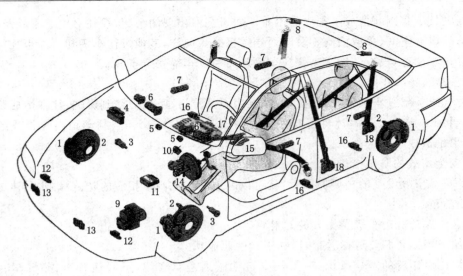

图 5-11　高级轿车安全性系统

1——盘式车轮制动器；2——车轮转速传感器；3——腿部安全气囊烟火发生器；

4——具有 ABS 和 ASR 功能的 ESP 电控单元；5——膝部安全气囊烟火发生器；

6——驾驶员和乘员用的两级安全气囊烟火发生器；7——侧安全气囊烟火发生器；

8——头部安全气囊烟火发生器；9——ESP 液压调节器；10——转向盘角度传感器；

11——安全气囊的电控单元；12——汽车前端部传感器；13——防撞传感器；

14——带有主缸和制动踏板的制动助力器；15——驻车制动器操纵杆；

16——加速度传感器；17——座椅占用的识别坐垫；18——有安全带收紧器的安全带

　　驾车经验告诉我们，当在湿滑路面上突遇紧急情况而实施紧急制动时，汽车容易发生侧滑，严重时甚至会出现旋转调头，相当多的交通事故便由此产生。当左右侧车轮分别行驶于不同摩擦系数的路面上时，汽车的制动也可能产生意想不到的危险。弯道上制动遇到上述情况则险情会更加严重（失去转向功能）。所有这些现象的产生，均源自制动过程中的车轮抱死。车轮抱死的另一个缺点是轮胎局部磨损严重，影响轮胎的圆度，增加汽车的颠簸。汽车防抱死制动装置就是为了消除在紧急制动过程中出现上述的非稳定因素，避免出现由此引发的各种危险状况而专门设置的制动压力调节系统。汽车制动时的受力状态如图 5-12 所示。

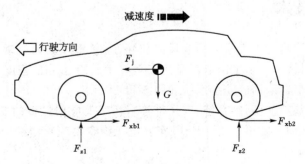

图 5-12　汽车制动时的受力状态

$$F_{xbmax} = F_z \varphi \tag{5-1}$$

式中　F_{xbmax}——地面制动力（摩擦力）的最大值；

F_z——作用在车轮上的法向载荷；

φ——摩擦系数（通常称为附着系数）。

摩擦系数与路面及轮胎结构（包括花纹、气压、材料等）有关，通过观察汽车制动过程中车轮与地面接触痕迹的变化，可以知道其运动方式一般均经历了 3 个变化阶段，即开始的纯滚动、随后的边滚边滑和后期的纯滑动，如图 5-13 所示。

图 5-13　制动时车轮运动状态的变化

为能够定量地描述上述 3 种不同的车轮运动状态，即对车轮运动的滑动和滚动成分在比例上加以量化和区分，便定义了车轮滑移率。

2）滑移率与附着系数

（1）滑移率

在汽车制动过程中，随着制动强度的增加，车轮的运动状态逐渐从滚动向抱死和拖滑变化，车轮滚动成分逐渐减少，而滑动成分逐渐增加，制动过程中车轮的运动状态一般用滑移率来描述。滑移率是指制动时，在车轮运动中滑动成分所占比例，用 S 表示：

$$S=\frac{v-r\omega}{v}\times100\%\tag{5-2}$$

式中　v——车轮中心的速度（车速）；

　　　r——车轮不受地面制动力时的滚动半径，m；

　　　ω——车轮角速度，rad/s。

车轮纯滚动时，$S=0$；纯滑动时，$S=100\%$；边滚动边滑动时，$0<S<100\%$。

（2）附着系数

在汽车制动过程中，车轮与路面的附着系数随车轮滑移率的变化而变化，如图 5-14 所示。

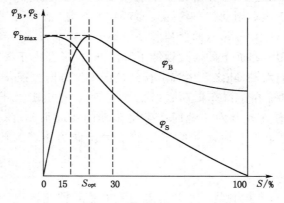

图 5-14　附着系数与滑移率的关系

由图 5-14 可知，在滑移率为 S_{opt}（20％左右）时纵向附着系数 φ_B 最大，制动时能获得的制动系数最大,汽车的制动效能也就越高,$0 \leqslant S \leqslant S_{opt}$ 称为稳定区域,$S_{opt} < S \leqslant 100\%$ 称为非稳定区域,S_{opt} 为稳定界限。此右侧区域随滑移率的增加,侧向附着系数减小。车轮抱死滑移率为 100%,侧向附着系数 φ_S 接近为 0,这时小的侧向力会导致侧滑,同时还会失去转向能力。

实验表明,当滑移率处于 $15\% \sim 30\%$ 时,纵向附着系数 φ_B 和侧向附着系数 φ_S 的值都较大。纵向附着系数 φ_B 大,可以产生较大的制动力,保证汽车制动距离较短;侧向附着系数 φ_S 大,可以产生较大的侧向力,保证汽车制动时的方向稳定性。防抱死制动系统即可以实现在汽车制动状态下,将车轮滑移率控制在 $15\% \sim 30\%$ 的最佳范围内。在上述最佳范围内,不仅车轮和地面之间的纵向附着系数较大,而且侧向附着系数也较大,保证了汽车的方向稳定性。

3) ABS 工作原理

机械式的 ABS 称为 MABS,目前轿车的 ABS 都是电子式的,其控制方式大多采用预测控制方式,即通过大量制动实验,确定最合理的制动力配置,将其写入 ABS 电脑中,作为制动控制参考数据,俗称 ABS 标定。当制动时,ABS 电脑根据接收的车轮传感器信号,在参考数据中找到适合的制动参数发送给制动系统,并在制动过程中不断修正,以达到最佳制动效果。其控制流程如图 5-15 所示。

根据车轮转速传感器布置及制动油路控制,ABS 有很多种布置方式,现代轿车广泛使用四传感器四通道四轮独立控制方式的 ABS,可以达到最优的制动效果。其控制原理如图 5-16 所示。

图 5-15　ABS 控制流程图

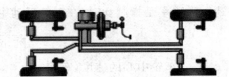

图 5-16　四轮独立控制方式的 ABS

5.7.2　ASR(加速防滑系统)

在汽车行驶过程中,时常会出现车轮转动而车身不动现象,如雪地起步打滑。这时汽车的移动速度低于驱动轮轮缘速度(意味着轮胎接地点与地面之间出现了相对滑动),我们称为驱动轮的"滑转",以区别于汽车制动时车轮抱死而产生的车轮"滑移"。驱动车轮的滑转同样会使车轮与地面的纵向附着力下降,从而使得驱动轮上可获得的极限驱动力减小,最终导致汽车的起步、加速性能和在湿滑路面上的通过性能下降。同时,还会由于横向摩擦系数几乎完全丧失,使驱动轮上出现横向滑动,随之产生汽车行驶过程中的方向失控。

驱动轮"滑转"的机理在于汽车传动系统施加给车轮的扭矩大于地面能给车轮的最大反向力矩,两者的差值使车轮相对于地面产生绕车轴的转向加速度。解决的办法就是使传动系统施加给车轮的扭矩小于地面能给车轮的最大反向力矩。为此轿车上通常采用三种控制方式:

1) 防滑差速锁控制

这是最早使用的防滑转控制装置。防滑差速锁能够对差速器进行锁止控制,使两个驱动轮的转速差减小,甚至为零。防滑差速锁主要应用于当一侧驱动轮位于附着系数很低的地面(如泥地、冰面等)的情况。由于汽车驱动桥内设有差速器,其目的是当汽车转弯时,防止外车轮"滑移",内车轮"滑转",但当一侧车轮所处地面附着系数很低时,差速器反而起了副作用。

我们经常看到这种情况,一辆汽车的一侧驱动轮陷入泥地,不管驾驶员如何踩油门,陷入泥地的车轮飞速滑转,而另一侧位于好路面的驱动轮并未转动,所以汽车始终不能离开泥地。有了差速锁,就可以使两个驱动轮同步旋转,借助附着力好的驱动轮驶出泥地。

2)发动机输出功率/转矩控制

ASR 系统即单独使用一个 ECU,它与发动机 ECU 保持密切的联系。一旦 ASR 电子控制单元检测到一个或两个驱动车轮发生滑转的情况,立即发出控制指令,控制发动机的输出功率/转矩下降,以抑制驱动轮的滑转。

发动机输出功率/转矩控制通常有以下几种方法:

① 调整供油量:减少或中断供油。

② 调整点火时间:减小点火提前角或停止点火。

③ 调整进气量:减小节气门的开度。

3)驱动轮制动控制

除了发动机减小输出扭矩外,驱动轮的适当制动也是一个很好的防滑转措施。当汽车在附着系数不均匀的路面上行驶时,处于低附着系数路面的驱动车轮可能会滑转,此时 ASR 电子控制单元将使滑转的车轮的制动压力上升,对该轮作用一定的制动力,使两驱动车轮向前运动速度趋于一致。

ABS 已经成为发达国家汽车标准配置,对于增加 ASR,许多汽车采用两者配合设计,即共用一个 ECU,在 ABS 基本回路基础上增加两个电磁阀,实现 ASR 功能,图 5-17 所示为一种轿车的制动压力调节回路,它具有 ABS、ASR 双重作用。

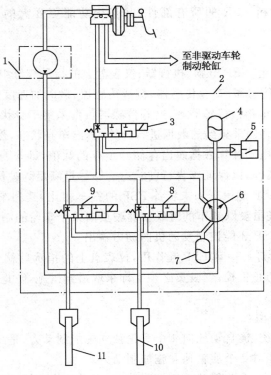

图 5-17 轿车 ABS/ASR 制动压力回路示例

1——电动液压泵;2——ABS/ASR 制动压力调节器;3——电磁阀Ⅰ;4——蓄能器;5——压力开关;

6——循环泵;7——储液器;8——电磁阀Ⅱ;9——电磁阀Ⅲ;10,11——驱动车轮制动器

不滑转时,电磁阀Ⅰ不通电(滑阀左位左路通;半通电时中位断路;通电时右位下路通)。汽车在制动过程中如果车轮出现抱死,ABS起作用,通过电磁阀Ⅱ和电磁阀Ⅲ来调节制动压力。

当驱动轮出现滑转时,ASR使电磁阀Ⅰ通电,阀移至右位,电磁阀Ⅱ和电磁阀Ⅲ不通电,阀仍在左位。于是,蓄压器的压力通入驱动轮的轮缸,制动压力增大。

当需要保持驱动轮的制动压力时,ASR使电磁阀Ⅰ半电压通电,阀移至中位,隔断了蓄能器及制动主缸的通路,驱动车轮的轮缸的制动压力保持不变。

当需要减小驱动车轮的制动压力时,ASR使电磁阀Ⅱ和电磁阀Ⅲ通电,阀Ⅱ和阀Ⅲ移至右位,将驱动车轮的轮缸与储液器接通,于是,制动压力下降。

如果需要对左、右驱动车轮的制动压力实施不同的控制,ASR分别对电磁阀Ⅱ和电磁阀Ⅲ实行不同的控制。

5.7.3 ESP(电子稳定程序)

ESP的效能超越了ABS、ASR两个系统的功能结合,除了改善制动时纵向动态性能外,而且还具有防止车辆在行驶时侧滑的功能。它通过传感器对车辆的动态进行监测,必要时会对某一个车轮或者某几个车轮进行制动,甚至发动机的动力输出也相应控制。ESP能够识别危险状况,并不需驾驶者做任何动作就自行采取行动排除危险。

ESP提高了所有驾驶工况下的主动安全性,尤其是在转弯工况(即横向力起作用)时,ESP能维持车辆的行驶稳定并保持车辆在车道上正确行驶。ABS和ASR只在纵向起作用,只能被动地做出反应,而ESP则能够探测和分析危险车况并纠正驾驶员的错误,做到防患于未然。此外,ESP应用了ABS和ASR的所有部件,并基于功能更强大的新一代电子控制单元开发的。

1)ESP的组成

ESP主要由传感器组、ESP电脑、执行器、仪表盘上的指示灯等组成。

① 传感器组:转向传感器、车轮传感器、侧滑传感器、横向加速度传感器、方向盘扭转传感器、油门踏板传感器、刹车踏板传感器等,这些传感器负责采集车身状态数据。

② ESP电脑:将传感器采集到的数据进行计算,算出车身状态,然后与存储器里面预先设定的数据进行比对。当电脑计算数据超出存储器预存的数值,即车身临近失控或者已经失控的时候,则命令执行器工作,以保证车身行驶状态能够尽量满足驾驶员的意图。

③ 执行器。安装ESP的汽车和未装备ESP的汽车相比,其刹车系统具有蓄压功能。电脑可以根据需要,在驾驶员没踩刹车的时候替驾驶员向某个车轮的制动油管加压,好让这个车轮产生制动力。另外,ESP还能控制发动机的动力输出。

④ 仪表盘上的指示灯。一旦ESP起作用,仪表盘上的指示灯就会闪烁,提醒驾驶员车辆易发生失控,ESP协助防止失控,驾驶员必须立即采取适当措施,防止事态进一步恶化。

2)ESP的种类

目前ESP有3种类型:

① 4通道或4轮系统:能自动地向4个车轮独立施加制动力,是最高级的ESP。

② 2通道系统:只能对2个前轮独立施加制动力。

③ 3通道系统:能对2个前轮独立施加制动力,而对后轮只能一同施加制动力。

3)ESP的工作原理

实际上ESP是一套电脑程序,通过对各传感器传来的车辆行驶状态信息进行分析,进而向 ABS、ASR 发出纠偏指令,来帮助车辆维持动态平衡。ESP 电控单元会计算出保持车身稳定的理论数值,再比较由侧滑率传感器和加速度传感器所测得的数据,发出平衡、纠偏指令,主要控制汽车偏航率。如转向不足会产生向理想轨迹曲线外侧的偏离倾向,而转向过度则正好相反,向内侧偏离,有了 ESP 将解决这一问题。

具体的纠偏工作是这样实现的:ESP 通过 ASR 装置控制发动机的动力输出,同时指挥 ABS 对各个车轮进行有目的的刹车,产生一个反横摆力矩,将车辆带回到所希望的轨迹曲线上来。比如转向不足时,刹车力会作用在曲线内侧的后轮上;而在严重转向过度时会出现甩尾,这种倾向可以通过对曲线外侧的前轮进行刹车得到纠正。下面几种典型工况展示 ESP 作用:

① 汽车回避突然出现的障碍物时,能有效控制合适的转向特性,如图 5-18 所示。

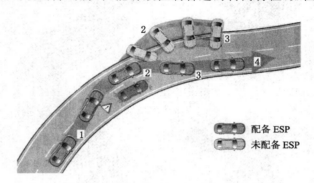

图 5-18　是否配置 ESP 躲避障碍物对比

车辆在回避前方障碍物而突然停止时,在图示位置 1,汽车有转向不足的危险,ESP 系统会迅速对左后轮施加制动力,以产生一个逆时针方向的转矩,同时由于施加制动,车速降低了也利于转向,而根据后轮差速器的工作原理,右后轮的转速会随左后轮转速的降低而提高,这样也是有利于转向的。

但当汽车行驶到位置 2 的时候,由于易发生侧滑(甩尾),汽车有转向过度的危险,对于后轴驱动的车辆,ESP 系统会采取降低后轴驱动力措施,以减少车轮纵向力而增加横向力,车速的降低成为有利于维持转向稳定性的一个因素,同时对左前轮施加制动力,以更大程度地增加汽车逆时针方向横摆力矩,从而保证汽车的行驶遵从驾驶员意图。

② 在扭曲路段行驶时。汽车在扭曲多变的路段行驶时,仅仅通过转向轮很难让车辆随着突变的弯道而灵活转向,车辆很容易由于转向过度或转向不足而甩出行车道,ESP 以其特有的方式,通过对车轮独立施加制动力使车辆进行主动"转向",能有效地纠正车辆的危险行驶路径,从而保持车辆行驶方向的稳定性。如图 5-19 所示。

在位置 1,车辆很容易由于转向严重不足而使车头脱离行驶轨道,ESP 通过对右前轮施加制动力纠正了车辆的危险状态;在位置 4,由于易发生侧滑(甩尾),汽车有转向过度的危险,ESP 通过对右前轮施加制动力而纠正了行驶方向。

③ 面对突然出现的紧急弯道。汽车在宽阔的路面上行驶时,前方突然出现紧急弯道,驾驶员的反应是猛打方向盘,但汽车显然不可能在瞬间产生足够大的转向角度,ESP 通过对右后轮的制动以产生更大的转向力矩纠正汽车的转向严重不足,使车辆能够克服转向严重不足的缺陷,恢复到稳定行驶状态。

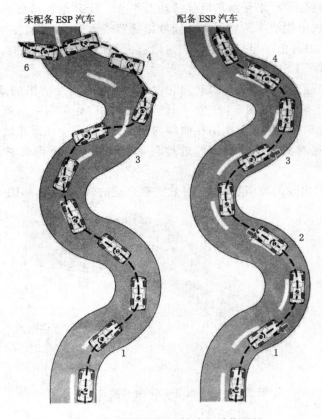

图 5-19　配置 ESP 回转路行驶优越性

5.7.4　PDS(雷达系统)及电子眼

雷达系统已广泛应用于中高档轿车,常安装于后保险杠中央,又称倒车雷达系统,有时我们称为电子眼。更为高级的电子眼还可以将盲区采集为图像信号提示给驾驶员,成为真正的电子眼。当障碍物低于制定距离时,系统开始报警,高级轿车甚至可以避让及制动。

PDS 系统通常是在车的后保险杠或前后保险杠均设置雷达侦测器,用以侦测前后方的障碍物,帮助驾驶员"看到"前后方的障碍物。PDS 是以超音波感应器来侦测出离车最近的障碍物距离,并发出警笛声来警告驾驶者。而警笛声音的控制通常分为两个阶段,当车辆的距离达到某一开始侦测的距离时,开始以某一高频的警笛声鸣叫,而当车行至更近的某一距离时,则警笛声改以连续的警笛声来告知驾驶者。PDS 的优点在于驾驶员可以用听觉获得有关障碍物的信息,或侦测其他车离本车的距离。

现在的新车已经开始使用数字无盲区可视倒车雷达系统,做到真正无盲区探测,倒车时显示屏显示后方景象。数字式无盲区 PDS 倒车雷达的工作原理就是当挂入倒挡后,PDS 系统即自动启动,内嵌在车后保险杠上的 4 个或 6 个超声波传感器开始探测后方的障碍物。当距离障碍物 1.5 m 时,报警系统就会发出"嘀嘀"声,随着障碍物的靠近,"嘀嘀"声的频率增加,当汽车与障碍物间距小于 0.3 m 时,"嘀嘀声"将转变成连续音,高级 PDS 会喊"停车"。

图 5-20 所示为汽车雷达系统作用示意图,图 5-21 所示为汽车预测前方障碍物距离效果图,通过探测前方车辆的距离,从而确定是否进行制动以保证行车安全。

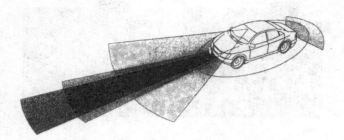

图 5-20　汽车雷达作用示意图

图 5-21　汽车预测前方障碍物距离

5.7.5　SRS(安全气囊)

单独的安全带收紧器在汽车严重碰撞时无法阻止驾驶员头部撞到转向盘上,即使阻止了驾驶员头部撞到转向盘上,但由于头部强大的惯性力必然对颈椎造成更加严重的伤害。安全气囊正是基于这种安全考虑应运而生的。安全气囊广泛应用于时速超过 100 km/h 的汽车上,对于轿车,时速普遍超过 100 km/h,所以安全气囊已经成为轿车的标准配置,根据汽车的高级程度,分别配置驾驶员前安全气囊、副驾驶前安全气囊、侧气囊、后气囊等。

1) 前安全气囊

当汽车以高达 60 km/h 的速度碰撞到固定障碍物时,前安全气囊可降低驾驶员和副驾驶员(乘员)头部、颈部和胸部的受伤程度。在两车前部碰撞时,两汽车的相对速度可能达到100 km/h时,前安全气囊同样可防止驾驶员和副驾驶员(乘员)头部、颈部和胸部受伤。气囊作用时,各时效状态如图 5-22 所示。

图 5-22 中拍摄了气囊起爆后 4 个时间节点的状态,可以看出,气囊在很短的时间内就可充满气体。其时间应恰好适合头部向前的运动状态,过早易造成颈部伤害,过晚则未起到应有的保护作用。

为此,根据安全气囊的安装地点、汽车型式和汽车结构变形能力等因素,开发出各种形式的、与车型匹配的不同烟火推进剂数量的安全气囊。

当传感器识别到汽车碰撞后,每一个烟火燃气发生器将安全气囊快速开启。当驾驶员和副驾驶员上身分别碰到各自的安全气囊时,在与头部接触后,由于安全气囊上开有很多小孔,其中的部分气体可以排出气囊,防止人员受到窒息的伤害。

SRS 是通过装在电控单元上的 1~2 个汽车纵轴方向上的电子加速度传感器来测量汽车在碰撞时的减速度,并由此算出汽车速度的变化。在汽车前部布置压力传感器,当发生碰撞时,压力传感器受压将发出碰撞信号,但安全气囊未必起爆(错误的起爆往往对人员造成很大

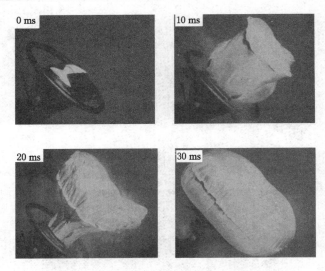

图 5-22 安全气囊工作瞬间图

伤害,这在以前曾发生过此类案例,造成驾驶员的伤害),系统会检索当前的车速(速度低于 20 km/h 不会起爆)、加速度传感器反馈的车辆减速度,只有全部满足要求时,SRS 才能起爆工作。

2) 侧安全气囊

在所有的交通事故中,汽车侧向碰撞约占整个碰撞的 30%。侧向碰撞是位居汽车前碰撞后的第二位高发碰撞事故。所以越来越多的高级轿车除了配备安全带收紧器和前安全气囊外,还配备侧安全气囊。侧安全气囊沿车顶纵断面布置了一些充气管或充气袋,如窗户气袋、充气窗帘,以保护乘员头部;或在车门或座椅扶手布置胸部安全气囊,以保护乘员上身。侧安全气囊应当柔软地支撑乘员,才能在汽车发生侧向碰撞时防止乘员受伤。

用于侧安全气囊的加速度传感器安装在汽车承载构件右侧或左侧所选定的地点,如座椅横支座、门框、B 柱、C 柱。

3) 智能安全气囊系统

通过改进控制安全气囊开启的一些功能,以及控制安全气囊充气过程,可以不断地减少乘员在碰撞中的伤害。智能安全气囊就是采集各种传感器信息,经过正确的分析判断,准确开启 SRS。

5.8 典型事故案例分析

机动车辆安全事故在各类安全事故中所占比例最高。全世界自有机动车安全事故死亡记录以来,死亡人数已超过 3 200 万,现在全世界每年有 120 多万人死于机动车安全事故,占非自然死亡人数的 1/4 左右,每年造成的经济损失超过 5 000 亿美元。机动车辆安全事故的多发问题对人民的生命和财产安全构成了严重威胁。下面通过对典型案例的分析,分析事故发生的具体原因,从而便于采取有效措施预防和控制机动车辆事故,减少机动车安全事故的发生。

5.8.1 案例一

1) 事故概况

2005 年×月×日,××厂的一辆日产叉车在本厂院内从事搬运箱装货物的任务,在作业过程中用叉子叉起约 1 200 kg 重的箱装设备,叉起后并没有降低叉子的高度,仍维持在原作业的 1.5 m 高度往车间运送。当叉车以 10 km/h 速度运行至一右转弯时,由于驾驶员未采取减速措施,使叉车重心不稳造成侧翻,司机躲闪不及,被侧翻的叉车当场压死。该事故造成 1 人死亡,直接财产损失约 1.5 万元。

2) 事故发生原因

叉车驾驶员没有认真执行叉车操作规范,图省事,叉起超大物件后并没有降低货叉的高度,继续载物行驶,违反了国家叉车使用安全操作规程的要求:载货行驶时,重心要低,车辆要稳定。驾驶员没有将叉子及时放下,导致重心偏高,降低了车辆的稳定性;在转弯时,驾驶员盲目自信,不按章减速,违反了安全操作规程的要求:厂区内叉车行驶时速不得超过 5 公里;作业时及在进出厂门、电梯、拐弯、人多、通道狭窄等其他复杂区域时时速不得超过 3 公里。驾驶员违章超速行驶,转弯时没有降到规定车速,造成离心力过大而侧翻。上述原因是此次事故发生的直接原因。

载重的高度会改变整车质心的高度,如图 5-23 所示,叉车驾驶员在叉起超大物件后,转运行驶前没有将载重的高度降至最低,造成重载叉车的质心位置较物件最低位置时上移较多。其值越大,侧翻力矩越大。叉车转弯时没有降低车速,造成较大的离心力,如图 5-24 所示。离心力的大小与叉车质量及车速的平方成正比,当车速增加一倍,离心力将是原车速离心力的 4 倍。当车速达到一定数值时,其离心力产生的侧翻力矩大于地面给予叉车的反向力矩,即:

图 5-23　载货后叉车质心位置的变化

发生事故时,整车质心位置

空载时质心位置

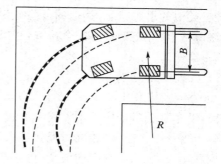

图 5-24　叉车右转弯时状态示意图

$$m \cdot \frac{v^2}{R} \cdot h > F_N \cdot \frac{B}{2} = G \cdot \frac{B}{2} = m \cdot g \cdot \frac{B}{2} \tag{5-3}$$

叉车由于上述原因,在右转弯时,发生了向左侧的侧翻事故,如图 5-25 所示。

调查事故原因后总结结果:

① 对叉车驾驶员的安全管理、安全教育、技术管理及培训力度不够,职工安全意识薄弱,工作麻痹大意,图省事,轻安全,对作业场所内可能的风险没有足够的重视。

② ××厂管理规章制度或操作规程不健全,相应的安全管理部门对安全操作规程执行力度不够,缺乏有效的检查、监督机制,没有及时发现安全隐患并制止叉车驾驶员的危险行为。

③ ××厂不同程度存在着标志、信号、设施不全或设置不合格的情况。例如,在转弯处未设置警示牌。安全管理部门对可预见性安全隐患没有做到位,没有制定相应的安全防范措施,安全管理存在漏洞。

图 5-25　叉车左向侧翻示意图

3）事故防范措施

① 此次事故主要是由于叉车驾驶员违章行车,违反叉车安全操作规程而引发的事故,因此企业内机动车驾驶员须经过专业培训、考核,取得合法资格后方准驾车,才能准确、规范、有效地操作叉车,同时才能保证叉车驾驶员及他人的安全。

② ××厂应深刻接受此次事故教训,开展好警示教育活动。同时建立健全以责任制为中心的各项管理规章制度,进一步明确和落实各级安全生产责任制,强化关键工序和重点隐患的双重预警,加大现场安全管理力度。

③ ××厂各级管理人员针对此次安全事故,总结安全防范措施,举一反三地排查类似工作习惯、类似的思想状态、类似的危险行为,特别是在厂区的繁忙路段、弯道、坡道、狭窄路段、交叉路口、门口等定期进行安全检查,坚决杜绝安全事故的发生,确保安全生产。

5.8.2　案例二

1）事故概况

2007 年×月×日,××厂叉车驾驶员驾驶叉车,以 20 km/h 左右的速度运载两货箱。在某路段,叉车驾驶员依照惯例沿路中心线空挡减速滑行,当滑行到一左侧丁字路口时,突然从该路口走出一工人李某,也同时左转进入该车道,如图 5-26 所示。叉车驾驶员见状紧急刹车,才发现刹车失灵,叉车继续向前滑行,李某被两货箱撞倒后压在货箱下面。事故发生后,李某经送医院抢救无效死亡,本事故造成一人死亡,直接经济损失 2 万元。

图 5-26　叉车行进过程中路遇行人进入车道

2）事故发生原因

事故的直接原因：

① 叉车驾驶员在厂区内行驶违反了限速规定，驾驶员在出车前，没有仔细检查叉车的安全装置，叉车进行紧急刹车时，刹车油管脱落引起刹车失灵。

② 叉车驾驶员精神分散，在通过视线不良的路口时未提前减速，路过可能有车辆、行人经过的路口前没有鸣笛示警。

③ 驾驶员遇左侧丁字路口时，没有偏向右侧行驶，以加大视野观察范围。

④ 叉车行驶时非常安静，有时作业人员以及步行者不会注意到有叉车接近，工人李某忽视瞭望及避让来往车辆。

事故的间接原因：

① 不认真定期保养、检查安全装置，例如转向、制动、喇叭、后视镜和转向指示灯等是否齐全有效，致使叉车带病运行。

② 作业人员行走路线、叉车行走路线等注意事项不明确。同时在作业过程中无人监督、检查和指挥。

③ 叉车失控后驾驶员和工人李某均惊慌失措，未能采取有效措施避免事故发生，可见缺乏事故应急演练。

3）事故防范措施

① 驾驶员应该严格按照日常保养规范，对车辆进行安全检查并填写叉车工日常检查记录及交接班记录。安全装置不完好的叉车严禁使用。

② 在道路岔路口、拐角处，应提前打开转向指示灯（如需转弯），应减速瞭望，确认安全后方可通过，必要时要鸣喇叭。

③ 机动车驾驶员按厂内相关机动车安全条例驾驶及维护车辆，驾驶员还要严格执行出车前、行车中及收车后的车辆"三检"制度，及时发现、排除各种故障与隐患，保证机动车辆不"带病上岗"，在装运及行驶过程中，要有预见性，避免事故的发生。

④ 建立健全以责任制为中心的各项管理规章制度，同时也提醒工厂员工，厂内不要在机动车道行走（如没有专用的人行道，要靠道路的边缘），时刻注意过往车辆，工厂应加强对员工的安全教育，提高职工安全防范能力。

5.8.3 案例三

1）事故概况

2009 年×月×日，××厂一辆大货车驾驶员酒后驾车，当驶过一个十字路口 50 m 时，撞到了靠道路右侧停放的一台货车，将该驾驶室内乘坐的小孩撞出；又继续行驶 50 m，把路旁标志牌撞坏；车辆未停继续向前行驶 155 m，又将路边一骑车人撞死，同时将骑车人的妻子撞到沟里造成重伤；又继续行驶 185 m，因有车追赶被迫停车；该车掉头时，又将车倒入沟内，自己也造成重伤。该事故造成 1 人死亡，2 人重伤，1 人轻伤，直接经济损失 20 万元。

2）事故发生原因

大货车驾驶员违反了机动车辆驾驶安全规定，酒后驾车，驾驶员在酒精的作用下，注意力、判断力及动作协调性减弱，驾驶技术下降是导致此事故发生的直接原因。

事故发生后，驾驶员交通安全意识和法制观念淡薄，同时各级交警部门对重点路段区域的酒后驾驶查处力度不够是导致此次事故发生的间接原因。驾驶员撞到靠道路右侧停放的一台货车后，不立即处理现场，抢救伤员，而是驾车逃逸，慌乱中造成后续几起事故的发生。

3）事故防范措施

① 进一步规范驾驶人考试制度及驾驶人管理制度，严把办证、安全教育培训关。通过对交通法规、车辆操作技术的学习，使驾驶人具有较强的安全意识。

② 加大路面管控力度，严查酒后驾驶行为，实施责任追究。各级交警部门要积极争取支持，加大资金投入，广泛配置目前较先进的酒精测试仪等先进科技装备，利用科技手段严查酒后驾驶违法行为。

③ 加大对酒后驾驶处罚力度，形成严管重罚的高压态势。

④ 在日常交通安全宣传教育中，要加大酒后驾驶交通危害的宣传教育力度，交警部门要充分利用交通安全宣传教育活动，重点宣传酒后驾驶的危害，在驾驶员群体中进行巡回宣传教育，引起广大驾驶员对酒后驾驶违法行为的高度重视和警醒。

本 章 小 结

（1）机动车辆系指各种汽车、摩托车、拖拉机、轮式动力专用机械。狭义上讲，机动车辆主要系指汽车。机动车辆分类有很多种，目前普遍采用国标 GB/T 15089—2001 标准，将机动车辆分为 L 类、M 类、N 类、O 类和 G 类。

（2）机动车辆常见的安全保护装置主要分两大类：主动防护装置和被动安全保护装置。主动防护装置中最重要的装置是制动系统。在制动系统基础上，开发了 ABS、ASR、EBD、ESP 等多种智能安全系统。

（3）被动安全保护装置主要有安全气囊、安全带、座椅安全头枕等。

（4）机动车达到技术使用寿命后，必须进行强制报废处理。

（5）机动车辆必须严格执行国家"机动车辆安全操作"的相关规定，以保障人员及财产安全，对于上路行驶的机动车辆，应严格执行道路交通安全法规相关要求。对于非上路及工厂的工程作业车辆，各相关部门也需制定相应的安全操作要求。

（6）一个国家轿车的安全技术水平代表着该国家的汽车制造水平。车轮防抱死制动系统（ABS）可防止制动时车轮抱死失去转向及侧滑从而引发交通事故；加速防滑系统（ASR）使驱动车轮防止相对地面发生"滑转"，是解决湿滑路面启动、行驶过程中半侧驱动轮滑转等的主动安全装置。

（7）ESP 的效能超越了 ABS、ASR 两个系统的功能结合，除了改善制动时纵向动态性能外，还具有防止车辆在行驶时侧滑的功能。

（8）雷达系统解除了驾驶员泊车、倒车和启动车辆时，前后左右探视所引起的困扰，并帮助驾驶员扫除了视野死角和视线模糊的缺陷，提高了驾驶的安全性。

（9）安全气囊可有效降低汽车发生严重碰撞时，驾驶员和副驾驶员（包括乘员）头部及其他部位的受伤程度。

（10）通过典型案例分析，说明必须从法规条例的制定、车辆安全维护、驾驶人员安全意识培养等多方面入手，才能从根本意义上杜绝机动车辆安全事故的发生。

复习思考题

1. GB/T 15089—2001 标准将机动车辆和挂车分为哪些类型？

2. 汽车主动防护装置主要有哪些？

3. 为了安全,对车辆制动系统有哪些要求？

4. 机动车辆制动性能检验方法有哪些？

5. 货运车辆装卸时,有哪些安全操作要求？

6. 容易引起车辆安全事故的人为因素有哪些？

7. 汽车 ABS 的工作原理是什么？

8. 汽车 ASR 的工作原理是什么？

9. 汽车 ESP 的工作原理是什么？

10. 汽车雷达系统有何作用？

本章参考文献

[1] ROBERT BOSCH GMBH. 汽车安全性与舒适性系统[M]. 魏春源,译. 北京:北京理工大学出版社,2007.

[2] 安相璧. 汽车试验工程[M]. 北京:国防工业出版社,2006.

[3] 陈家瑞. 汽车构造[M]. 北京:机械工业出版社,2008.

[4] 付百学. 汽车试验技术[M]. 北京:北京理工大学出版社,2007.

6 索道运输安全技术

本章学习要求：

1. 掌握索道的基本知识、类型、基本技术参数、组成及其特点。
2. 掌握索道安全防护装置的类型及安全功能，熟悉安全防护装置的作用。
3. 掌握架空客运索道线路、运行、运载工具及其他装置、救援、关键部件的安全技术要求。
4. 掌握架空客运索道安全管理、安全检验及安全营救的要求。
5. 了解起重机械常见事故类型，掌握事故防范措施。

索道又称吊车、缆车（缆车又可以指缆索铁路）、流笼，是交通工具的一种，通常在崎岖的山坡上运载乘客或货物上下山。我国是使用架空索道最早的国家，溜索是架空索道的原始形式，我国古代在西南山区不少河流渡口利用竹索或藤索渡河。根据史料，公元前 250 年（秦孝文王时期）蜀守李冰已在四川建造了溜索。

6.1 索道基本知识

现代客运索道最早于 1894 年出现在意大利，此后在瑞士、德国、日本、苏联相继建成了客运索道。据《国际缆索运输杂志》统计，截至 2001 年年底，全世界客运索道达 3.2 万条，其中美国 4 147 条，法国 4 040 条，奥地利 3 473 条，日本 3 455 条，意大利 3 124 条，瑞士 2 101 条，德国 1 670 条。

根据我国于 2007 年 2 月 1 日开始实施的《索道术语》（GB/T 12738—2006）的规定，索道是指由动力驱动，利用柔性绳索牵引运载工具运送人员或物料的运输系统，包括架空索道、缆车和拖牵索道等。我国的索道建设，尤其是客运索道，近几年发展迅猛，如表 6-1 所列。

表 6-1　　　　　　　　　　　　　　**我国客运索道数量统计**

年　份	1983	1990	1998	2001	2003	2004	2006	2008
累计数	2	31	197	264	327	365	783	903

注：1979～1998 年据《中国索道》2001(3)统计，其他年份由北京起重运输机械研究所索道工程部提供。

6.1.1 架空索道

架空索道是指以架空的柔性绳索承载，用来输送物料或人员的索道。架空索道的类型可以按照以下原则进行分类。

1）按支持及牵引的方法分类

① 单线式（图 6-1）。使用一条钢索，同时支持吊车的重量及牵引吊车或吊椅。

② 复线式（图 6-2）。复线式使用多条钢索，其中用作支持吊车重量的一或两条钢索是不会动的，其他钢索则负责拉动吊车。

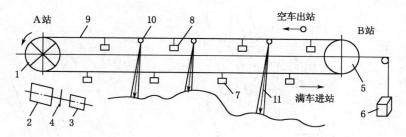

图 6-1 单线式索道

1——驱动轮;2——减速器;3——电动机;4——联轴器;5——导向轮;6——重锤;
7——满载货车;8——空载货车;9——钢索;10——托索轮;11——机架

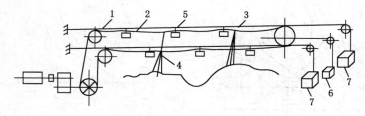

图 6-2 复线式索道

1——承载索;2——牵引车;3——鞍座;4——支承轮;
5——运行小车;6——牵引索重锤;7——承载索重锤

2) 按行走方式不同分类

按行走方式不同索道可分为往复式和循环式。

(1) 往复式

索道上只有一对吊车,当其中一辆上山时,另一辆则下山。两辆车到达车站后,再各自向反方向行走。往复式吊车的每辆载客量一般较多,可以达每辆 100 人,而且爬坡力较强,抗风力亦较好。往复式索道的速度可达 8 m/s。主要用于跨越大江、大河和峡谷,跨度可达1 000 m 以上,并具有一定的抗风能力。可以适应非常复杂的地形,以大跨度跨越江河沟涧,并且爬坡能力强,能超过 45°。

往复式的原理是由密封式的钢丝绳构成轨道索(承载索),由牵引索带动两辆(或两组)吊厢在轨道索上往复运行。

(2) 循环式

索道上会有多辆吊车,拉动钢索的是一个无极的圈,套在两端的驱动轮及迂回轮上。当吊车或吊椅由起点到达终点后,经过迂回轮回到起点继续循环,如图 6-3 所示。

循环式索道可再分为:

① 固定抱索式。吊车或吊椅正常操作时不会放开钢索,所以同一钢索上所有吊车的速度都会一样。有的固定抱索式索道,吊车平均分布在整条钢索上,钢索以固定的速度行走。这种设计最为简单,但缺点是速度不能太快(一般为 1 m/s 左右)。也有的固定抱索式索道采用脉动设计,把吊车分成 4 组、6 组或 8 组,每组由 3~4 辆车组成,组与组之间的距离相同。同组的吊车同时在车站上下乘客,当其中一组吊车在站内时,钢索及各组车同时放慢速度。吊车离开车站后,一起加速行驶。这种索道行驶速度较快(站内 0.4 m/s,站外 4 m/s 左右),乘客上下容易,但距离不能太长,运载能力也有限。

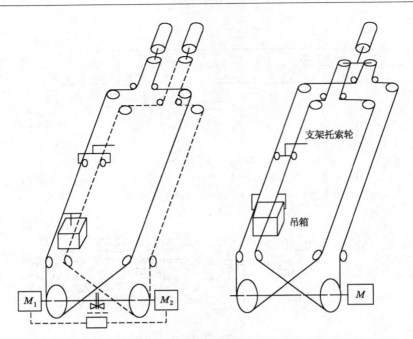

图 6-3　每侧有两条同步运行的运载索绕成双环路系统的单线循环式索道

② 脱挂式,也称脱开挂结式。吊车以弹簧控制的钳扣握在拉动的钢索上。当吊车到达车站后,吊车扣压钢索的钳会放开,吊车减速后让乘客上车。离开车站前,吊车会被机械加速至与钢索一样的速度,吊车上的钳再紧扣钢索,循环离开。这种索道的速度较慢(站外每秒 6 m),但运载能力大。

6.1.2　缆车

运载工具沿地面轨道或由固定结构支承的轨道运行的索道定义为缆车,如图 6-4 所示。

缆车轨道坡度一般以 15°～25°为宜。根据运输量、地形、运距等条件,线路可设计成单轨、双轨、单轨中间加错车道或换乘站等多种形式。缆车车厢的运行速度一般不大于 13 km/h。

为适应线路的地形条件和乘坐舒适,载人车厢的座椅应与水平面平行并呈阶梯式,以便于人员上下和货物装卸。当车厢在运行中发生超速、过载、越位、停电、断绳等事故时,要有相应的安全措施保证乘客安全。由于缆车对地形的适应性较差,建设费用高,长距离运输效率低,因此它的应用和发展受到限制。

6.1.3　拖牵索道

拖牵索道是依靠架空的钢丝绳做拖动装置,在地面上运输乘客的一种设备。拖牵索道一般是单线形式。按拖牵器的不同分为 T 形式、J 形式和盘式,按照拖牵索道的高度不同分为高位拖牵索道和低位拖牵索道。

6.1.4　索道的参数

1)索距、跨距、车距、时间距

支架两侧的运载索或承载索中心线之间的距离称为索距。对于采用双承载索的双线索道,索距为支架两侧双承载索中心线之

图 6-4　缆车

间的距离。

相邻支架间或站房与相邻支架间的水平距离,称为跨距。

循环索道中,客、货车发车的间隔距离,称为车距。

发车的间隔时间,称为时间距。

2)水平长度、运行速度、输送能力

水平长度:索道从起点站口到终点站口或部分区段内的水平投影的长度。

运行速度:在正常情况下牵引索或运载索的运行速度。

输送能力:单向每小时输送的人数。

6.1.5　索道的组成

完整的索道装置主要由装载站、卸载站、支架、承载索、牵引索、驱动装置、货车、锚固装置和张紧装置、电气设备等部分组成,如图 6-5 所示。

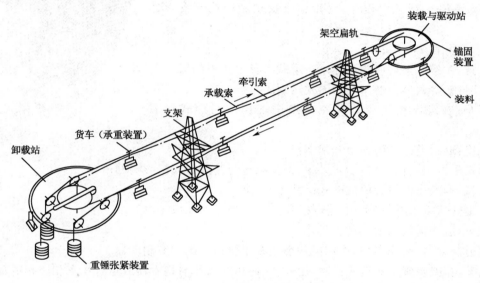

图 6-5　双线循环式货运索道示意图

1)站房

装载站:设有物料装车设施的站房。

卸载站:设有卸车设施的站房。

上站:客运索道上建在高处端的站房。

下站:客运索道上建在低处端的站房。

2)支承与导向系统

支架:在索道线路上用以支承钢索的构筑物。

承载索(也称为轨索):支承运载工具、运行小车可以沿其运动的固定索。

张紧索:连接张紧重锤或张紧装置所使用的固定索。

制动索:起制动作用的固定索。

固定索:至少有一端锚固的钢丝绳。

锚拉索:用于拉紧支架的固定索。

运动索:按一定方向做纵向运动的绳索。

运载索:在单线架空索道中既承载又牵引运载工具的运动索。

牵引索:用于牵引运载工具运行的运动索。

平衡索:与运载工具相连接而不经过驱动轮的运动索。

拖牵索(也称拖拉索):牵引拖牵器沿预定线路运行的运动索。

救援索:用于移动救援车的运动索。

末端固定装置:将绳索的一个端头与被绳索拉住的部件相连接的装置。

可测可调装置:固定索的双端锚固后可测量和调整钢丝绳张力的装置。

绳轮系统:是指绳索绕过的旋转支承,有导向轮、驱动轮、迁回轮、张紧轮、托索轮、压索轮和脱索保护装置等,当钢丝绳脱离开绳槽时能自动停车的装置。绳轮如图 6-6 所示。

支索器:在具有双承载索的双线架空索道中,与两承载索连接并装备一个或多个辊轮,为牵引索提供中间线路支承的部件。

图 6-6　绳轮

3)运载工具

吊具:在架空索道或缆车上用于承载人员或物料的部件。

吊厢:架空索道中使用的封闭式运载工具。

客车:在缆车或往复式架空索道中使用的封闭式运载工具。

吊椅:形状类似座椅的敞开式运载工具。

罩式吊椅:装备了可移动式外罩、保护乘客免受恶劣天气影响的吊椅。

吊篮:形状类似篮筐的敞开式运载工具。

车组式运载工具:多个顺序连接、作为一组使用的运载工具。

货车:运送物料用的运载工具。

轨道制动器:在缆车中,作用在一个或多个轨道上的客车制动器。

吊架:在架空索道运载工具中,使厢体、座椅或篮体与抱索器或运行小车相连接的部件。

安全围栏:在吊椅上安装的用于防止乘客在运行中掉出以及在站房内上下车时可放下或抬起的部件。

逆转限制器:当运载工具脱开后能够防止其反向滑行的装置。

4)其他装置

(1)抱索器

如图 6-7 所示,抱索器是指运载工具与牵引索或运载索相连接的装置。进、出站时无须从钢丝绳上脱开和挂结的抱索器,称为固定式抱索器;进、出站时需要从钢丝绳上脱开、挂结的抱索器,称为脱挂式抱索器。按照连接方式的不同,可以分为重力式、螺旋式(强迫式)、四连杆式、鞍式、弹簧式等。

重力式抱索器:借助货车重力抱紧牵引索或运载索的抱索器。

螺旋式抱索器(也称为强迫式抱索器):用螺旋强制抱紧牵引索或运载索的抱索器。

四连杆式抱索器:具有四连杆机构的重力式抱索器。

鞍式抱索器:利用两个带有鞍形槽使其卡入运载索螺旋槽内的抱索器。

弹簧式抱索器:利用弹簧力抱紧钢丝绳的抱索器,如图 6-8 所示。

(2)拖牵器

图 6-7　抱索器

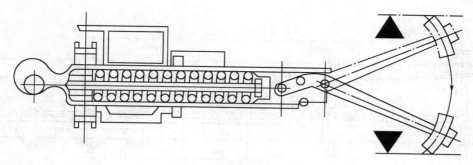

图 6-8　弹簧式抱索器

在拖牵索道中由抱索器和用于牵引乘客的部件组成的装置。

（3）挂接器

使抱索器能够与牵引索或运载索自动挂接的装置，如图 6-9 所示。

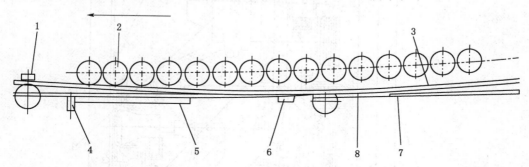

图 6-9　挂接器几何图

1——状态检查器；2——加速器；3——副轨轨顶；4——力量检查器；
5——挂结链条；6——钢绳位置检查器；7——牵引索；8——主轨轨顶

（4）脱挂器

如图 6-10、图 6-11 所示，脱挂器由一组曲轨组成，视抱索器的结构不同而有所不同。一般利用抱索器上装的脱挂压轮在曲轨上运动时，受曲轨压下或抬起使抱索器能够与牵引索或运载索自动脱开。

（5）拉紧装置

如图 6-12、图 6-13 所示，拉紧装置为使钢索保持一定张力的装置。承载索的拉紧方式有两种：一种是承载索用滚子连接向后直接与重锤连接；第二种是承载索在尾部改为用挠性大的

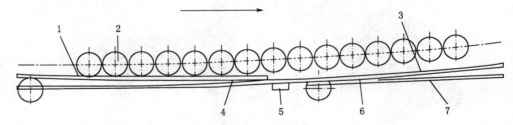

图 6-10 脱挂器几何图

1——脱开链条;2——减速器;3——副轨轨顶;4——脱索状态检查器;

5——钢绳位置检查器;6——主轨轨顶;7——牵引索

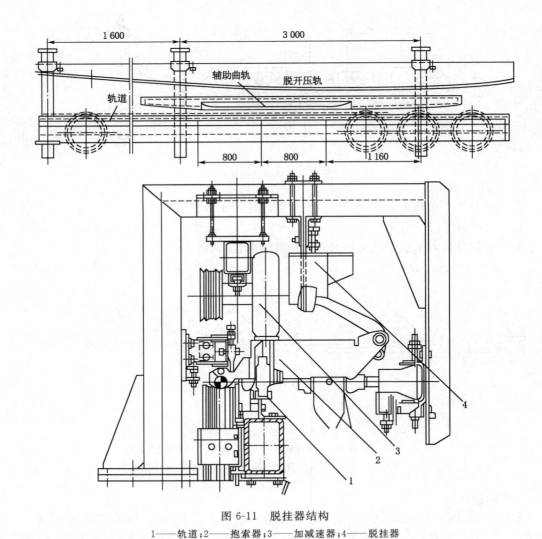

图 6-11 脱挂器结构

1——轨道;2——抱索器;3——加减速器;4——脱挂器

张紧索,用大导向轮转向后与重锤连接。

(6) 导向轮

导向轮是引导钢索转向的转动装置。

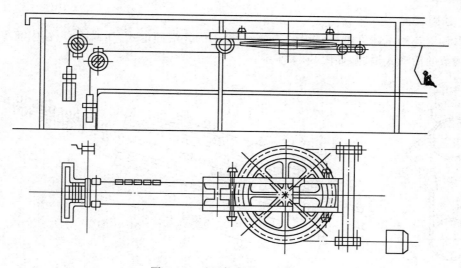

图 6-12　重锤拉紧装置示意图

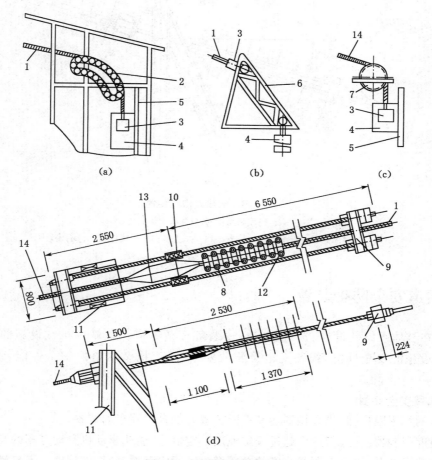

图 6-13　承载索拉紧装置

（a）滚子链鞍座；（b）摆动架；（c）拉紧索导向轮；（d）双重连接装置

1——承载索；2——滚子链；3——终端套筒；4——重锤；5——导向装置；6——三脚架；7——导向轮；
8——绳卡；9——支座；10——螺杆；11——支架；12——导向绳卡；13——过渡套筒；14——拉紧索

（7）锚固装置

锚固装置是对承载索进行锚固的装置,有简单的终端固定式,如锚固座、锚固筒等,也有能够进行调节的活动式锚固,如图 6-14 所示。

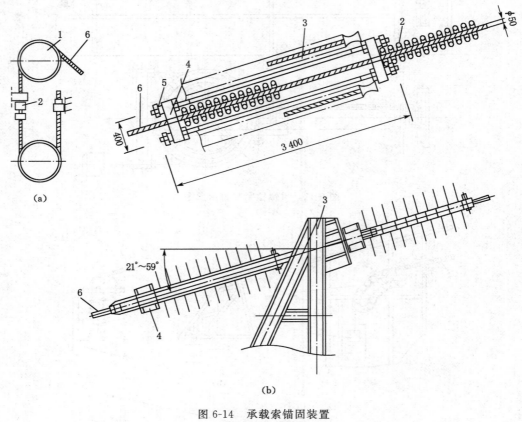

图 6-14　承载索锚固装置

（a）锚固圆筒锚固;（b）绳卡锚固

1——锚固筒;2——绳卡;3——支架;4——支座;5——螺杆;6——承载索

6.2　索道安全防护装置

索道在整体系统的设计、选材、制造、安装等环节中应保证站内机械设施的安全性能、站内电气设施的安全性能、线路机电设施的安全性能、拖牵索道的安全性能、缆车的安全性能。

6.2.1　通用安全装置

① 车辆行程限位器:当车辆到达其极限位置时能自动停车的装置。

② 速度限制器:当运行速度超过额定速度一定值时,能使驱动机自动停车的装置。

③ 超载限制器:当客车所载乘客的总重超过其额定载重量时,能使客车不启动的装置。

④ 力矩限制器:当启动力矩或运行力矩大于额定力矩某一规定值时,能使驱动机自动停止启动或停止运行的保护装置。

⑤ 承载索和牵引索重锤行程检测装置:在承载索和牵引索行程的极限位置上安装极限开

关,当重锤行程超越范围时,开动开关,索道停车。

⑥ 抱索异常停止器:抱索器几何状态不正确或夹紧力未达到额定值时,能使索道自动停止运行的保护装置。

⑦ 钢索松弛停车器:当牵引索松弛超过规定值时,能自动停止运行的装置。

⑧ 下车位置限位器:当车辆超过下车位置时能自动停车的装置。

⑨ 制动器:使索道运行小车(或其他运动部件)减速、停止或保持停止状态等功能的装置;如客运索道的制动器一般设在小车主梁的中部或主梁两端。

⑩ 脱索异常停止器:当钢索脱离开绳槽时能自动停车的装置。

⑪ 逆转限制器:当车辆脱开后能防止向反方向滑行的装置。

⑫ 车距限制器:限制车辆间位置距离的装置。

⑬ 防跳装置:防止钢索从鞍座上或托索轮上向上跳起的装置。

⑭ 预警器:当线路或设备等出现异常时能发出光或声等预警信号的装置。

⑮ 风速警报器:当风速超过允许值时能自动发出警报信号的装置。

⑯ 偏斜指示器:显示客车横向偏摆倾斜值的装置。

⑰ 止爪停车器:用止爪来阻止轨道上车辆运行而停车的装置。

⑱ 减震装置:减轻车辆在运行中产生的震动强度的缓冲装置。

⑲ 减摆器:能减小车辆摆动的装置。

6.2.2　其他安全装置

1) 单线循环固定抱索器客运架空索道应具备的安全装置

(1) 站内机械设施及安全装置

① 站内机械设备、电气设备及钢丝绳应有必要的防护、隔离措施,防止危及乘客和工作人员的安全;非公共交通的空间应有隔离,非工作人员不得入内。

② 站台(尤其是出站侧)应有栏杆或防护网,防止乘客跌落。

③ 驱动迂回轮应有防止钢丝绳滑出轮槽飞出的装置。

④ 制动液压站和张紧液压站应设有手动泵,当液压系统出现故障时可以用手动泵临时进行工作。并设有油压上下限开关,上限泄油、下限补油。

⑤ 张紧小车前后均应装设缓冲器防止意外撞击。

⑥ 吊厢门应安装闭锁系统,不能由车内打开,也不能由于撞击或大风的影响而自动开启。

⑦ 应设行程保护装置,在张紧小车、重锤或油缸行程达到极限前,发出报警信号或自动停车。

(2) 站内电气设施及安全装置

① 减速机应设有润滑油保护装置。

② 站台、机房、控制室应设蘑菇头带自锁装置的紧急停车按钮。

③ 有负力的索道应设超速保护,在运行速度超过额定速度15%时能自动停车。

④ 应在风力最大处设风向风速仪,在有人的站房设置风速显示装置。

⑤ 站房之间应有独立的专用电话,至少要有一个站房或在站房附近有外线电话。紧急情况(如主电网断电)时电话仍能正常使用。并应配备足够的无线对讲机,满足运行和检查维修工作的需要。

⑥ 沿线路应有通信方式(如支架上或吊厢中设扬声器),在特殊情况(特别是故障时)下可

以及时通知乘客。

⑦ 所有沿线的安全装置和站内的安全装置应组成联锁安全电路,在线路中任何位置出现异常时,应能自动停车并显示故障位置。索道紧急制动突然断电后,在事故开关复位之前,不能重新启动驱动装置。

⑧ 如索道夜间运行时,站内及线路上应有针对性照明,支架上电力线电压不允许超过36 V。

⑨ 对于单线循环固定抱索器脉动式索道还应增加两条要求:

a. 应配备至少两套不同类型、来源及独立控制的进站减速控制装置;每套装置应能可靠减速。

b. 应设有进站速度检测开关,当索道减速后,应能按设定减速曲线可靠减速至低速进站,若未按设定减速或设定的低速进站时,检测开关控制自动紧急停车。

⑩ 对于单线固定抱索器往复式索道应另增加两条要求:

a. 应设越位开关,在客车超越停车位置时,索道应能自动紧急停车。

b. 开车时站台间应设有信号联络控制系统,在站台未发开车信号前索道不能启动。

(3) 线路机电设施安全装置

① 应根据地形情况配备救护工具和救护设施,沿线路不能垂直救护时,应配备水平救护设施。吊具距地高于 15 m 时,应采用缓降器救护工具,绳索长度应适应最大高度救护要求。高度 10 m 以上的支架爬梯应设护圈,超过 25 m 时,每隔 10 m 设一休息平台,检修平台应有扶手或护栏。滑雪索道支架底部应有防碰撞安全保护装置,爬梯侧面相应位置应有防滑雪板插入装置。

② 压索支架应有防脱索二次保护装置及地锚。

③ 托压索轮组内侧应设有防止钢丝绳往内跳的挡绳板,外侧应安装捕捉器和 U 形针开关,脱索时接住钢丝绳并紧急停车。

2) 单线循环脱挂抱索器客运架空索道应具备的安全装置

(1) 站内机械设施及安全装置

① 站内机械设备、电气设备及钢丝绳应有必要的防护、隔离措施,防止危及乘客和工作人员的安全;非公共交通的空间应有隔离,非工作人员不得入内。

② 站台(尤其出站侧)应有栏杆或防护网,防止乘客跌落。

③ 驱动迂回轮应有防止钢丝绳滑出轮槽飞出的装置。

④ 制动液压站和张紧液压站应设有手动泵,当液压系统出现故障时可以用手动泵临时进行工作。并设有油压上下限开关,上限泄油、下限补油。

⑤ 张紧小车前后均应装设缓冲器防止意外撞击。

⑥ 吊厢门应安装闭锁系统,不能由车内打开,也不能由于撞击或大风的影响而自动开启。

(2) 站内电气设施及安全装置

① 应有两套独立的电源供电,减速机应设有润滑油保护装置。

② 站台、机房、控制室应设带自锁装置的紧急停车按钮。

③ 应设行程保护装置。有负力的索道应设超速保护,在运行速度超过额定速度 15% 时,能自动停车。

④ 站房之间应有独立的专用电话,至少要有一个站房或在站房附近有外线电话。紧急情

况(如主电网断电)时电话仍能正常使用。并应配备足够的无线对讲机,满足运行和检查维修工作的需要。

⑤ 道岔应设有闭锁安全监控装置,保证道岔在发车和收车位置时的安全。

⑥ 应设有钢丝绳位置监测开关,当钢丝绳偏离设定位置时,索道应自动停车。

⑦ 应设有开关门监测开关,当已过开关门轨道后,吊厢门未关闭或打开时,索道应自动停车。

⑧ 应设有抱索器松开和闭合状态监测开关、抱索器抱紧力监测装置、抱索器外形监测装置;监测异常时,如发生抱索器未能脱开牵引索等问题时,监测装置能够及时反应,确保客运索道安全。

⑨ 应设有接地棒,解决钢丝绳防雷接地问题。

⑩ 站房检查维修平台上应有维修闭锁开关。

(3) 线路电机设施及安全装置

① 应根据地形情况配备救护工具和设施,沿线路不能垂直救护时,应配备水平救护设施。吊具距地高度大于 15 m 时,应用缓降器救护工具。

② 压索支架应有防脱索二次保护装置。

③ 高度 10 m 以上支架的爬梯应设护圈,超过 25 m 时,每隔 10 m 设一个休息平台,检修平台应有扶手或护栏。滑雪索道支架底部应有防碰撞安全保护装置,爬梯侧面相应位置应有防滑雪板插入装置。

④ 托压索轮组内侧应设有防止钢丝绳往内跳的挡绳板,外侧应安装捕捉器和 U 形针开关,脱索时接住钢丝绳并紧急停车。

⑤ 站房和支架应有良好的防雷接地,站房接地电阻不大于 5 Ω,支架接地电阻不大于 30 Ω。

⑥ 站房在风力最大处设有风向风速仪,在有人的站房设置风速显示装置。

⑦ 沿线路应有通信方式(如支架上或吊厢中设扬声器),在特殊情况(特别是故障时)下,可以及时通知乘客。

3) 双线往复式客运架空索道应具备的安全装置

(1) 站内机械设施及安全装置

① 单承载索道鞍座托索轮组应设牵引自动复位装置,在牵引索滑出托索轮复位时,不会卡住。

② 站内机械设备、电气设备及钢丝绳应有必要的防护、隔离措施。

③ 水平驱动轮导向轮应有防止钢丝绳滑出轮槽飞出的装置。

④ 制动液压站和张紧液压站应设有手动泵,当液压系统出现故障时可以用手动泵临时进行工作。

⑤ 承载索与张紧索的连接应有二次保护装置及防止自行旋转的装置;承载索双端锚固的索道应采用可测可调的双重锚固装置。

⑥ 对于重锤行程大、牵引索跳动大的索道,应加液缓冲(阻尼)装置;阻尼力应能调整,保证安全可靠,减少牵引索跳动。

⑦ 车厢门应装闭锁系统,不能由车内打开,不能由于撞击或大风的影响而自动开启。

⑧ 吊架与车厢连接处应有减震措施。车厢定员大于 15 人和运行速度大于 3 m/s 的索道客车吊架与运行小车之间应设减摆器。

⑨ 运行小车两端应设防止出轨的导靴和缓冲挡块,多冰雪地区设刮雪器或破冰装置。

(2) 站内电气设施及安全装置

① 应有两套独立的电源供电。

② 减速机应设有润滑油保护装置。

③ 站台、机房、控制室应设带自锁装置的紧急停车按钮。

④ 应设有牵引索断裂以及双牵引索道速度差、长度差检测开关,能及时自动紧急停车。

⑤ 应设行程保护装置;应设超速保护,在运行速度超过额定速度 15% 时,能自动停车。

⑥ 应配备至少两套不同类型、来源及独立控制的进站减速控制装置;每套装置应能可靠减速。

⑦ 应设有进站速度检测开关、越位开关,在客车超越停车位置时,应能自动停车。

⑧ 开车时站间应能进行信号联络,在站台未发信号前,索道不能启动。

⑨ 应设有防缠绕检测系统,应在风力最大处设风向风速仪,在有人的站房设置风速显示装置。

⑩ 站房间应有独立的专用电话,客车与站内应有通信方式,在特殊情况(特别是故障时)下,可以及时通知乘客。

(3) 线路机电设施及安全装置

① 应根据地形情况配备救护工具和设施,沿线路无法用缓降器救护时,应设救援车。

② 高度 10 m 以上的支架爬梯应设护圈,超过 25 m 时,每隔 10 m 设一休息平台,检修平台应有扶手或护栏。

6.3 架空客运索道安全技术

客运架空索道是一种能跨山、越河、适应各种复杂地形的运输工具,同时还具有游览、观光的作用,是森林公园和各种风景游览区一种理想的输送游客的交通工具。在景区建索道与建其他交通工具相比具有破坏植被少、占地少、污染小、保护景观等优点,非常适应景区的环保要求。

中国客运索道发展速度很快,从 1981 年 2 月我国第一条单线往复式索道(杭州电视台北高峰索道)投入运转,1982 年元旦我国第一条双线往复式索道(重庆嘉陵江客运索道)投入运行开始,不到 30 年的时间,投入运营的客运索道已有 900 多条(截至 2008 年年底)。但是,我国客运索道安全状况较差,有 1/3 的客运索道运行在 10 年以上,设备老化,故障频繁,已进入事故易发期和多发期;运营管理基础薄弱,运营管理和技术人才匮乏,作业人员素质参差不齐。客运索道是人员密集场所的重要交通工具,尤其是在旅游高峰时期,乘客数量多、密度大,设备负荷重,加之攀山越川的特殊地理环境,一旦发生事故,极易酿成严重后果。因此,对客运索道的安全工作必须高度重视。

6.3.1 线路安全

1) 线路的选择

选择索道线路时,应考虑当地气候、地理条件、索道要经过的交通要道和跨越的其他建筑设施以及紧急救援的要求。索道线路和站址应避免建在下列地区:

① 山地风口,并与主导风向正交的地段上。

② 有雪崩、滑坡、塌方、溶洞、风暴、海啸、洪水、火灾等危及索道安全的地区。

2）横向净空

客车与外侧障碍物的横向净空距离应符合表 6-2 的规定。

表 6-2　　　　　　　　　　　横向净空距离

运载工具偏摆	障碍物	净空/m
向外偏摆 35%	建筑物（无人员通行）	1.5
	建筑物（有人员通行）	2.5
	林间通道、公路、山体	1.5
	架空电力线路	按电力相关规范规定

注：对站房区域不受此限。

3）允许最大的离地高度

架空索道实际的最大离地高度应为最不利载荷情况下，考虑地面的横向坡度后与索道运载工具的高度。允许最大的离地高度应根据运载工具形式和救护的可能加以考虑。

（1）封闭式运载工具的架空索道

允许的线路最大离地高度不应大于 45 m。对于循环式脱挂抱索器吊厢索道及脉动循环式固定抱索器吊厢索道，当局部地段每侧每跨不超过 5 辆吊厢时，该段的最大离地高度允许达 60 m，若超过 60 m，必须具备沿钢丝绳进行营救的设施。当每侧的吊厢数小于 5 辆时（例如双线往复式索道）最大离地高度允许超过 60 m，当超过 100 m 时必须具备沿钢丝绳进行营救的设施。

（2）敞开式运载工具的架空索道

吊椅索道允许的线路最大离地高度不应大于 15 m。当索道线路每侧局部地段总长不大于 200 m 时，该段最大离地高度允许达 20 m；当索道线路每侧局部地段总长在 50 m 内时，该段最大离地高度允许达 25 m。

吊篮索道允许的线路最大离地高度不应大于 25 m。当索道线路每侧局部地段总长不大于 200 m 时，该段最大离地高度允许达 30 m；当索道线路每侧局部地段总长在 50 m 内时，该段最大离地高度允许达 35 m。

4）地面的最小距离

满载客车或钢丝绳的最低点与地面之间的距离不应小于以下各值：

① 无人通行的地区或是禁止通行的隔离地带为 2 m（吊椅式索道为 1 m）。

② 在路下面允许行人通过的地面为 3 m。

③ 离地最小距离也包括了积雪厚度，在站房附近由于建筑上的需要可不受此限。

④ 在确定离地最小距离绝对值时，除以静态位置为依据外，还应加上动态时附加值，即应在下列数字中选取最大值：与邻近支架间距的 1%；承载索静垂度的 5%；运载索垂度的 10%；牵引索和平衡索垂度的 15%。

6.3.2　运行速度安全

运载工具在线路上的最大运行速度不应超过表 6-3 所列的值。

运载工具在站内的最大运行速度不应超过表 6-4 所列的值。

表 6-3 运载工具在线路上的最大运行速度

索道形式	使用条件			最大运行速度/(m·s⁻¹)
双(多)线往复式索道	车厢内有乘务员	在跨间时		12.0
		过支架及在硬轨上运行时		10.0
	车厢内无乘务员	在跨间时		7.0
			单承载索	6.0
			双承载索	7.0
单线往复式索道	在跨间时			6.0
	通过支架时和车厢内无乘务员时			5.0
双线间歇循环式索道	车厢内无乘务员时			5.0
	车厢内有乘务员时			7.0
双线连续循环式脱挂抱索器索道				6.0
单线连续循环式脱挂抱索器索道	一根运载索			6.0
	两根运载索			7.0
单线脉动(间歇)循环式固定抱索器索道				5.0
单线连续循环式固定抱索器索道	敞开吊椅式	运送滑雪者		2.5
		运送乘客		1.5

表 6-4 运载工具在站内的最大运行速度

索道形式	使用条件		最大运行速度/(m·s⁻¹)
循环式脱挂抱索器索道	封闭式运载工具		0.5
	敞开式运载工具上车和下车时	滑雪者	1.3
		人从前面上	1.0
		人从侧面上	0.5
循环式固定抱索器索道	运送滑雪者	单人座或双人座吊椅	2.5
		3人座或4人座吊椅	2.3
		6人座吊椅	2.0
	运送乘客	单人座或双人座吊椅	1.5
		大于双人座吊椅	1.2
		双人座吊篮(吊厢)	1.1
		大于双人座吊篮(吊厢)	1.0

6.3.3 运载工具安全

1) 运载工具的最小间隔时间

① 对于固定抱索器吊椅式索道吊椅之间的最小间隔时间为运行速度 v 值的倍数,用秒数来表示,见表 6-5。

② 对于运送滑雪者的脱挂抱索器吊椅式索道吊椅之间的最小间隔时间不应小于 5 s。

③ 对于固定抱索器两人吊厢、两人吊篮式索道,吊厢(或吊篮)之间的最小间隔时间为 8 倍运行速度且不小于 12 s。

④ 对于脱挂抱索器吊厢索道,吊厢之间的最小间距不应小于正常制动行程的 1.5 倍,且

不小于 9 s。

表 6-5 **固定抱索器吊椅式索道吊椅之间的最小间隔时间**

索道形式		允许的最小间隔
单人乘坐		3 倍运行速度且不小于 5 s
双人乘坐	两人同时上下时	4 倍运行速度且不小于 8 s
	两人不同时上下时	6 倍运行速度且不小于 10 s
运送滑雪者		为 (4+n/2)s,且不小于,n 为每个吊具座位数

2) 车厢有效面积和允许载客人数

(1) 车厢有效面积

少于 6 人的车厢的站立面积,每人 0.3 m²;6 人及 6 人以上的车厢,站立面积不得小于 $(0.18n+0.4)m^2$,其中 n 为车厢定员。

(2) 允许载客人数

循环式索道:采用单固定式抱索器最多 6 人;采用单脱挂式抱索器最多 8 人。

往复式索道:车内无乘务员时,最多 15 人。

3) 线路计算和钢丝绳计算的作用力

① 自重:钢丝绳和运载工具的自重根据制造厂的说明,实际的重量与设计重量的偏差不应大于 3%,实际重量应与进行线路计算和钢丝绳计算所取的值相符。

② 有效载荷:定员 15 人以下时平均每人重力按 740 N 计算;定员 16 人以上时,平均每人重力按 690 N 计算;对于运送滑雪者的索道还应每人加上 50 N 装备的重力。

4) 动态作用力(惯性力)

① 启动加速度最小为 0.15 m/s² 时的惯性力。

② 减速度为下列值时的惯性力:

工作制动减速度最小为 0.4 m/s²;

紧急制动减速度最大为 1.5 m/s²;

③ 特殊情况应验证下列动态作用力:

当设备有两根或多根牵引索时,由于一根牵引索破断引起的动态作用力;

设备有客车制动器,当客车制动器制动之后在整个牵引索环线的动态作用力。

5) 风载荷

风载荷进行计算时,按下述风载荷乘以体型系数:

运行时:0.25 kN/m²。

停止运行时:0.8 kN/m²,风速大于 36 m/s 的地区,应按当地的风压值。

体型系数:

密封式钢丝绳——1.15;

多股钢丝绳——1.25;

行走机构及吊架——1.6;

矩形车厢——1.3;

带圆角的矩形车厢——1.3-2r/L(r——车厢倒角半径;L——车厢长度);

托索轮——1.6;

圆管形支架——1.2；

方管及轧制型材支架——2。

对于没有外罩的空吊椅，体型系数与迎风面积的乘积为 $0.2+0.1n(m^2)$：满载吊椅为 $0.4+0.2n(m^2)$。其中 n 为每个吊椅的乘坐人数，风力的方向与吊椅运行的方向垂直。

6）雪载荷及冰载荷

① 如果高度在海拔 2 000 m 以下，应按照下式计算覆盖面上每平方米的雪载荷：

$$S=[1+(h_0/350)^2]\times 0.4 \text{ kN/m}^2 \text{ 且不应小于 } 0.9 \text{ kN/m}^2 \tag{6-1}$$

式中　S——每平方米的雪载荷，kN/m^2；

h_0——地勘部门所提供的海拔高度，m。

当该地海拔在 2 000 m 以上，或该地降雪量丰富时，应根据当地气象部门提供的数据确定雪载荷。

② 结冰的地区应考虑钢丝绳或支架上的冰载荷，冰层厚度按 25 mm，容积质量按 600 kg/m³ 计算。

承载索计算时应考虑停运时风载荷和冰载荷同时作用：风载荷按 0.8 kN/m^2，冰载荷取上述计算值的 0.4 倍。

7）固定抱索器和脱挂抱索器

一个运载工具上所有抱索器防滑力之和 $\sum F_{eff}$ 应达到运行时最大下滑力 F_{max} 的 3 倍：

$$\sum F_{eff} \geqslant 3F_{max} \tag{6-2}$$

一个运载工具上所有抱索器防滑力之和应至少等于运载工具允许的最大总质量：

$$\sum F_{eff} \geqslant \max(G+Q) \tag{6-3}$$

式中　G——抱索器和吊具的自重之和；

Q——有效载荷。

运载工具上有两个或者两个以上抱索器时，每一个抱索器上的防滑力必须满足如下要求：

$$F_{eff} \geqslant 3F_{max}/n \quad \text{和} \quad \sum F_{eff} \geqslant \max(G+Q)/n \tag{6-4}$$

式中　n——抱索器数量，不允许超过 10。

6.3.4　其他装置安全技术

1）驱动装置安全技术要求

为了确保索道的安全运行，驱动装置除设主驱动系统外，还应设辅助或紧急驱动系统，当主电源、主电机或主电控系统不能投入工作时，辅助或紧急驱动系统应能及时投入运行。驱动装置应有 $0.3\sim 0.5$ m/s 的检修速度。双牵引索道的驱动装置，应设机械差动或电气同步装置。运行速度小于等于 3 m/s 的小型双牵引索道，可不设机械差动或电气同步装置。

2）制动器安全技术要求

所有的驱动装置（主驱动、辅助驱动）应配备两套彼此独立的能自动动作的制动器，即工作制动器和安全制动器。如果索道在任何负荷情况下运行都不产生负力，断电后能自然停车，并且停车后不会倒转，允许只配备一套制动器。各种驱动装置可以有共同的制动器。

每一套制动器应能使索道在最不利载荷情况下停车，每一套制动器应根据下列最小平均减速度计算相应的停车行程：

对于固定抱索器单线循环式索道最小平均减速度取 0.3 m/s²；对于其他索道最小取 0.5 m/s²。当制动器的制动力减少 15% 时，还应能使设备停车。

对循环式索道，制动系统制动减速度不得大于 1.25 m/s²；对于往复式、脉动式索道，制动系统制动减速度不得大于 2.0 m/s²。

工作制动器和安全制动器不应同时动作（会直接造成重大事故时除外）。

应采取措施防止制动块及刹车面沾上液压油、润滑油脂和水。

制动器的所有部件的屈服限安全系数不得小于 3.5。

制动器应符合下列要求：

① 正向和反向制动动作应相同。

② 制动力应均匀地分布在制动块上。

③ 应能补偿制动片的磨损。

④ 制动行程应留有余量。

⑤ 制动块的压紧力应由重力或压力弹簧产生，其力的传递应为机械式的。

⑥ 对气动、液压制动器还应检查其开启、闭合位置和相应的压力。

⑦ 安全制动器应直接作用在驱动轮上，或作用在具有足够缠绕圈数的卷筒上或作用在一个与驱动轮或卷筒连接的制动盘上。

安全制动器应能在控制台上或其他控制位上手动控制。

3）乘员装置安全技术要求

（1）吊厢安全技术要求

吊厢的外面应装备长条板或缓冲件。

运送站立乘客车厢的护板（护栏）距地板的高度应大于 1.1 m；运送坐着乘客车厢的护板（或护栏）距座椅面的高度应大于 0.35 m。

（2）往复式索道车厢

运送站立乘客的车厢，车厢内净空高度不得小于 2.0 m，并应设拉杆和扶手。

车厢的顶部和底部应设有人孔及可通到车厢顶部的梯子。人孔的大小应能通过直径为 0.60 m 的球体。当使用底部人孔时，人孔周围 2/3 以上的区域应有保护装置。

在车厢底部的人孔处应有放绳设备的固定位置，此固定位置应能容易并安全地进行放绳操作。

车厢内应贴有准乘人数的说明，其有效载荷以吨计。

配备有救援车的索道，车厢端部应设门或活动窗。

（3）车厢门

车厢应装有不易误开的门。门应能闭锁，闭锁的位置应可以检查。

自动操作门的要求为：门的锁紧力不得大于 150 N，门的边框上应装有软边，当自动操作机构失灵时，门应能手动开启，在无乘务员的车厢内，门不允许乘客自行打开，厢门不得由于撞击或大风的影响而自动开启。

（4）吊椅

吊椅应带有靠背、扶手和一个向上翻起的封闭护栏。护栏应可由乘客操作而不受到伤害（挤压和剪伤）；操作护栏的力不应超过 100 N；护栏应与脚蹬相连。

吊椅下部前边缘不得有凸出、锋利的棱角。

座椅面应全部承载，并向后倾斜 25%～35%，其深度应在 0.45～0.50 m。

每一个吊椅应装备靠背,靠背高不得小于 0.35 m,靠背下缘与座椅面的间隔不得大于 0.15 m。

吊椅外罩应能与护圈分别动作。打开护栏应打开外罩。外罩应可由乘客操作而不受到伤害(挤压和剪伤);操作外罩的力不应超过 100 N。

6.3.5 救援技术要求

① 所有架空索道在发生设备停车故障时,操作负责人首先应通知并安抚乘客,优先考虑恢复运行,若不能恢复运行,应按照制定的应急救援预案实施对乘客的救援。

② 救援时间。一般应在 3.5 h 内将乘客从索道上救至安全区域。

③ 救援设备。夜间救援时,应考虑照明设施。救援设备应有完整清晰的使用说明。

④ 垂直救援。在满足下述的情况下,允许采用垂直救援方式将乘客救援到地面:

救援高度在允许的最大离地高度范围内;

地形条件适合于此种救援或进行了相应的准备工作。

垂直救援设备应按要求进行使用、保存、维护、检查、测试和报废,对所有替换部件或备件的可互换性进行确认,救援设备应该具有完整、清晰的使用说明。

⑤ 水平救援(沿钢丝绳进行救援)。若索道线路的全部或部分不能够将乘客直接救援到地面,则应提供全部或部分沿钢丝绳进行救援所需的物资。相应的机械设备应作为永久设备装配到位,在救援计划中应清晰地注明合理的操作人员数量和所需的最长时间,救援设备应该具有一个独立于主驱动的驱动系统或者具有一个可自行提供动力的车辆。

6.3.6 关键部件安全技术要求

1) 钢丝绳

① 索道承载索应采用整根的,且全部由钢丝捻制而成的密封型钢丝绳,不应采用敞开式螺旋形和有任何类型纤维芯的钢丝绳做承载索。

牵引索、平衡索、运载索应选用线接触、面接触、同向捻带纤维芯的股式结构钢丝绳,在有腐蚀环境中推荐选用镀锌钢丝绳。

张紧索应采用挠性好耐弯曲的钢丝绳,不宜采用多层的钢丝绳。按规定用在大直径的张紧轮(或滚子链)时除外。

② 钢丝绳抗拉安全系数的确定。新钢丝绳的抗拉安全系数即钢丝绳的最小破断拉力与钢丝绳最大工作拉力之比,不应小于表 6-6 所列数值。

表 6-6   **钢丝绳的抗拉安全系数**

钢丝绳的种类	载荷情况	安全系数
承载索	正常运行载荷	3.15
	考虑了客车制动器作用力的影响	2.7
	考虑了停运时风和冰的作用力	2.25
牵引索、平衡索、制动索	带客车制动器的往复式索道	4.5
	没有客车制动器的往复式索道	5.4
	双线循环式索道	4.5
运载索		4.5
张紧索①		5.5

钢丝绳的种类	载荷情况	安全系数
救护索	封闭环线的钢丝绳（运行状态）	3.5
	封闭环线的钢丝绳（停运状态）	3.0
	在绞车上的钢丝绳	5.0
信号索和锚拉索	没有考虑结冰的情况	3.0
	考虑结冰的情况	2.5

注：当采用两根或多根平行的张紧索时，每根的安全系数要提高 20%。

2）制动器

① 所有的驱动装置（主驱动、辅助驱动）应配备两套彼此独立的能自动动作的制动器，即工作制动器和安全制动器。如果索道在任何负荷情况下运行都不产生负力，断电后能自然停车，并且停车后不会倒转，允许只配备一套制动器。各种驱动装置可以有共同的制动器。

② 每一套制动器应能使索道在最不利载荷情况下停车，每一套制动器应根据下列最小平均减速度计算相应的停车行程：对于固定抱索器单线循环式索道最小平均减速度取 0.3 m/s²；对于其他索道最小取 0.5 m/s²。

③ 当制动器的制动力减少 15% 时，还应能使设备停车。

④ 对循环式索道，制动系统制动减速度不得大于 1.25 m/s²；对于往复式、脉动式索道，制动系统制动减速度不得大于 2.0 m/s²。

⑤ 工作制动器和安全制动器不应同时动作（会直接造成重大事故时除外）。

⑥ 应采取措施防止制动块及刹车面沾上液压油、润滑油脂和水。

⑦ 制动器的所有部件的屈服限安全系数不得小于 3.5。

⑧ 制动器应符合下列要求：

正向和反向制动动作应相同；

制动力应均匀地分布在制动块上；

应能补偿制动片的磨损；

制动行程应留有余量；

在选择制动弹簧时，弹簧的工作行程不得超其有效行程的 80%；

在选择制动弹簧特性时，应做到在无自动调整的情况下，制动片磨损 1 min 时制动时间的延长不得超过给定值的 10%；

闸瓦间隙的分布应均匀并在允许的范围之内；

制动块的压紧力应由重力或压力弹簧产生，其力的传递应为机械式的；

对气动、液压制动器还应检查其开启、闭合位置和相应的压力。

⑨ 安全制动器应直接作用在驱动轮上，或作用在具有足够缠绕圈数的卷筒上或作用在一个与驱动轮或卷筒连接的制动盘上。

⑩ 安全制动器应能在控制台上或其他控制位上手动控制。

3）张紧装置

① 承载索采用两端锚固时，应可以测量（通过测量角度或油压压力）和调整钢丝绳张力。张紧装置的行程至少为以下各项之和：

温差 60 ℃ 而引起的长度变化。

承载索 0.5‰的永久伸长;运载索和牵引索 1.5‰的永久伸长。

各种运行载荷情况下钢丝绳垂度不同而产生的长度变化。

各种运行载荷情况下钢丝绳的弹性伸长,对于运载索和牵引索的弹性模数可取 80 kN/mm²(新绳)和 120 kN/mm²(旧绳)进行计算。

② 当张紧重锤的位置或液压张紧装置的位置可以调节时,可按 30 ℃的温度差计算张紧行程,不考虑钢丝绳的永久伸长,调节装置应满足各种运行情况下钢丝绳垂度不同而产生的长度变化。

③ 重锤张紧装置应符合下列要求:

应保证在气候条件不好的情况下也能正常运行。

应采用机械限位的方式限制行程,在正常运行的情况下,不应达到终端位置。

张紧装置运动部分的末端应装设行程限位开关并对其进行监控。

应在张紧小车上设有指针,在相应固定机架上画上刻度表,刻度表上的零点应为张紧小车在站口侧的极限停车位置。

张紧重锤和张紧小车的导向装置应保证张紧重锤和张紧小车即使在钢丝绳振动或撞击到缓冲器上时也不会发生脱轨、卡住、倾斜或翻倒现象。

驱动装置和张紧装置设在同一站时,张紧小车和张紧重锤的运动应不受扭矩影响。

张紧绳轮应镶有衬垫,其弹性模数应小于 10 kN/mm²,绳槽的深度不得小于 1/3 的钢丝绳直径,绳槽的半径不得小于钢丝绳半径;绳轮的轮缘高度(绳轮外圆半径与轮衬槽底半径之差)不得小于一倍的钢丝绳直径。

重锤张紧装置应具备起吊装置以便于进行维修工作。

张紧重锤的支撑结构、钢绳的附件和端点连接处应便于检查、检修和更换。

张紧重锤和错周点的连接处应防止锈蚀。

④ 液压张紧装置应符合下列要求:

应设置安全阀,安全阀应有单独的卸压回路。

液压管路和连接元件的破裂安全系数不应小于 3。

油压系统应设手动泵,在使用紧急或辅助驱动时,液压张紧系统应能够运行。

应设油压显示装置。

在低温地区工作的液压张紧装置应有防冻措施。

油缸的固定点应采用球铰。

4)脱开器、挂结器

① 应在规定的速度脱开和挂结,并应能降低运行速度进行反向运行。

② 应保证在脱开、挂结区段仅有一辆车。

③ 应将有效载荷提高 50%进行设计。

④ 应防止雨雪侵蚀妨碍脱挂过程。

⑤ 应考虑运行时检查和维修的方便。

⑥ 应能调整抱索器和钢丝绳的相对位置。

5)缓冲器

① 双线往复式索道运行轨道的末端应装设缓冲器,并计算缓冲器允许的压缩行程。

② 缓冲器的结构应保证车辆的运行机构不从缓冲器上碾过。

6.4　架空客运索道安全管理要求

6.4.1　客运索道站的安全管理要求

1）应急预案

建立完善的具有操作性的应急预案。设立应急救援组织。配备相应的救援装备和急救物品。定期组织应急演习。

2）消防责任

履行索道经营辖区内的消防安全责任,消防工作应遵守国家和地方相关消防安全管理的规定。索道经营辖区内的消防设施应保持完好状态,安全通道应保持畅通无阻。应建立消防预警机制及消防安全管理制度,有效控制经营辖区内和运营过程中可诱发火灾的危险源,治理火灾隐患,预防火灾发生。应制定乘客和工作人员安全疏散、自救互救与火灾救援等应急预案。索道工作人员应经过消防培训,正确使用消防器材,熟练掌握安全疏散与自救互救方法。

3）工作人员要求

年满 18 周岁,身体健康;具备与岗位职责相应的处置问题的能力,应培训合格后上岗,掌握索道安全服务相应的知识和技能,具备良好职业道德和综合素质,遵守服务守则。

4）卫生要求

候车室内和封闭式交通工具的卫生环境、空气质量、噪声、湿度、照度等卫生标准应达到国家相关规定。

5）索道设备要求

① 运行:客运索道运行应遵守运营工作程序和操作规程,严格执行开机、关机检查确认程序,做好运行记录。在无应急驱动安全保障的情况下,不应运送乘客。在主机故障时,不允许利用应急驱动装置继续运营运送乘客。不应超负荷运营和安全设施带隐患运行,发现事故征候应当及时处理。应保持车容与服务设施的完好,外观或功能受损的服务设施不应投入运营。索道需夜间运营时应符合安全规范要求。索道临时停车应及时通过广播系统安抚滞留在线路上的乘客,消除乘客的不安和恐慌情绪。

② 维修:设备维修时应严格遵守设备检修规程和设备维修制度,认真填写各项维修记录,确保设备的完好。设备检修后,应及时清理维修现场。机架和支架上不应遗留有坠落危险的维修工具、零部件和杂物。设备维修的废弃物应及时分类处理。设备润滑工作后,应采取措施保障润滑油(脂)不会污损乘客身体和衣物。应保持检修工具、计量装置、安全备用系统及应急救援设备设施的完好。在运送乘客的过程中,不应安排影响正常运行的维修工作。停机检修应提前对外发布停运公告。

6）故障处理及救援要求

在乘载工具或索道票上公布服务电话号码,方便乘客应急时使用。服务专线电话要有专人值守,遇有突发事件应及时向值班领导汇报并按程序启动相关的应急预案。救援方案应依据客运索道线路地形特点,提供多种救援方式,保障救援组织安全、快捷、高效,满足不同乘客的救援需求。

索道运营设备和应急设备发生故障时,值班领导应快速做出准确判断,依照相关规定,正确及时地处理突发事件。停电或主机故障时,索道线路正常,应在 15 min 内启动辅助驱动装置或紧急驱动装置运送滞留线路上的乘客。辅助驱动和紧急驱动装置故障时,应启动应急救援预案,并在 3.5 h 内将索道线路上的乘客救援至安全区域。

在救援服务时,应通过广播系统安抚滞留在线路上的乘客,简要介绍救援方案。广播词应使用中、外文两种语言,广播内容应准确、清晰。救援人员在实施救援前应向乘客简要说明救援步骤和救援安全要领,抚慰受惊吓的乘客,防止救援过程中发生乘客伤害事故。

7)事故处理

客运索道事故报告与事故处理应遵守国家管理部门的相关规定。对于风景旅游区的旅游索道事故,事故责任单位应协助景区管理部门按旅游安全事故管理规定,报告相关管理部门;负责组织受伤乘客的现场救治、心理抚慰或送往医院治疗;应协助保险公司按相关规定,处理伤亡乘客的救治、理赔等善后事宜;设立专人负责对外发布信息和各类宣传解释工作。

乘客救援落地后,服务人员应将乘客护送回索道站房,做好善后工作。客运索道站(公司)应负责及时救治救护的受伤乘客,协助乘客办理理赔等善后工作。

6.4.2 安全检验

(1)依据国家质量监督检验检疫总局颁布的《客运架空索道监督检验规程(试行)》规定,客运架空索道安装后,必须经国家特种设备安全监察机构授权的检验机构进行验收检验,取得安全检验合格证后,方可投入运营。

(2)客运索道安全检验合格标志 3 年有效期满后需要继续运营的客运索道,应进行全面检验;在 3 年有效期内,每年进行 1 次年度检验。

(3)经特种设备安全监督管理部门考核合格,取得国家统一格式的特种作业人员证书,方可从事相应的作业或管理工作。

(4)实施现场检验时应当具备以下检验条件:

① 检验要求与方法中规定需要在现场检验前进行审核的技术资料,已由规定的检验机构审核合格。

② 客运缆车设施应当有安全可靠的爬梯、平台等通道,使检验人员可以接近缆车设备,便于检验仪器设备是否正常工作。

③ 输入客运缆车电气系统的电压波动应当在允许值以内。

④ 温度、湿度应当保持在客运缆车正常运行及检验设备和计量器具正常工作所要求的范围内。

⑤ 雪、风力等室外气候条件应当能满足客运缆车正常运行的要求。

⑥ 检验现场应清洁,不应当有与客运缆车工作无关的物品和设备,相关现场应当放置表明正在进行检验的警示牌。

(5)对于不具备现场检验条件的客运缆车,或者继续检验可能造成安全和健康损坏时,检验人员可以终止检验,并且书面说明原因。

(6)现场检验过程中,检验人员应当做好原始记录。现场检验原始记录(以下简称原始记录)中,应当详细记录各个项目的检测情况及检验结果。原始记录表格由检验机构统一制定,在本单位正式发布使用。

(7)原始记录中有测试数据要求的项目必须填写现场实测数据;无测试数据要求但有需要说明情况的项目,可以用简单的文字说明现场检验状况;原始记录必须注明检验日期,并且必须有检验及校核人员的签字。检验报告中有测试数据要求的项目,应当在检验结果一栏中填写实测或者经过统计、计算处理后的数据。

6.4.3 运营人员安全

索道站(公司)应由三部分人员组成:管理人员(站长或经理、安全员等)、作业人员(司机、机械及电气维修人员等)、服务人员(售票员、站内服务人员等)。其中管理人员、作业人员应当按照国家有关规定经特种设备监督管理部门考核合格,取得国家统一格式的资格证书,方可从事相应的作业或管理工作。

1)对站长(经理)的要求

(1)应根据该索道类型和站内条件制定索道正常运行和安全操作各项措施,建立岗位责任制和应急救援制度,对索道的正常运营、维修、安全负责。

(2)要保证下列各项内容能正确贯彻执行:

① 管理机关所规定的定期检验制度。

② 信号系统的检查制度。

③ 救护规则。

④ 自动停车、紧急停车及其安全设备动作时的设备状态,排除故障及重新运行的措施(只有当安全有了保证时才允许重新运行)。

⑤ 安全电路断电时的设备状态下需要再运行时的措施(紧急情况下运转时,索道站站长或他的代表一定要在场,才允许在事故状态下再开车以便将乘客运回站房,此时站与站之间也应能通信联系)。

⑥ 机械设备、钢丝绳、运载工具等发生故障时如何排除的措施。

⑦ 风速超过规定值,或是天气条件威胁到运行安全时的停车处理办法。

⑧ 能见度不足时的运行措施。

⑨ 夜间运行的措施。

⑩ 清除钢丝绳或机械部件上的冰和积雪的措施。

⑪ 如果索道站站长不在场,他的职责转给其代理人的条件及方法。

(3)每年要向单位领导和上级安全管理机关提交运行报告,如遇特殊事故发生时要及时提出报告。

(4)应对索道工作人员进行安全教育和培训,使他们具备必要的特种设备安全作业知识。此外还要对参加救护的人员进行定期演习和培训。

2)对司机的要求

① 索道站司机房内应配备两名司机,其中一名为主司机。

② 司机应熟悉下述知识:所操纵的索道各部件的构造和技术性能;本索道的安全操作规程和安全运行的要求;安全保护装置的性能和电气方面的基本知识;保养和维修的基本知识。

6.4.4 乘客乘坐索道安全管理要求

① 禁止携带易燃易爆和有腐蚀性、有刺激性气味的物品上车。

② 游客在乘坐索道前,应观察该索道是否有特种设备监督检验机构颁发的安全检验合格证。应乘坐经检验合格的索道,不要乘坐超期未检的客运索道,以确保自身的安全。

③ 乘坐前先阅读乘客须知。心脏病、高血压、恐高症的患者及精神不正常者不要乘坐。年老体弱、行动不便及未成年人乘坐索道必须由成人陪同。

④ 在客运索道车厢内,听从工作人员指挥,按顺序上下,坐稳扶好,严禁吸烟,不嬉戏打闹,不将头、手伸出窗外,不向外抛撒废弃物品。

⑤ 严禁摇摆吊椅吊篮,严禁站立在吊椅吊篮上或蹲在座位上。禁止擅自打开吊椅护栏和吊篮车门。

⑥ 无论索道停或开,都不许乘客从椅(篮、厢)上跳离或爬上去,如跳下可能导致脱索或吊

椅振动太大而损坏。如遇索道发生故障,不要惊慌,在原位置等待,注意听广播,等待工作人员救援,切勿自行采取自救措施。

⑦ 严禁乘客乘坐吊椅(吊篮、吊厢)通过驱动轮和迂回轮,未经许可,乘客不得擅自进入机房或控制室。

6.4.5 架空客运索道的安全营救

架空客运索道在运行中一旦发生停车事故不能再继续运行时必须把乘客从线路上及时救下来或者是救回站内去,救援困在架空索道上(吊椅,或吊车)的乘客是一项非常有针对性的拯救方法,在实施过程中要求救援人员必须具备较高的高空作业经验,能够熟练操作救援器械,在用绳索固定位置和移开乘客时在吊车的钢缆上活动自如。拯救人员必须能够在所有的天气情况下快速救人。

救援时间关系到被救人员的生命安危,而一套完善并经过反复实践的成熟方案可以最大限度地缩短救援时间。在时间就是生命的救援过程中,完善的救援方案正是对生命的最大保障。同时针对具体情况选用不同的方法做拯救。几个救援队可以同时展开救援。

1) 救援注意问题

① 应根据地形情况配备救护工具和救护设施,沿线不能垂直救护时,应配备水平救护设施。救护设备应有专人管理,存放在固定的地点,并方便存取。救护设备应完好,在安全使用期内,绳索缠绕整齐。吊具距地面大于 15 m 时,应用缓降器救护工具,绳索长度应适应最大高度救护要求。

② 采用垂直救护时,沿线路应有行人便道,由索道吊具中救下来的游客可以沿人行道回到站房内。

③ 应有与救护设备相适应的救护组织,人员要到岗。

2) 救护组织

把索道站全体人员编入救护组织,必要时应与市或地区消防系统联合整编。

索道站除有严密的事故救护组织外,为了使全体人员了解和熟悉自己的岗位、救护方法和过程,救护组织负责人要组织救护人员定期进行救护演习,以备遇有事故时能按岗位各司其职,迅速、准确地完成救护工作。

救护组织应包括表 6-7 的内容。

表 6-7 救护组织的内容

总指挥	第一组:通信	广播:召集人员,传达通知,安定人心,解释救护方法
		电话:与本站及市、区外部联系
		旗语:必要时用作补充联系
	第二组:照明	备用柴油机发电或专用应急手电
		煤油灯:用桅灯(又称为马灯)或应急灯
	第三组:援救	空中作业(分若干组同时进行)
		地面协助
	第四组:医疗	临时处置
		送医院治疗
	第五组:消防	扑灭火灾
	第六组:公安	维持秩序,防止意外

在进行救护工作时,索道工作人员通过广播做好宣传解释工作,安定乘客的情绪,讲解到达站房或地面的方法。工作人员要首先协助老幼乘客,并与广大乘客相互配合。

3)救护方法与设施

(1)两种不同故障情况的救护

影响索道停业运行的原因主要有停电、机械设备(包括驱动装置、尾部拉紧装置、索轮组和导向轮等)发生故障、牵引索跑偏或掉绳、进出站口系统有异常等。根据上述情况,可分别采取不同的营救方法。

当外部供电回路电源停电,或主电机控制系统发生故障时,应开启备用电源,如柴油发电机组来供电,借辅助电机以慢速将客车拉回站内。

当机械设备、站口系统、牵引索等发生重大故障导致索道不可能继续运行时,必须采用最简单的方法,在最短的时间内将乘客从客车内撤离到地面。撤离的方法取决于索道的类型、地形特征、气候条件以及客车离地高度。配备适宜的营救设施,如绞车、梯子、救护袋等。在营救工作中,营救工作时间应尽可能短,一般应少于3 h,按此来配备营救设备和营救人员的数量。同时,应根据线路地形特点,将营救设备放在有关支架附近的工具箱内,便于营救时可以迅速取出使用。

(2)往复式索道的救护

往复式索道的牵引系统分两类:欧洲等诸国采用单牵引安全卡系统,而以日本为代表则几乎全部采用双牵引差动轮系统。

单牵引系统:当牵引索突然断裂,客车上的安全卡立即自动(也可手动)卡住承载索,使客车安全停住,然后由辅助牵引的专用小型救护车,由站内发往出事地点,与原客车对接,分批把乘客运回至站内。

现代客运索道有些已不采用辅助索系统,而使用更为方便的自行式救护小车。

双牵引系统:当其中一根牵引索突然断裂,则断索一侧的差动驱动轮会随之突然超速,立即引起超速制动,客车依靠另一根牵引索安全停住在线路上,然后用手摇泵的压力油开启未断牵引索一侧的制动闸,用慢速开动该侧驱动轮,将客车缓慢拉入站内。

如果专用救护小车或差动轮的另一根牵引索均无法把乘客救回站内时,可以利用高楼救生器或称缓降机,把乘客一个个地从车厢的底部开口处直接下放至地面。

(3)单线循环式索道的救护

对于吊椅式索道,由于索道侧型几乎与地形坡度一致,客车离地面的高度不大(一般都控制在8 m以内),在进行营救工作时,往往采取将尾部拉紧装置的滑轮组系统的绞车放松,降低吊椅离地高度,并辅助以地面梯子、救护安全带(袋)来撤离乘客,如图6-15所示。

当采取上述措施不能营救离地较高吊椅上的乘客时还可利用较简单的T形救生器与救护人员合作,乘客坐在T形横杆,双手抱住竖杆,将皮带圈套住腰部,由地面工作人员慢慢将拉住的绳索放松,把坐在T形救生器中的乘客下放至地面。

对于吊厢式索道,吊厢离地高度较吊椅式索道大一些。对于吊厢式索道,可采用:营救队员乙借助于轻便水平绞车沿有自滑坡度的牵引索从距吊厢最近的支架滑下,而另一名营救队员甲在支架上,操作水平绞车,控制下滑速度。营救队员乙滑至吊厢顶部,开启车门,进入车厢内,放下绳索,由地面上的营救队员丙将地面的垂直绞车支承架救护袋(带)设施提升至厢顶部(或吊厢内),营救队员乙安装好支承架于厢顶吊杆或厢内立柱上,绳索一端通过支承架上的垂直绞车下放至地面,另一端将被营救人系好救护袋(带)而缓慢放至地面。如图6-16所示。

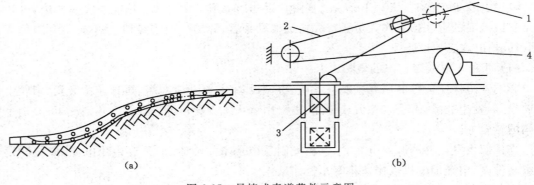

图 6-15　吊椅式索道营救示意图

1——牵引索;2——滑轮组;3——拉紧重锤;4——绞车

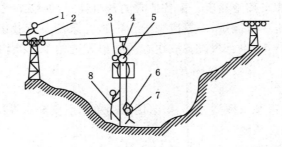

图 6-16　吊厢式索道营救示意图

1——营救队员甲;2——水平绞车;3——营救队员乙;4——支承架;
5——垂直绞车;6——被营救人;7——救护袋(带);8——营救队员丙

6.5　典型事故案例分析

6.5.1　贵州省兴义市"10·3"马岭河索道事故

1)事故概况

1999 年 10 月 3 日,位于贵州省黔西南州兴义市马岭河峡谷风景区发生一起索道钢丝绳断裂、吊厢坠落事故。马岭河峡谷风景区位于贵州省黔西南州兴义市。该风景区深谷激流,植被葱茏,是驰名黔、桂两地的旅游胜地。10 月 3 日中午 11 时 30 分,面积仅有五六平方米的缆车厢,满载了 36 名乘客,又一次缓慢上升,10 多分钟后到山顶平台停了下来。工作人员走过来打开了缆车的小门,准备让车厢里的人走出来。就在这一瞬间,缆车不可思议地慢慢往下滑去。有人惊叫起来:"缆车失控了!"风景区工作人员宋国斌正在平台旁吃午饭,见此情形大吃一惊,立即跑进操纵室猛按上行键,但已失灵。他又想用紧急制动,仍然无效。不得已拉下电开关,以为可以让缆车停下来,但缆车还是无可救药地向下滑。缆车缓慢滑行了 30 m 后,便箭一般向山下坠去,一声巨响后重重地撞在 110 m 下的水泥地面上,此次事故造成 14 人死亡,22 人受伤,是我国客运索道迄今为止所发生的最严重的一起群死群伤特大伤亡事故。在缆车坠落的那一刹那间,车厢内来自南宁市的潘天麒、贺艳文夫妇,不约而同地使劲将年仅两岁半的儿子高高举起,结果这个叫潘子浩的孩子只是嘴唇受了点轻伤,而他的双亲却先后死去,著名歌手韩红据此创作的歌曲《天亮了》是对当时事故的真实描述。

2）原因分析

事后据国家质量技术监督局调查组以及国家客运架空索道安全监督检验中心有关负责人的调查,得出事故原因是清楚的,超载只是表面上的原因;该缆车设计上有严重缺陷且无任何保护装置,不符合国家标准,也没有拿到安全使用许可证,从设计、安装到使用,均未按规定办理手续,只适宜运货,根本不能搭载游客。缆车先后已承包了3次,只有第一次有安全要求,当地有关部门以包代管,并且无完善的规章制度与应急处理措施。

（1）违规设计、安装、使用

该索道违反原劳动部颁布的《客运架空索道安全运营与监察规定》,设计图纸未经审查,竣工后未经安全管理审查和验收检验,在未取得客运架空索道安全使用许可证的情况下,违规运营。设计在9个方面严重违反安全规范,存在严重安全隐患。其中《客运架空索道安全规范》规定"每台驱动机上应配备工作制动和紧急制动两套制动器,两套制动器都能自动动作和可调节,并且彼此独立。其中一个制动器必须直接作用在驱动轮上,作为紧急制动器"。马岭河索道设计、制造未执行以上安全标准规定,在驱动卷筒上没有装设紧急制动器,运行中唯一制动闸失灵,造成索道失控坠落。马岭河峡谷索道是由当地群众集资10.7万元、贷款13万元建成的,属马岭河峡谷风景区管理处管理。其设计者李永芳是水电部九工程局天生桥分局第二机电工程队副队长,中专毕业,技术职称为技师,不具备任何设计索道的资质。索道的建设单位为第二机电工程队,同样也无相应资质。据事后调查,该索道除一纸草图外,找不到任何审批资料,既无审核、审批单位,也无设计单位。

（2）无证上岗

索道站长、操作司机和管理人员未经专业安全技术培训,无证上岗;运行管理混乱,工作人员违规操作;吊厢严重超载运行。据调查,该索道无任何维护、保养制度和日常运行记录。在简单的操作规章中,无特殊情况的应急处理办法。除第一次承包对操作人员有过简单的培训外,以后的均未经过任何培训。

（3）监管不力

缆车自1995年使用以来,一直没有向有关部门办理过经营手续,说白了是个"三无"机器,而且它是一名姓黄的个人向风景区主管单位市建设局承包经营的;出事前几天(9月28日),当地劳动部门对缆车进行过检验,发现了一些问题,已提醒了风景区有关人士,并决定要将其准载人数从20人减为12人。

（4）违章操作

当吊厢缓慢下滑时,如果操作人员顺其方向将车往下开,吊厢可能会按正常速度滑至谷底,惨剧将不会发生。而恰恰相反,操作人员采取了竭力往上提的办法,结果上下两股力量对冲,钢绳断裂。

（5）管理混乱

缆车旁原来有一条可以上山的小道,但为了让人们都乘坐缆车,赚取每人10元的费用,小道一直被封闭着,一块写有"此路不通"的木板横在小道入口。事发那天,缆车车厢里竟然乘坐了36人,当时地面的3名工作人员没有严格要求多余的人下来,而在当时的情形下,工作人员是可以不开动缆车的。

6.5.2　湖北省宜昌三峡人家客运索道事故

1）事故概况

2004年8月1日13时10分,三峡人家客运索道正在运载游客,乘客主要从索道上站到索道下站,正在运行过程中,索道速度突然加快,由正常 1 m/s 的速度很快加速到 1.5 m/s,下站及上站工作人员同时发现异常,当时索道公司负责人正在指挥上站游客上车,发现情况突变,立即就近按下停车按钮,这时下站司机也采取了紧急停车措施,索道紧急停车,在 3 s 内停止运转。

索道下站机修队长艾兵华立即组织维修人员进行抢修,经过全面检查后多次试车确定为索道减速箱内部出现故障,在短时间内无法修复,这时在上站的现场负责人果断下达命令,立即组织线路营救。

经过 5 个多小时营救工作,于 18 时 50 分许,被困在索道线路上的 39 名游客全部安全地营救下来,对所有游客进行了健康体检,并安排在宾馆就餐休息,无人员伤亡,但造成较大的社会影响。

2) 事故原因分析

① 2004 年 9 月 1 日,由国家索检中心和国家齿轮产品质量监督检验中心 3 名专家进行检测检验,发现减速机设备制造时考虑不周,2 个紧固螺丝在机器运转中松脱,使二级传动内齿圈在自身重力的作用下向下滑动,无法与行星齿轮啮合,传动失效,造成索道失控。

② 此类型的索道,辅助驱动也要通过减速机,减速机发生故障后,索道就无法运行,造成 5 个多小时营救的情况。

6.5.3 奥地利"11·11"缆车火灾事故

1) 事故概述

2000 年 11 月 11 日,出事地点位于奥地利首都维也纳以南约 80 km 处的卡普隆(Kaproun)镇,这里也是阿尔卑斯山脉在奥地利境内的中心。11 日适逢周末,又是难得的一个好天气,来自奥地利、德国以及美英等国的滑雪爱好者呼朋唤友兴高采烈地前往奥地利阿尔卑斯山著名的滑雪圣地——基茨坦霍恩冰川滑雪。由于基茨坦霍恩冰川地势险峻,山坡陡峭,风景优美,故每年夏天和初冬都会吸引大量年轻的滑雪爱好者前去登山滑雪。不过,由于山坡较陡,要到达冰川,需乘坐长达 4 km 缆车,其中 3 km 是隧道,缆车依靠一条钢缆的牵引,沿着一条铁轨缓缓上行。这条铁轨始建于 1974 年,是阿尔卑斯山第一条地下铁路。1994 年改建后每小时可运送大约 1 500 名乘客到达山顶。9 时 30 分,满载 180 名周末滑雪爱好者的缆车在穿越长达 3 200 m 的阿尔卑斯山勃朗峰隧道时,行驶到勃朗峰隧道大约 600 m 处突然起火,瞬间火焰滚滚,烟雾弥漫,隧道内温度竟高达 1 000 ℃。火灾发生后,奥地利当局立即开展了大规模的救援行动。然而由于火势太大,烟雾滚滚,又加上缆车停在海拔 2 400 m 的陡峭的山坡上的 600 m 深的山洞里,滚滚浓烟夹杂着毒气从隧道的两个出口处冒出来,救援人员根本无法从隧道的两端进入。在无计可施的情况下,救援人员又急中生智,试着从隧道中部的一个紧急入口处进入,以接近着火的车厢,可是大火仍将救援人员抵挡在外面。救援人员经过逾 3 小时的扑火行动,仍无法将火扑灭,当救援人员最终尝试从火车隧道两端入口到达发生意外现场时,火车已经被火烧成一堆废铁,游客都被烧成了焦炭,根本无法辨别,现场惨不忍睹,拯救行动极为困难,消防员必须戴上氧气罩才能进入隧道内。最终事故造成 155 人死亡,包括缆车上150 人、一列相向行驶缆车上 2 人以及山顶车站站台上 3 人。遇难者多为奥地利人和德国人,此外还有来自美国、日本、斯洛文尼亚、荷兰和英国的游客,发生火灾的缆车上只有 12 人从缆车车窗逃出而幸免于难。

2) 事故原因

根据事故调查组专家调查认为,缆车尾部驾驶室里一台热风机属违规安装,因风扇失灵而过热,以致引燃从液压传动系统渗漏到热风机里的液压油。缆车停靠在山下站台时便已起火,但未被车头驾驶室里的司机发现。进入全长 3 200 m、坡度为 45°的隧道后,缆车在距离隧道入口 530 m 处停下。在隧道抽吸作用下,大火迅速蔓延,隧道内温度瞬时上升到 800～1 000 ℃。此外,隧道内既无灭火装置,又无紧急出口,进一步加大了逃生难度。

6.5.4 其他索道事故一览

1) 我国索道事故

1994 年,吉林通化玉皇山索道因张紧绳跑脱,造成 1 人死亡。

1994 年,浙江温州发生一起缆车坠毁事件,造成 5 人死亡。

1997 年 7 月 26 日,昆明西山索道因保险烧坏,110 位外地游客被困在空中缆车上达 1 小时 40 分钟。

1997 年 8 月 31 日,北京密云司马台长城缆车发生故障,5 名乘客在缆车中饱经狂风暴雨、电闪雷鸣达 85 分钟。

1998 年 1 月 6 日,重庆长江索道两辆索道车运行时突然停下,缆车悬空 40 min 后,才拖入站内。

1999 年 8 月 28 日,重庆乘南山旅游吊篮上行,临近终点时,索道突然停下,两人被困 2 个多小时。

2006 年 10 月 16 日,广西梧州市自制缆车因钢丝绳断裂死亡 5 人。

2008 年冬运会期间,亚布力雪场 1 月 23 日接连发生了四起缆车事故,导致 1 人重伤。

2) 世界各国索道事故

1972 年 4 月 17 日,挪威佰根索道因牵引索断裂,造成 4 人死亡。

1972 年 12 月,瑞士贝登迈勒索道也因牵引索断裂,造成 12 人死亡。

1976 年 3 月 9 日,在意大利北部卡瓦莱塞附近的塞尔米斯运动场,一辆满载乘客的吊箱式索道,由于钢丝绳断裂,车厢从 60 m 高空坠落,造成 42 人死亡。

1976 年 3 月 26 日,意大利科罗拉多韦尔,两辆吊箱式索道的车厢因脱索而飞车,猛然下滑 300 多米,导致 4 人死亡。

1983 年 1 月 30 日,新加坡圣陶沙安装在一轮船上的石油钻塔,撞断连接圣陶沙和大陆的一条架空索道的钢丝绳,索道车厢从 61 m 的高空坠向大海,造成 7 人死亡。

1983 年 2 月 13 日,在位于意大利奥斯塔河谷的尚波吕克,3 辆封闭式索道吊厢在行驶中受到强风暴的影响,从 50 m 高空坠落,造成 11 人死亡。

1986 年 12 月 27 日,法国一条脉动式索道一支架上部管结构上的一只法兰因疲劳而断裂,致使 35 人受伤。

1988 年 9 月 18 日,奥地利隆尔茨堡的纳多菲斯特索道因发生脱索,致使 3 人重伤,6 人轻伤。

1989 年 1 月 31 日,法国瓦万里的一条往复式客运索道,因客车吊架与可回转的缓振机构之间的连接件断裂,使客车从高空坠下,造成 8 人死亡。

1990 年 6 月 1 日,格鲁吉亚第比利斯登山索道,因牵引索崩断,车厢失去控制猛然下滑,撞在一个索道支架上,造成 20 人死亡,35 人致伤、致残。

1990 年,斯洛伐克一条双线循环式索道的一个吊箱从牵引索上脱开、沿承载索向下站方向加速滑行而失去控制,与前面的另一个吊箱相撞,并从 48 m 的高空坠至地面,死亡 3 人,伤 2 人。

1992 年 1 月 29 日,由于一个牵引滑轮的断裂,许多 4 人座的吊椅从奥地利克恩藤州的纳斯菲尔德山区高空坠至地面,造成 4 人死亡。

1992 年,奥地利阿尔卑斯山滑雪场,一条单线循环吊椅式索道因钢丝绳发生脱索事故,乘客从吊椅上甩出,造成 4 人死亡,9 人受伤。

1994 年 1 月 2 日,波兰阿尔贝格一条吊箱式索道满载上行时出现故障而紧急停车,因制动器失灵,驱动机发生反转而又不能制动,以致发生"溜车",致使 17 人受伤。

1996 年 12 月 14 日,瑞士洛桑的一条高山滑雪索道的牵引绳断裂,3 辆吊箱坠地,一名滑雪教练遇难。

1998 年 2 月 3 日,在意大利卡瓦莱塞附近,一架美国军用飞机进行违规超低空飞行训练时,将一条正在运行中的索道钢丝绳割断,使车厢从 80 m 高的空中坠落,致使 20 人死亡。

1999 年 6 月 11 日,两列铁轨式索道缆车在德国南部的楚格峰山区相撞,造成 64 人受伤。

1999 年 7 月 1 日,法国的圣艾蒂安—昂代沃昌,一条专门运送工作人员到阿尔卑斯山天文台上班的索道因钢丝绳被拉断,车厢从高空摔下,造成 20 名天文学家不幸遇难。

1999 年 7 月 31 日,两列对开的用钢丝绳牵引的地面缆车,在德国南部阿尔卑斯山山前地带的加米施—帕藤基兴附近迎面相撞,致使 13 人受伤。

2005 年 9 月 5 日,奥地利西部的蒂罗尔州发生一起严重的缆车事故,一架直升机吊起的一个重达 750 kg 的水泥构件在缆道上方 200 m 处突然脱落,并砸在一辆缆车上,致使缆车坠落,车内 5 人当场 3 死 2 伤。

本 章 小 结

本章首先从索道的类型、参数、组成等几个方面对索道进行了介绍,然后对索道的安全防护装置分类及各自的作用进行了详细分析,根据目前我国的使用情况和监管要求,对架空客运索道的详细安全技术要求从设计到装置和营救等全方面进行了阐述,并提出了架空客运索道的安全管理要求和安全营救方法,最后结合部分典型案例对索道事故及防范进行了分析。

复习思考题

1. 索道的类型有哪些?
2. 索道主要由哪些部分组成?
3. 架空客运索道的安全防护装置有哪些?
4. 架空客运索道安全防护装置各自的作用是什么?
5. 架空客运索道救援时应注意哪些技术问题?
6. 架空客运索道的安全检验周期是多少?
7. 架空客运索道安全检验的具体内容有哪些?
8. 乘坐索道的乘客应注意的问题有哪些?
9. 客运索道救护方法有哪些?
10. 对索道进行设计时应该考虑的安全因素有哪些?

本章参考文献

[1] 杜盖尔斯基. 架空索道及缆索起重机[M]. 孙鸿范, 任锦堂, 译. 北京: 高等教育出版社, 1955.

[2] 单圣涤. 工程索道[M]. 北京: 中国林业出版社, 2000.